区域农业面源
氮磷迁移转化过程及其污染特征

来雪慧　著

U0333196

化学工业出版社

·北京·

内 容 简 介

本书以农业发展扩张过程为背景，从田间、流域及区域尺度探讨农业生产过程中土壤氮磷迁移转化过程及其污染特征，主要内容包括绪论、区域农田土壤氮磷平衡、农业活动影响下的土壤氮磷迁移转化、土水界面的氮磷迁移研究、区域农业面源污染特征及环境效应、结论和污染防治分析等。

本书具有较强的系统性和针对性，可供从事农业面源污染防控等的工程技术人员、科研人员和管理人员参考，也可供高等学校环境科学与工程、生态工程及相关专业师生参阅。

图书在版编目（CIP）数据

区域农业面源氮磷迁移转化过程及其污染特征/来雪慧著. —北京：化学工业出版社，2020.11
ISBN 978-7-122-37867-5

Ⅰ.①区…　Ⅱ.①来…　Ⅲ.①农业污染源-面源污染-污染防治-研究-中国　Ⅳ.①X501

中国版本图书馆 CIP 数据核字（2020）第 189638 号

责任编辑：刘　婧　刘兴春　　　　　　文字编辑：刘兰妹
责任校对：张雨彤　　　　　　　　　　装帧设计：张　辉

出版发行：化学工业出版社（北京市东城区青年湖南街13号　邮政编码100011）
印　　装：北京虎彩文化传播有限公司
787mm×1092mm　1/16　印张14½　彩插2　字数290千字　2020年12月北京第1版第1次印刷

购书咨询：010-64518888　　　　　　售后服务：010-64518899
网　　址：http://www.cip.com.cn
凡购买本书，如有缺损质量问题，本社销售中心负责调换。

定　价：86.00元　　　　　　　　　　　版权所有　违者必究

前　言

　　由于农业发展所引发的生态环境问题已在世界范围内引起高度重视，特别是化肥农药的过量施用，造成大量氮磷等随降水或灌溉用水进入水体，形成面源污染。在国内外诸多流域中，面源污染负荷甚至已经超过点源污染，成为水体污染的主要来源之一。我国由于人口众多而耕地有限，为满足巨大的粮食需求，党的十七届三中全会提出"加快落实全国新增千亿斤粮食生产能力建设规划""全国大粮仓，拜托黑龙江"等。为配合国家新增千亿斤粮食计划，在《黑龙江省千亿斤粮食生产能力战略工程规划》中指出，以加快推进水利化、农机化、水稻大棚育秧、中低产田改造、耕地保护与土地整理等专项工程建设作为主要手段，不断新增水田灌溉面积。同时化肥施用量的提高、灌溉条件的改善等，进一步加大了土地开发力度，通过农业发展扩张改变了区域生态系统结构，进而引发了农业面源污染问题。

　　本书以农业发展扩张过程为背景，从田间、流域及区域尺度探讨农业生产过程中土壤氮磷迁移转化过程及其污染特征。将地面定点实验监测、室内实验和模型模拟技术相结合探明区域的土壤氮磷运移过程，通过物质迁移转化过程描述农业活动对土壤、水和大气环境的作用机理，将微观和宏观对象结合以研究人类活动对氮磷运移的影响及其污染特征是本书的特色。本书内容主要包括区域农田土壤氮磷平衡及其优化调整、农业活动对土壤氮磷迁移转化的影响、氮磷在土水界面的迁移转化过程、氮磷迁移转化的污染特征以及优化管理措施等。具体内容如下：

　　① 建立土壤氮磷平衡核算方法，分析氮磷平衡状态，探讨土壤氮磷失衡原因并提出优化调整方案。通过研究揭示区域农业生产中农田土壤氮磷平衡状态；以三江平原为研究对象，展开农田土壤氮磷平衡的实例分析及找出失衡原因。

　　② 土壤质量是区域粮食安全及农业可持续发展的保障。近几十年来，大规模农业开发带来了大规模的土地利用/覆被和景观格局变化，土壤氮磷迁移对土地利用和植被类型变化产生响应，并发生转化。研究内容为：土地利用变化和植被类型变化对土壤氮磷异质性分布的影响；在土壤微生物作用下土壤碳氮元素发生转化的

潜力。

③ 在区域和流域尺度自然降水条件下，研究不同土地利用方式下的降雨地表径流氮磷流失情况；以典型农田生态系统水文特征为研究对象，探明土壤水分的分布特征，分析土壤水对氮磷的迁移机制，分析作物生长季农田土壤氮磷流失潜能。

④ 以农业面源氮磷迁移转化为基础，分析其污染特征，主要包括气温变化、全球变暖潜势，生态服务价值功能变化，水环境承载力评价以及土壤环境质量的变化情况等。

⑤ 通过氮磷迁移转化污染特征研究，借鉴欧洲、美国、加拿大和日本等国家和地区农业面源氮磷治理经验，为区域农业面源污染治理和农业生态系统的可持续发展提供科学依据。

本书将农业生产和水文过程与土壤氮磷迁移转化相结合来分析土壤氮磷平衡情况；从区域、流域和农田尺度探明土壤氮磷迁移转化过程，并分析环境效应；最终提出农田氮磷的优化管理措施，为人们全面、科学、客观地认识农业活动与区域氮磷迁移转化及其污染特征的关系提供了新的研究方向和视角。

本书由来雪慧著；卫新峰、单玉书、陈思杨、周晔等参与了资料收集和整理等工作。在此特别感谢郝芳华教授、欧阳威教授，图书内容涉及的诸多科研是在他们的谆谆教导下完成的，并受到他们对待科研工作严格要求、认真负责的态度和一丝不苟的敬业精神的影响。同时感谢太原工业学院环境与安全工程系的同事在工作中的支持以及对图书撰写的协助。

本书的主体内容源于山西省高等学校科技创新项目"汾河流域农业面源氮磷迁移转化过程及其污染特征研究（2019L0917）""农业活动影响下的寒地土壤氮和有机碳运移机制及规律研究（2014151）"以及国家自然科学基金项目"三江平原农业活动胁迫下的区域生态环境过程及安全调控研究（40930740）"等科研项目的成果，并得到其资助出版。

本书从农田面源污染的角度描绘了农田土壤氮磷在水体作用下的迁移转化，是涉及环境科学、土壤学、生态学的跨学科研究。限于著者水平及编写时间，书中存在不足和疏漏之处在所难免，敬请读者批评指正。

著者

2020 年 6 月

目 录

第3章　农业活动影响下的土壤氮磷迁移转化

第4章　土水界面的氮磷迁移研究

第5章　区域农业面源污染特征及环境效应

第6章 结论及污染防治分析

参考文献

第1章 绪 论

1.1 农业面源污染情况与研究意义

1.1.1 农业面源污染情况

水环境是人类生存环境的重要组成部分，也是受人类污染最严重的区域之一。水环境污染物的排放方式包括点源和面源，与集中排放进入环境的点源污染不同，由农业、养殖业、农村生活等释放的面源污染负荷没有固定的排放点或者入河口，对环境的影响面广，难以监测和控制。在20世纪60年代以前，人们一直认为点源是造成水污染的主要原因，直到点源污染逐渐获得有效控制后，面源污染已经成为降低水环境质量、危害人类自身安全的重要污染源（Hao et al.，2004；岳勇 等，2007）。面源污染来源广泛，包括农田中过量施用的化肥、农药，耕地或林地产生的水土流失，生活区或畜禽养殖所带来的营养盐流失，大气干湿沉降等（郑粉莉 等，2004；柴世伟 等，2006）。面源污染发生后携带的泥沙淤积在水体中，降低水体生态功能；大量的营养盐引起水体富营养化，破坏水生生物的生存环境；污染饮用水源，危害人体健康（张水龙 等，1998）。

农业活动被认为是面源污染的主要来源之一。农业活动的广泛性、普遍性是引起水环境污染的主要原因（陈利顶 等，2000）。有研究表明，农业面源污染影响了世界陆地面积的30%～50%（Bouzaher et al.，1994）。据美国1990年调查报告显示，在美国年总污染量中有约2/3来自面源污染，而农业面源污染占其中的68%～83%（蒋茂贵 等，2001；苑韶峰 等，2004）。欧洲农业面源输入到北海的TN和TP分别占入海通量的60%和25%（Ongley，1996）。在荷兰，来自农业面源污染中的N、P分别占水污染总量的60%和40%～50%；丹麦270条河流由面源引入的N、P负荷占比分别为94%和52%（Svendsen et al.，1993）。发展中国家由于工业化和城市化程度不高，农业生产占主导地位，面源污染更严重（Novotny，

1999）。在我国，近年来农业活动所造成的污染在面源污染中占主要地位（程红光等，2005）。2017年全国第二次污染源普查结果显示，农业面源TN和TP分别达到46.52%和67.22%（中华人民共和国生态环境部 等，2020）。

由于人口不断增加而耕地有限，土地生产力有限，因此把提高化学品投入、改善灌溉条件等作为提高粮食产量的主要手段。在干旱和半干旱区，肥料施用和农田灌溉是作物生长的重要因素，也是农业增产的最重要投入（Kellogg，1994）。2000年，世界范围的平均肥料用量约为145kg/hm²，欧洲肥料用量为400kg/hm²（Dhull et al.，2004）。从20世纪70年代末开始，我国大力推进农业施肥发展（金继运 等，2006），化肥消费量呈现直线上升趋势。到1994年，我国化肥施用量超过美国，跃居世界第一（马文奇 等，2005）。2008年我国化肥施用量达到5239.0万吨，占世界总施用量的31.4%（杨增旭 等，2011）。与此同时，我国粮食总产量由1991年的43529.3万吨增加到2019年的66384万吨（王瑞元，2020）。有研究表明，化肥施用量的增加是在利用率低下的情况下的不利增加，在欧洲只有50%～70%的化肥被作物利用，剩余的通过挥发、反硝化或淋溶而损失（Kengnil et al.，1994）。中国科学院南京地理与湖泊研究所对湖泊富营养化的研究表明，农田肥料污染的负荷平均为47%，农业面源污染物N、P分别占滇池水污染物总负荷的53%和46%，占太湖水污染物总负荷的13%和37%。在粮食和蔬菜作物上施用的氮肥，有约17.4万吨流失，其中1/2氮肥从农田进入水体，对区域生态环境造成严重影响（国家环保总局，2005）。随着经济发展和人口增加，中国农业集约化压力仍然会加大，如果继续过量施用化肥，那么引起的农业面源污染问题将会更加严重。农业活动不仅引发一系列生态与环境问题，农药化肥投入也打破了区域在长期自然地理过程中所形成的物质平衡，影响土壤养分的动态变化，并加快其在土水界面的迁移速率。以N、P为主的营养物质进入水体，带来了严重的环境污染。

1.1.2 农业面源污染研究意义

人类利用和改造自然的能力随着科学技术的快速发展逐步提高，在20世纪50～60年代，人们在获取物质财富的同时也付出了巨大的环境代价，人类活动对生态环境产生的负面影响开始凸现。自然资源的过度耗竭、生物多样性的减少、温室效应的加剧、水环境的污染、酸雨加剧等生态环境问题直接对人类自身的生存安全造成威胁。在过去的经济发展模式中，生态环境研究侧重于经济发展对环境的影响；而现在，人们逐渐感受到生态环境压力对经济发展以及社会存在安全性的影响。

目前，由大规模农业开垦所导致的生态环境问题已经在世界范围内引起了高度重视。我国人口众多且耕地面积有限，因而过度开垦和农用化学品的施用所引发的生态环境问题尤为突出。例如典型集约化农区的三江平原，为了满足人口增长带来的粮食增产需求，该区自 20 世纪 50 年代经历了数次农业开发。第一次农业开发是 1949~1960 年，在此期间耕地总面积由 7870km² 增至 15130km²；第二次农业开发为 20 世纪 60 年代初至 1977 年，全区耕地面积增加 40.12％；第三次农业开发为 1978 年到 1985 年，期间耕地面积增加了 40.24％；第四次农业开发是 20 世纪 80 年代中期到 2000 年，全区耕地总面积达到 47330km²，增加了 59.2％。几次农业开发均以增加粮食产量为目的，导致原本以沼泽湿地、林地和草地为主要生态景观的自然生态系统演变为以农田为主的农业生态系统，自然生态与人工生态相互竞争的局面由此形成。

区域农业开发通过水资源的人工配置、土地利用结构的改变和人工植被的扩展打破了区域自然生态系统的植被演替过程，改变了区域生态系统的结构和功能。1949~2011 年，通过研究三江平原土地利用变化和生态系统服务价值的变化趋势，发现生态系统服务价值减少、增加和没有变化的区域分别为全区面积的 58.16％、26.62％和 15.22％，总体呈现生态系统服务价值损失的趋势（常守志 等，2011）。同时，大规模的农业垦殖，使得区域天然湿地面积从 1932 年的 54300km² 减少到 2000 年的 9069km²，减少了 83.3％。加上区内黑土土壤疏松，三江平原的土壤理化性质恶化，肥力下降，土壤有机质含量由 12％下降到 1％~2％，水土流失面积达 237.6×10⁴hm²（李颖 等，2002）。此外，大规模农业开垦使区域下垫面发生了明显的阶段性变化。农业开发所形成的农业区域是一个完整的自然地理单元，下垫面条件是影响区内生态系统的决定因素，影响着水量平衡，进而影响水文循环过程及土壤中 N、P 物质的转化与迁移过程，最终制约着以水、土为依托的生态系统演变。

上述生态环境问题的关键原因在于：在以耕地垦殖为主要形式的大规模农业开发胁迫下，区域土地利用结构发生根本变化。由于湿地、林地开垦为耕地，旱地转水田，区域生态水文过程改变，并加快了污染物的输移，导致土地退化。而以 N、P 为主的污染物在流域内的迁移是水环境恶化的源头，区域生态系统在水和土两个基本要素的胁迫下发生演变，进而对区域生态环境构成威胁。农业生产和农村生活是区域水体 N、P 污染的主要来源，为遏制区域内水体富营养化加重的趋势，控制农业面源 N、P 污染是防控三江平原流域水体的重要措施。围绕该区域流域农业面源问题，近年来先后开展了水体硝酸盐污染、农药分布特征、沉积物多环芳烃变化规律和地表景观演变特征等方面的研究，这些工作为认识流域营养物质在土水界面迁移转化及农业面源污染等方面积累了丰富的经验。土地利用变化、农业面源污染和 N、P 循环是影响区域农业可持续发展的重要因素。随着国家新增千亿斤粮食计划的推进，深刻认识区域农业活动胁迫下，土地利用变化对区域生态水文过程的作用机制，掌握农业活动对区域农业面源 N、P 污染物迁移转化的影响，进而实现农业和水环境的协调发展，是解决区域农业面源问题的关键。

1.2 国内外研究现状

1.2.1 氮磷养分资源管理

农业可持续发展，从农田外部投入物质和能量，是现代化农业生产突破性进展的重要保证，保证营养元素合理循环是农业生产可持续发展的根本问题（刘更另，1992）。从农业可持续的角度研究土壤管理和合理施肥问题，根据农田氮磷养分的特征状况，科学有效地协调农田养分与资源环境的关系，有助于农业生产的可持续发展（王兴仁 等，1995）。农田养分循环与平衡是反映农田生产力状况的重要因素，了解农田养分循环与平衡变化的趋势和特点，对合理调控农田养分循环与平衡具有重要意义（吴英 等，1999）。在 20 世纪 80 年代，彭琳和彭祥林（1981）报道了娄土旱地轮作农田生态系统氮素循环初步研究的结果，当时化肥施用量少，在忽略淋溶和挥发等损失条件下，发现小麦和玉米轮作氮素亏损，输入与输出比为0.8；豆麦轮作氮素有盈余，输入与输出比为 1.3。有诸多研究对我国南方地区不同轮作制中营养元素的循环做调查，发现我国南方稻田的氮磷收支平衡表现为盈余（王国峰 等，1988；何新华，1993；傅庆林 等，1994；李清华 等，2015）。对我国北方不同地区农业生态系统营养元素循环研究表明，北方大田的氮磷收支平衡表现为盈余（胡春胜 等，1992；杨恒山 等，2012；吕丽华 等，2015）。

进入 21 世纪以来，国内非点源污染的问题日益得到关注，我国学者开始将农田氮磷平衡的研究拓展到氮磷流失带来的非点源污染问题。如彭奎等（2004）以四川盆地盐亭县林山乡为对象研究了农林复合系统氮平衡和非点源污染特征，发现化肥施用的增加导致农田气态氮释放以及地表水地下水非点源污染风险的增加。曹宁等（2006）采用农田生态系统氮磷平衡计算方法对东北地区土壤氮磷养分平衡状况及其对非点源污染的贡献进行了研究，结果表明，东北三省农田当前处于盈余状态，化肥用量逐年增大且其用量是造成空间差异的直接因素，近年进入水体环境的氮磷负荷均有所增加。

2006 年逐渐出现关于氮磷平衡的时空尺度扩大的研究，并利用 GIS 技术实现对氮磷平衡的空间分布研究，开始关注氮磷输入、输出的贡献源。如许朋柱等（2006）研究了长兴县地区 1949～2002 年农业用地长期氮、磷的剩余量变化发现，该期间单位农业用地面积的氮、磷剩余量具有显著的增加趋势。方玉东等（2007）详细研究了中国 2000 多个县域单元农田氮素养分的收支平衡状况，发现化学氮肥在所有氮肥总投入中占有绝对优势，黑龙江省农田氮素生物产出占全部氮素生物产出的比例最高（85%），并通过 GIS 技术实现空间差异表达。

同时，氮磷平衡的研究开始使用或建立标准化的农田氮磷营养模型，使研究更趋于规范化、系统化和深入化。如方玉东等（2007）建立了农田生态系统氮素平衡模型并使用该模型对 2004 年中国农业生态系统氮素输入输出以及养分盈余进行了研究，发现单位面积耕地氮素负荷高风险地区均集中在中国的东南沿海和部分中部地区。陈敏鹏和陈吉宁（2007）使用 OECD（经济发展与合作组织）土壤表观氮平衡模型研究了中国 2003 年土壤表观氮磷平衡情况，结果表明，中国土壤氮磷输入主要是化肥和畜禽粪便，且区域分布严重不均。

1.2.2 氮磷在土水界面的迁移转化研究

由于水体富营养化过程与农业生产的土壤氮磷流失关系紧密，导致农业活动对面源污染的贡献显著，进而对水质恶化起到推动作用。在农业生产中，化肥的利用率仅为 35%～40%，约 60% 残留在土壤和水体中，其主要成分氮磷随着地表径流和灌溉水进入河流，成为富营养化的重要污染源。同时农药的利用率为 30% 左右，绝大部分随降水和农业用水进入农业环境中，成为流域的另一污染源（王春生 等，2007）。研究表明，我国 64% 的河流污染和 57% 的湖泊污染由农田径流引起（全为民 等，2002）。

根据发生途径，氮磷的迁移转化过程分为地表溶出和土壤渗漏。地表溶出过程主要受降雨径流期间土壤理化性质、土地利用类型、施肥状况和水文循环过程等因素的影响（Manninen et al.，2017；Jiang et al.，2019；杨坤宇 等，2019）。另外，降雨强度、表层土壤营养物质含量、地形坡度及耕作情况与氮磷随地表径流流失也密切相关（Shi et al.，2016；金春玲 等，2018）。土壤溶质渗漏过程是在降水或灌溉作用下，氮磷以溶解态的形式向下层土壤的垂直迁移，是土壤溶质在对流、扩散和化学反应耦合作用下发生的运移。下渗污染物不仅对地下水水质造成潜在威胁，同时对与地下水有水文循环关系的其他水体也产生一定影响（谢勇 等，2017）。

随径流流失的氮形态主要是溶解于径流的矿质氮，或吸附于泥沙颗粒表面的无机和有机态氮（Udawatta et al.，2006）。不同形态氮素随降雨径流的流失规律呈现一定的差异，土壤水分运动对硝态氮流失有主要影响（王双 等，2018；Uribe et al.，2018），通过降水在土壤中的侧渗，随水分运动进入地表径流（Yang et al.，2009）。氮素通过径流进入农田土壤，以土壤水为载体继续在土壤表层和土壤根际的还原层发生迁移（Jia et al.，2007）。有研究表明，农田土壤水携带的溶解态和吸附态养分是农业面源污染的最大来源之一，土壤水分中养分的主要形式为氨氮和硝态氮（雷沛 等，2016；刘莲 等，2018）。农田土壤中的磷既可以通过径流而流失，也可被淋溶。除了一些有机土、过量施肥的土壤或地下水位较高的砂质土壤外，多数情况下淋溶水中的磷浓度很低（Ryden et al.，1973；Heckrath et al.，1995）。因此，径流流失是农田土壤中的磷进入水体的主要途径（Sharpley et al.，2001）。径流中的磷形态分为溶解态磷和颗粒态磷，溶解态磷来自土壤、作物和肥料的释放，以正磷酸盐形式存在，可以被藻类直接吸收利用，从而对地表水环境质量产生直接影响（Nasb et al.，1999）。随土壤水迁移的磷形态为溶解态磷（Zhang et al.，2013；刘娟 等，2019），磷在土壤水中迁移量由土壤水运动过程中与土壤的接触时间决定。

1.2.3 土壤碳氮转化研究

在陆地生态系统中，土壤呼吸对土壤碳素损失具有一定的控制作用（Högberg et al.，2006）。据统计，在全球范围内每年由于土壤呼吸作用平均产生 80.4Pg 碳，其变化范围为 79.3～81.8Pg 碳（Raich et al.，2002），占全球陆地生态系统总呼吸的 60%～90%（Schimel et al.，2001），为当前化石燃料燃烧产生 CO_2 的 11 倍多（Marland et al.，2000）。根据北半球区域的研究，发现在温度不断上升的过程中，土壤呼吸由于温度升高而使得秋季空气中的 CO_2 含量显著增加（Piao et al.，2008）。因此，陆地生态系统中碳循环速率的研究，对于了解对气候变暖的温室效应所产生的反馈是至关重要的（Kirschbaum，2006）。

当前，由于人类活动而带来的土地利用和管理方式的变化，被认为是全球碳循环改变的主要驱动因子（Raich et al.，1992；Houghton et al.，1999）。在开垦初期，农田土壤呼吸高于天然草地，通过研究发现草地开垦为农田后，土壤碳素损失达 20%～30%（Buyanovsky et al.，1987）。同时大量的研究表明，由于草地向农田方式的转变，土壤呼吸速率逐渐降低（Tufekcioglu et al.，2001；Frank et al.，2006）。不同土地利用方式的土壤呼吸速率表现出一定的差异性，这主要是由于不同土壤的理化性质、温度和含水量等诸多因素对呼吸速率的共同作用不同（Wang et al.，2009）。其中某些因素对土壤呼吸的影响作用明显，如土壤容重、氮沉积、气候条件和人类干扰（Davidson et al.，2006；Mo et al.，2008）。有研究报道，土壤碳素损失的主要原因是全球变暖（Jones et al.，2003）。同时，土地利用变化对气温的影响也已经成为研究热点。美国国家研究理事会（NRC）报告（2005）强调，除了温室气体含量升高造成的大气成分改变以外，景观变化也可能对局地、区域气候产生重要影响，对全球气候变化存在潜在影响；某些情况下，气候变化对土地利用/覆被变化的响应甚至超过温室气体含量增高的贡献（Lawrence et al.，2010）。因此，土壤呼吸随着温度的上升而增加将成为全球变暖的正反馈（Cox et al.，2000），但是这种反馈具有很大的不确定性（Friedlingstein et al.，2006）。当前缺乏对土壤呼吸的温度敏感性研究是气候—CO_2 耦合模型的不确定性原因之一（Fierer et al.，2009）。

氮元素作为生物体生存和发展必需的元素，对陆地生态系统的生产过程具有最强烈的影响（陈伏生 等，2004），同时对生态系统的结构和功能起着关键的调节作用（洪瑜 等，2006）。氮循环为生物的生长提供了必需的氮源（Hagopian et al.，1998），并促使物质能量循环的形成（白军红 等，2005）。在土壤硝化过程中，铵态氮由微生物转化为硝态氮和亚硝态氮。硝化作用是氮素损失的主要途径（Vitousek et al.，1991）。同时，由于氮素的损失导致温室气体 N_2O 排放量增多。

目前，氮循环已经成为全球变化研究的一个重要内容（彭少麟 等，2002）。

当前，针对土壤硝化作用的影响因素展开了大量的研究（Zhang et al.，2008）。通过研究发现土壤硝化作用由于土壤类型的不同，其变异也较大。另外，土壤水分也是影响硝化作用的重要因素。通过大量研究发现，土壤含水量越高，对微生物的氧气来源限制作用越大，导致硝化速率降低（Breuer et al.，2002）。因此，在一定的土壤含水量范围内，含水量的增加可以促进硝化作用（施振香 等，2009）。研究发现，土壤硝化作用的适宜温度范围在 25～35℃ 之间（刘巧辉，2005）。由于土壤 pH 值可以影响硝化细菌的活性，因而土壤 pH 值也是影响硝化作用的重要因素。当土壤 pH 值增加到一定程度，硝化速率随之增加 3～5 倍（Dancer et al.，1973）。Hayatsu 和 Kosuge（1993）发现土壤 pH 值与硝化活性有很好的正相关关系。另外，铵态氮是硝化作用的基质，但不是土壤硝化作用的主要限制因子（Hadas et al.，1986），因为硝化作用的程度主要取决于土壤理化性质。

1.2.4 区域农业面源污染研究

农业活动导致的水体污染及富营养化现象是当今世界亟待解决的难题之一。近年来，农业面源污染的研究已经逐渐成为水污染控制研究的重点。大量研究表明，农业生产对面源污染的贡献显著，并对水质恶化起到了非常重要的推动作用，这是因为水体富营养化过程与农业生产的氮磷流失有着密切的关系。在农业生产中，化肥的利用率仅为 35%～40%，大部分残留在土壤、水体中，其主要成分氮磷随着农业灌溉用水和地表径流进入河流、湖泊和水库（王春生 等，2007）。农田径流是我国 64% 受污染河流和 57% 受污染湖泊的主要污染源（全为民 等，2002；杨斌 等，1999）。

农业污染物迁移转化过程按照发生途径或介质可分为地表溶出过程和土壤渗漏过程。地表溶出过程是表层土壤与地表径流的相互作用过程，受径流期间水文循环、土壤性质、土地利用类型和污染物存在形态等因素的影响（Cheng et al.，2018；Whitehead et al.，2002；金春玲 等，2018；姚金玲 等，2019）。大量研究表明，降雨强度、耕作强度、气象因子、地形地坡及施肥状况与污染物随地表径流的流失密切相关（Eskinder et al.，2017；Valbuena-Parralejo et al.，2019；王月 等，2019）。土壤渗漏过程是指污染物在降雨或灌溉作用下以溶解态的形式向下层土壤的垂向迁移，是土壤中溶质在对流、扩散和化学反应耦合作用下的运移过程。这些下渗的污染物不但对所在区域的地下水水质构成潜在威胁，还影响着与所在区域地下水有水文循环关系的其他水体。土壤特性、灌溉模式和土壤微生物等是影响土壤渗漏的主要因素（Valkama et al.，2016；Wang et al.，2019；吴家森 等，2012）。

农业面源污染以人类活动和水质响应为核心，通过生态水文过程和地貌系统紧密联系起来定量化研究农业活动对水质的影响。20 世纪 90 年代后期，美国最早开展面源污染研究，运用水文学知识综合分析面源污染物的迁移转化过程，并形成了一系列的水文模型和污染物迁移转化模型。具有代表性的水文模型有 SCS 径流曲线数法、径流系数法等统计方法；污染物迁移转化模型重点研究陆地进入水体前的迁移转化过程，最初的面源污染模型只考虑溶解性和非溶解性两类，代表性的模型有 AGNPS（Agricultural Non Point Source）（Miklanek et al.，1999）和 SWMM（Storm Water Management Model）模型（Tuomela et al.，2019）。

由于 GIS 技术能够有效考虑流域多种自然因子的共同作用，在面源污染模型中综合考虑区域的土壤、气候和地形等多方面的因素，尤其是能够运用强大的空间分析模块实现流域数据的整体输入，提高了模拟结果可视化程度。代表性的模型有 HSPF（Hydrologic Simulation Program-Fortran）模型（Berndt et al.，2016）；CREAMS（Chemicals Runoff and Erosion from Agricultural Management System）模型；EPIC（Erosion Productivity Impact Calculator）模型（Le et al.，2018）；WEPP（Water Erosion Prediction Project）模型（Fernández et al.，2018）等。流域尺度模型 SWAT（Soil Water Assessment Tools）可用于模拟地表水和地下水水质和水量，预测土地管理措施对不同土地利用方式、土壤类型和管理条件的大尺度复杂流域的水文、泥沙和农业化学物质产生的影响（Anna et al.，2017；Nguyen et al.，2019），其中主要子模型有水文过程子模型、土壤侵蚀子模型和污染负荷子模型（Abbasporu et al.，2007），为具有分布式特点的模拟与评估模型。与以往面源污染模型相比，分布式面源污染模型能够将研究区域离散为更小的单元（马放等，2015）。面源污染发生机制研究为该领域的前沿问题之一（郑一 等，2002），包括水文过程、污染物在土水界面迁移等。

1.2.5 氮磷运移的模型模拟研究

模型模拟是研究土壤氮磷运移过程的重要工具，为农业管理和削减污染措施的制定提供数据支持。目前，研究土壤氮磷物质运移的模型主要分为两类：一是机理模型，探究各类环境因子和管理措施对土壤氮磷运移过程的交互作用（黄元仿 等，1996a，b），如 NTT（Nikolaides et al.，1998）、MIKE SHE（Refsgaard et al.，1999；McMichael et al.，2006）和 STONEsystem（Wolf et al.，2003）等；二是统计模型，这类模型基于对大量实验数据的统计分析，解决宏观时空尺度上的物质运移特定问题，如 MAGPIE（Lord et al.，2000）、INTIATOR（DeVries et al.，2001）和 PolFlow（De Wit，2001；Owusu et al.，2017）模型等。与机理模型相比，统计模型缺乏对土壤氮磷物质运移过程的描述，缺乏对中间变量的分析。

目前，应用较多的氮运移指示模型有土壤氮循环模型和水体氮污染风险模型，主要用来评价农业生产活动的环境可持续性。EPIC 模型主要描述土壤氮磷养分运转与作物氮磷营养的基本原理及其主要数学方程（Jones et al.，1984；李军 等，2005；Cooter et al.，2010）；DSSAT 模型描述的是土壤初始氮含量、施肥量、作物管理参数和作物秸秆还田等对土壤氮循环的影响（杨靖民 等，2011；金建新 等，

2017）。在加拿大，将土壤残留氮模型（RSN）与土壤类型、气候条件集成以估算农业生态系统氮的迁移量（MacDonald，2000a，b）。STONE 集成式模型系统被广泛用于描述农田系统氮磷的运移特征，系统包括描述有机肥料和无机肥料分布的 CLEAN2 模型、描述大气氮沉降的 OPS/SRM 模型、描述污染物在土水间运移的 GONAT/ANIMO 模型、描述水文循环的 SWAP 模型和描述植物对营养物吸收的 QUAN-MOD 模型。STONE 模型适用于大尺度的物质运移研究和模拟，小尺度的模拟估算结果误差偏大（Wolf et al.，2003）。ANIMO 模型用来模拟农田尺度土壤碳氮磷循环过程及氮磷向地表水和地下水运移的机理，适用于中小尺度（Wolf et al.，2005）。芬兰的 ICECREAMS 模型研究融雪过程中，营养物质通过地表径流的运移过程（Simes et al.，1998）。MACRO 模型研究附着在土壤胶体上的营养物质在土壤大孔隙中的运移特征（Jarvis et al.，1994；McGechan et al.，2002）；GLEAMS 和 CENTURY 模型更关注土壤营养物质向地表径流的迁移过程（Metherell et al.，1993；Poch-Massegú，2014）。

1.2.6 农业面源氮磷污染特征研究

1.2.6.1 农田生态系统氮污染效应

氮是大气圈含量最丰富的元素，也是农业和自然陆地生态系统植物光合作用和初级生产力过程最受限制的元素之一（Mooney et al.，1987），农田生态系统氮素循环过程中产生重要的环境污染效应（Vitousek et al.，1997）。农田生态系统氮循环包含生物和非生物过程，主要包括作物含氮，土壤有机氮的矿化、硝化、反硝化、分解、吸附、淋溶、径流等，而这些过程又涉及氮的多种形态和化合物，整个循环具有复杂的途径和转移路线（图 1-1）。农田生态系统中氮素平衡的盈亏是决定

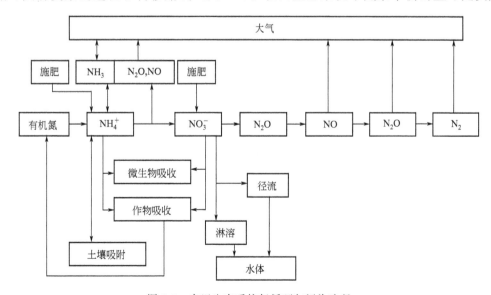

图 1-1 农田生态系统氮循环与污染途径

土壤养分水平消长的直接表现，因此，农田氮平衡被认定是土壤养分水平发展趋向的根本依据（鲁如坤 等，1996）。现在农田生态系统氮素输入主要以施肥为主，作物残体还田为辅，并因不同地域与生态类型区有自生固氮和干湿沉降氮向农田生态系统输入数量不等的少量氮素。氮素的输出除作物吸收外，还通过氨挥发、反硝化、淋溶、径流等多种途径进入大气或水体中。

长期不合理施肥导致农田土壤生态环境恶化，资源利用率下降，最终会引发农田生态系统可持续生产力减弱和区域生态环境质量降低等一系列问题（杨林章 等，2008）。近 20 多年来，由于我国农田养分施用不平衡、施用方法不合理，致使我国农田面源污染问题日益严重，很多地区地下水出现了不同程度的硝酸盐污染，河流的富营养化问题也日趋严重，尤其是沿海发达地区。农业面源污染严重影响了土壤、水体和大气的环境质量。Novotny 和 Chesters（1981）指出农业面源污染是导致水环境恶化的重要原因。Daniel 等（1998）也指出，农业面源污染是湖泊和河流污染物的主要来源之一，其污染源占湖泊和河流营养物质负荷总量的 60%～80%，农业生态系统中的养分流失是水体硝酸盐污染的主要来源，也是磷的第二大来源（全为民 等，2002）。

1.2.6.2 农田生态系统磷污染效应

磷是典型的沉积型循环物质，陆地生态系统天然植被系统磷循环是封闭的。对于农田生态系统来说，磷素循环是开放的（图 1-2）。为了获得持续稳定的作物产量，人们需要不断地施用磷肥，肥料进入土壤后分成两部分，其中大部分因土壤的固定作用而积累起来，其余部分存于土壤中，当可溶性磷因作物吸收或因雨水淋溶而损失后，由土壤中的化学平衡以及土壤生物的溶解和矿化作用会迅速进行补充。而被土壤固定的磷则会有相当一部分被淋溶或径流到水体中，使磷循环变成了不完全循环，带来一系列的环境问题（周志红，1996；Gaudreau，2002；Turner et al.，2015），同时农业生产加速了磷素从农田生态系统向水生态系统的转移和流动（Shigaki et al.，2006；李瑞鸿 等，2010；郭智 等，2019）。土壤-作物系统的磷

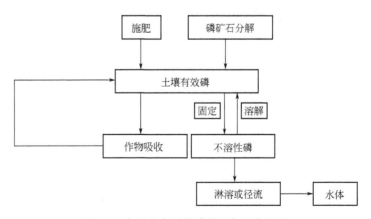

图 1-2　农田生态系统磷循环与污染途径

素转化与循环在研究的径流磷流失与平衡的机理中十分重要，并为预测土壤磷素流失的潜在可能性以及控制磷的流失源方面提供理论依据。

土壤中的磷主要通过地表径流、土壤侵蚀及渗漏淋溶途径进入水体。地表径流种磷素按流失方式分为径流携带和侵蚀泥沙两大类（Zheng et al.，2004）。有研究表明，农田中磷肥约 5% 扩散到大气中，植物吸收 7%~15%，土壤固定 55%~75%，随径流流失 5%~10%，渗漏流失 <1%（Waddell et al.，1988）。磷还可以通过渗漏淋溶进入地下水，但由于土壤，特别是下层土壤有足够的吸持磷的能力，对作物的有效性很低，实际上进入地下水的磷很少（Qin et al.，2013）。也有研究表明，有机磷在土壤中较易移动，有可能随灌溉水移动到较深的底层土壤（晏维金 等，1999），不同的施肥类型和施肥方式对磷的损失影响较大（陈秋会 等，2016；焉莉 等，2018）。此外，由于磷肥由磷矿石加工而成，因此磷肥中含有 Cd、F、Pb 和 As 等重金属元素和放射性物质，长期施用也会导致土壤污染。

1.3　研究目标与内容

1.3.1　研究目标

选择研究区域，以农业发展扩张过程为背景，从田间、流域及区域尺度探讨农业生产过程中土壤氮磷迁移转化过程及其污染特征。主要内容包括区域农田土壤氮磷平衡及其优化调整、农业活动对土壤氮磷迁移转化的影响、氮磷在土水界面的迁移转化过程、氮磷迁移转化的污染特征以及优化管理措施等。

1.3.2　研究内容

（1）建立土壤氮磷平衡核算方法

分析氮磷平衡状态，探讨土壤氮磷失衡原因并提出优化调整方案。具体包括：a. 揭示区域农业生产中农田土壤氮磷平衡状态；b. 以某一区域为研究对象，展开农田土壤氮磷平衡的实例分析及找出失衡原因。

（2）土壤氮磷迁移转化规律

土壤质量是区域粮食安全及农业可持续发展的保障。近几十年来，大规模农业开发带来了大规模的土地利用/覆被和景观格局变化，土壤氮磷迁移对土地利用和植被类型变化产生响应，并发生转化。具体内容为：a. 土地利用变化和植被类型变化对土壤氮磷异质性分布的影响；b. 在土壤微生物作用下土壤氮元素发生转化的潜力。

（3）土水界面的氮磷迁移转化

在区域和流域尺度自然降水条件下，研究不同土地利用方式下的降雨地表径流氮磷流失情况；以典型农田生态系统水文特征为研究对象，探明土壤水分的分布特征，分析土壤水对氮磷的迁移机制，分析作物生长季农田土壤氮磷流失潜能。

（4）农业面源氮磷污染特征

以农业面源氮磷迁移转化为基础，分析其污染特征，主要包括气温变化、全球变暖潜势，生态服务价值功能变化，水环境承载力评价以及土壤环境质量的变化情况等。

（5）土壤氮磷优化管理措施

通过氮磷迁移转化污染特征研究，提出土壤氮磷优化管理措施。从土壤施肥、优化种植面积配比、农业面源污染治理和借鉴欧美国家农业面源氮磷治理经验等方面提出具体的优化措施，为区域农业面源污染治理和农业生态系统的可持续发展提供科学依据。

1.4 研究方法

1.4.1 资料收集与实地调查

通过文献检索和实地调研，对当地有关部门进行咨询，收集研究区的遥感影像数据、历年土壤数据（1965～1989 年）、气象数据、区域地形图和区域水系图等，收集研究区农业发展状况及社会经济数据；同时，通过实地考察，进一步明确土地利用变化的生态环境效应。

1.4.2 实验监测方案

在三江平原选取典型农业区，通过建立 SPAC 生态监测点和室内实验开展实验监测，监测主要包括以下内容。

（1）土壤因子

土壤温度、土壤水分特征曲线、土壤总氮（TN）、碱解氮（AN）、速效氮、总磷（TP）、速效磷和其他土壤养分等。

（2）气象因子

温度、湿度、降水量、蒸发量、风速、风向等。

（3）植物生理生态因子

生物量、植物氮磷利用率、植物根系、叶形态等。

（4）水文水质因子

水位、流速、流量、总氮（TN）、铵态氮（NH_4^+-N）、硝态氮（NO_3^--N）、有机氮、溶解态 TP 和颗粒态 TP 等。

实验监测方案如图 1-3 所示。

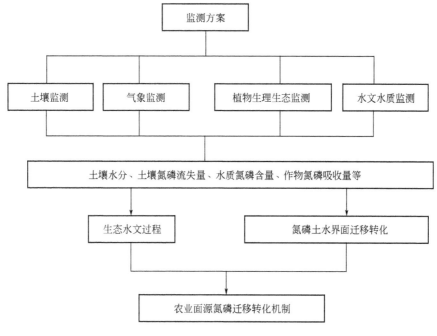

图 1-3 实验监测方案

1.4.3 样品采集及实验测定

（1）土壤样品

于研究区冰雪融化和植物生长季节进行土壤样品采集。利用土地遥感解译资料，针对土地利用变化情况，选择具有代表性的采样点，记录其经纬度、周围地貌、上一年种植作物种类和坡度等。

（2）水样

选择研究区典型流域（阿布胶河），在流域源头、不同土地利用类型（包括旱田、水田、湿地和林地）和乌苏里江入河口处设置采样点，根据降雨量选择采样日期进行径流样品采集。

（3）实验测定

土壤样品测试土壤理化性质，并测定部分样品的土壤呼吸速率和硝化速率；降雨径流样品测定各种形态氮和 TP 含量。

1.4.4 数学模型与统计方法

研究中采用 GIS 软件、SPSS 软件、Origin 软件、SCS 模型、PSR（压力-状态-响应）模型以及 GM（1，1）模型。

通过主成分分析法、逐步回归分析法、层次分析法、滑动 T 检验、T 检验和 Pearson 相关分析等进行数学统计。

1.5 技术路线

本研究技术路线是以汾河流域农田土壤氮磷为研究对象，运用室内实验、野外采样、原位实验和模型模拟，分析土壤氮磷在土水界面的迁移转化过程（见图 1-4）。从生态水文学的角度，探究氮磷的流失过程和污染特征，最后探析区域农业面源的污染特征及氮磷含量的时空分布情况。

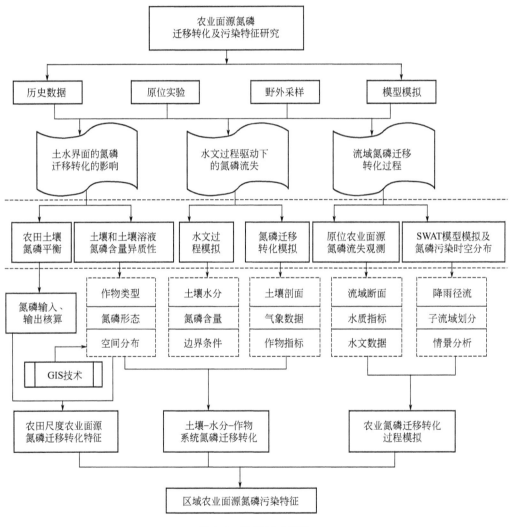

图 1-4　研究技术路线

1.6 研究特色

本研究将地面定点实验监测、室内实验和模型模拟技术相结合探明区域的土壤氮磷运移过程，通过物质迁移转化过程描述农业活动对土壤、水和大气环境的作用机理，将微观和宏观对象结合以研究人类活动对氮磷运移的影响及其污染特征是本书的特色。

（1）我国区域土壤氮磷迁移转化过程理论与方法

当前国内外尚缺乏土壤氮磷迁移转化过程理论与方法，通过本研究将补充区域的土壤物质迁移转化模型，填补氮磷运移动力学研究的不足。

（2）土壤氮磷迁移转化的环境异常识别体系

目前缺少从机理过程构建的农田尺度土壤氮磷运移的环境异常识别体系。本研究在土壤中物质流失、土水迁移转化以及其他环境介质中的物质转化研究基础上，基于模型模拟技术，从微观角度构建环境异常识别体系，为宏观的区域生态环境安全管理起到理论支持的作用。

第2章 区域农田土壤氮磷平衡

本章以东北地区三江平原为研究区域，分析 2001～2010 年农田土壤氮磷平衡概况，探究土壤氮磷失衡原因，并提出优化调整措施。研究目标包括以下方面：

① 分析研究区 2001～2010 年农田土壤氮磷平衡情况；

② 探究农业活动对区域农田土壤氮磷平衡的影响；

③ 提出优化措施。

2.1 研究区概况

2.1.1 自然环境状况

2.1.1.1 地理位置

三江平原地理坐标位置为 $45°01'05''N～48°27'56''N$，$130°13'10''E～135°05'26''E$，位于黑龙江省东北部，北起黑龙江、南抵兴凯湖、西邻小兴安岭、东至乌苏里江。三江平原总面积 $10.89×10^4 km^2$，占黑龙江省土地总面积的 22.6%。三江平原的地貌类型复杂多样，地势由西南向东北逐步倾斜，其地貌特征以广阔的冲积低平原、阶地、沼泽和沼泽化草甸为主（表 2-1）。

表 2-1 三江平原地貌类型及面积（曾建平 等，1998）

地貌类型	面积/km²	百分比/%
河漫滩	35210	32.34
台地	22310	20.49
低山	21400	19.66
丘陵	8700	7.99
河谷平原	6950	6.38
熔岩台地	3766	3.46
洼地	3440	3.16
水域	2540	2.33
洪积平原	2070	1.9

地貌类型	面积/km²	百分比/%
中山	1423	1.31
湖积平原	1070	0.98
合计	108879	100

2.1.1.2　气候状况

三江平原属温带湿润大陆性季风气候，年平均气温为 2.4℃，10℃ 以上活动积温为 2300～2500℃。年平均降水量 550～650mm，80% 以上降水量集中在 6～10月。冻结期长达 7～8 个月，冻土深度为 1.5～2.1m。三江平原年平均气温呈上升趋势，在 1955～2000 年上升 1.2～2.3℃，而降水量呈减少趋势（闫敏华 等，2001；来雪慧 等，2014）。

图 2-1 为三江平原 1954～2010 年的气温和降水量变化情况。

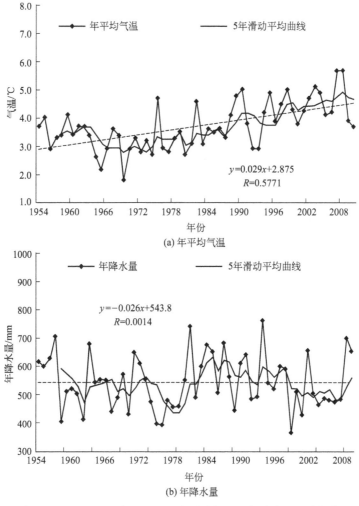

(a) 年平均气温

(b) 年降水量

图 2-1　1954～2010 年三江平原年平均气温和年降水量变化趋势

　　由图 2-1 可以看出，近 50 年来三江平原的年平均气温在波动中呈现显著上升趋势，无论是年变化过程线或 5 年滑动平均曲线均显示了这一上升态势，其线性拟合的气候倾向率为 0.29℃/10a。在四季中，以春季气温的升高趋势最为显著，冬季和夏季次之，秋季最小（图 2-2）。通过滑动 T 检验法检验（林振山，1996），发现三江平原在 1999 年和 2000 年年平均气温由低向高发生了突变，这说明 20 世纪 90 年代后期是三江平原气温明显由冷向暖转变的分界点。另外，降水量年际波动性较大，年降水量的气候倾向率为 −2.60mm/10a［图 2-1（b）］，这与中国年降水量以 −2.66mm/10a（Lin et al.，1990）的速度减少结论相一致。并且通过滑动 T 检验法发现，近 50 年来三江平原的年降水量没有显著的变化。

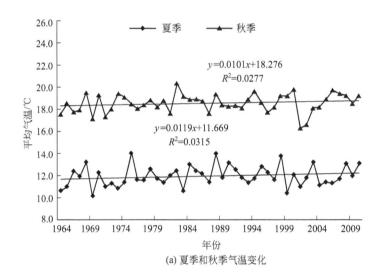

(a) 夏季和秋季气温变化

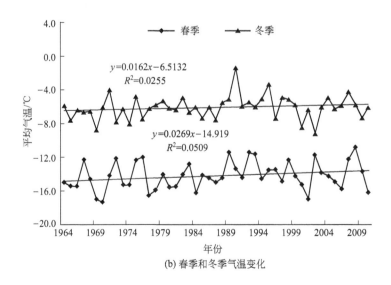

(b) 春季和冬季气温变化

图 2-2　1964~2010 年三江平原气温季节变化趋势

2.1.1.3　水文概况

三江平原区内流域总面积为 $94524km^2$，年平均入境水资源量 $2634.26 \times 10^8 m^3$，不仅增加了区域地表水量，而且为提水灌溉提供充足的水源。但是随着水资源需求量的增加，其水资源压力也正日益凸显。八五九农场水资源总量为 $2.67 \times 10^8 m^3$，农场内河流属乌苏里江水系，主要有 3 条支流，分别为阿布胶河、挠力河和别拉洪河，自西向东横贯场区注入乌苏里江。

2.1.2　社会经济现状

作为国家重要的商品粮生产基地，三江平原在我国粮食安全体系建设中占有极其重要的地位。三江平原在农业开垦以前，由于其人烟稀少，地处偏远，是我国有名的"北大荒"，因此农业开发较晚。到 1949 年，三江平原耕地面积达到 $78.7 \times 10^4 hm^2$（张苗苗，2007）。1949 年以后，大批知识青年、专业官兵和农民进入三江平原，人口数量迅速增长。平均人口密度从 1949 年的 12.84 人/km^2 增加到 2005 年的 80.35 人/km^2（刘殿伟，2006）。1949~2005 年间，东北地区、黑龙江省和三江平原的人口分别增长了 1.79 倍、2.71 倍和 5.24 倍。由此可以看出，三江平原人口的增长速度明显高于东北地区和黑龙江省。

三江平原的自然条件为粮食种植提供了良好的基础。随着农业的发展，三江平原的经济取得了快速的发展。三江平原的行政区域包括佳木斯市、鹤岗市、双鸭山市、七台河市和鸡西市等所属的 21 个县（市）和哈尔滨市所属的依兰县。根据各行政市的统计数据，计算三江平原的 GDP 和人均 GDP。由图 2-3 可以看出，三江平原的 GDP 在 1980~2010 年增加了 1802.5 亿元，平均增长率接近 10%。到 2010 年，人均 GDP 达到 21187.1 元。在耕地面积增加、粮食产量显著提高的情况下，三江平原的土地利用结构也发生了很大的变化。大规模的农业开发和农业生产引起

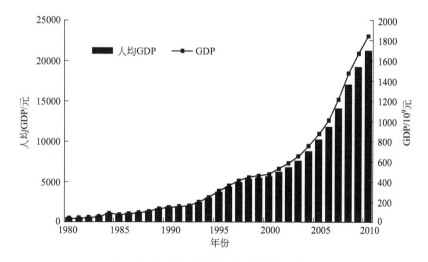

图 2-3　三江平原 GDP 及人均 GDP 发展

了区域气候变化、土壤理化性质下降、农业面源污染等环境问题。

2.2 土壤氮磷平衡核算研究

2.2.1 核算方法构建

研究中参考 OECD 的土壤表观氮磷平衡核算方法，分析表层土壤氮磷的输入项和输出项，完善其中的核算方法，从而建立土壤氮磷平衡核算方法。土壤氮磷平衡量 P 定义为氮磷输入量 A 与氮磷输出项 B 之差，当平衡量为负值时表示土壤养分输出大于输入，处于亏损状态，亏损的氮磷来自土壤本身所含有的氮磷，导致土壤氮磷浓度降低；当平衡量为正值时，表示土壤养分输入大于输出，处于盈余状态，盈余的氮磷存留在土壤中，导致土壤氮磷浓度升高。

农田土壤氮（磷）平衡有绝对量和单位面积量两种表达方式。

（1）绝对量的计算方法

$$P = A - B \tag{2-1}$$

$$A = A_1 + A_2 + A_3 + A_4 + A_5 \tag{2-2}$$

$$B = B_1 + B_2 + B_3 + B_4 + B_5 \tag{2-3}$$

式中　　　　　　P——农田土壤氮（磷）平衡量，t；

A，B——农田土壤氮（磷）输入量，输出量，t；

A_1、A_2、A_3、A_4、A_5——化肥氮（磷）输入量、有机肥氮（磷）输入量、种子氮（磷）输入量、干湿沉降氮（磷）输入量、生物固氮输入量，t；

B_1、B_2、B_3、B_4、B_5——作物带走氮（磷）输出量、氨气挥发氮输出量、反硝化氮输出量、径流侵蚀氮（磷）输出量、淋溶氮（磷）输出量，t。

（2）单位面积氮（磷）平衡量、单位面积氮（磷）输入量、单位面积氮（磷）输出量计算方法

$$Perbln = P/S \times 1000 \tag{2-4}$$

$$Perin = A/S \times 1000 \tag{2-5}$$

$$Perout = B/S \times 1000 \tag{2-6}$$

式中　$Perbln$——单位面积氮（磷）平衡量，kg/hm²；

$Perin$，$Perout$——单位面积氮（磷）输入量，输出量，kg/hm²；

S——耕地面积和园地面积之和，hm²；

1000——单位转换系数。

2.2.2　氮磷输入项

2.2.2.1　化肥

化肥包含氮（磷）化肥和复合肥中的氮（磷）素输入，研究中的统计数据根据折纯量计算。其中，复合肥还需进一步折算其中的含氮（磷）量。计算公式如下

$$A_1 = 0.4366Z_i + Z_c C \tag{2-7}$$

式中　Z_i——氮（磷）化肥折纯量，t；

Z_c——复合肥折纯量，根据参考文献（李庆逵 等，1998；傅靖，2007）取值，即参照复合肥（包括混配肥）中氮、磷数量按历年进口和国产复合肥的实际氮磷量百分比计算，含氮量为 30%，含磷量为 28.4%；

C——复合肥的含氮（磷）量。

2.2.2.2　有机肥

有机肥的输入项有畜禽和人粪尿、秸秆、饼肥。有机肥氮（磷）输入量的估算方法有两种：一种是根据畜禽、人口、作物产量等统计数据估算出有机肥产量，再结合收集率和还田率来计算输入量；另一种是氮磷循环法，通过农产品收获的氮磷量和氮磷循环率计算氮（磷）输入量（傅靖，2007）。本研究采用第一种方法计算。

本研究计算的有机肥包含粪尿、秸秆和饼肥，计算公式如下：

$$A_2 = A_e + A_r + A_s + A_c \tag{2-8}$$

式中　A_e——畜禽粪便氮（磷）输入量，t；

A_r——农村人口粪便氮（磷）输入量，t；

A_s——秸秆氮（磷）输入量，t；

A_c——饼肥氮（磷）输入量，t。

2.2.2.3　种子带入

本研究计算水稻、小麦、玉米、大豆、油菜 5 种农作物种子带入氮磷，其计算公式如下：

$$A_3 = \sum_{i=1}^{n} (A_i S_i \times 0.001) \tag{2-9}$$

式中　A_i——i 品种作物单位面积种子氮（磷）输入量，t；

S_i——i 品种作物单位面积种子氮（磷）输入量，kg/hm²；

0.001——单位转换系数。

按照参考文献（鲁如坤 等，1982；鲁如坤 等，1996）确定 5 种农作物种子带入氮磷，各品种种子单位面积氮（磷）输入量见表 2-2。

2.2.2.4　干湿沉降

沉降有干沉降和湿沉降两种：干沉降为大气中的 NH_3 直接进入土地；湿沉降

表 2-2 不同品种作物种子单位面积输入氮（磷）量

种子	单位面积氮输入量/(kg/hm²)	单位面积磷输入量/(kg/hm²)
水稻	2.25	0.6
小麦	3.15	0.6
玉米	0.75	0.15
大豆	3.92	0.31
油菜	0.045	0.015

为大气中的 NH_3 和闪电产生的 N_2O 随降水进入土地。干湿沉降为干沉降和湿沉降之和，计算公式如下：

$$A_4 = A_d + A_w \tag{2-10}$$

式中　A_d，A_w——干沉降和湿沉降的氮（磷）输入量，t。

2.2.2.5　生物固氮

生物固氮包含共生固氮和非共生固氮两种。共生固氮只存在于豆科植物中，非共生固氮广泛存在。计算公式如下：

$$A_5 = A_{sy} + A_{asy} \tag{2-11}$$

式中　A_{sy}，A_{asy}——共生固氮和非共生固氮输入量，t。

2.2.3　氮磷输出项

2.2.3.1　作物带走

研究计算了水稻、小麦、玉米、高粱、大豆、杂豆、薯类、花生、油菜籽、芝麻、胡麻籽、向日葵、棉花、麻类、甘蔗、甜菜、烟叶、蔬菜、水果收获物带走氮磷，耕地作物（鲁如坤 等，1996；陈同斌 等，1998；宋春梅，2004；傅靖，2007；李晓慧 等，2009）和园地作物（鲁如坤 等，1982；卢树昌 等，2008）的各项系数根据参考文献确定，其他水果按照苹果、梨和葡萄作物的平均值确定，具体如表 2-3 所列。

表 2-3 单位经济产量带走氮（磷）量

作物类型	农产品	单位经济产量带走氮量/(kg/t)	单位经济产量带走磷量/(kg/t)
耕地作物	水稻	22.5	4.00
	小麦	30.0	5.00
	玉米	25.7	4.00
	杂粮	38.4	6.70
	大豆	72.0	6.00
	杂豆	72.0	6.00
	薯类	3.5	1.72

续表

作物类型	农产品	单位经济产量带走氮量/(kg/t)	单位经济产量带走磷量/(kg/t)
耕地作物	油菜籽	58.0	9.00
	向日葵	43.5	7.86
	白瓜籽	71.9	8.87
	麻类	80.0	11.35
	甜菜	14.0	0.76
	烤烟	41.0	12.88
	蔬菜	3.0	0.86
	蔬瓜	3.0	0.86
园地作物	苹果	5.0	0.70
	梨	4.7	0.80
	葡萄	3.5	1.58
	其他水果	5.1	0.99

统计数据中有农作物产品的产量，结合单位产量带走氮（磷）量的系数，进而计算出秸秆和农产品共同带走的氮（磷）量。研究中，根茬量通常相当于整个地上秸秆量的 15%～50%（鲁如坤 等，1996），是一个不小的数量，这部分氮（磷）量既不计入输入（不计根茬还田），也不把这部分氮（磷）计入输出（只计籽实和秸秆氮磷移出量）（傅靖，2007），视为直接存留在土壤中，故不再进行估算。计算公式如下：

$$B_1 = \sum_{i=1}^{n} (Y_i E \times 0.001) \tag{2-12}$$

式中　B_1——作物收获带走氮（磷）量，只计算秸秆和籽粒部分，t；

　　　Y_i——i 品种农产品产量，t；

　　　E——每收获单位经济产量带走（氮）磷量，kg/t；

　　0.001——单位转换系数。

2.2.3.2　氨气挥发

氨气挥发是氮损失的途径之一。畜禽排泄的粪便中超过 50% 的可溶性氮在产生、存储、施用的过程中损失掉了。化肥也存在氨气挥发损失，特别是尿素，可通过表面残留物、作物叶面挥发。但并不是所有挥发的氨气都离开了农业系统，氨气极易吸附于植物、土壤和地表水，故而大部分挥发的氨气又重新沉降到了排放源附近，这部分计算详见 2.2.2.4 干湿沉降部分。计算化肥和粪肥的氨气挥发损失量，计算公式如下：

$$B_2 = A_1 R_1 + A_r R_g \tag{2-13}$$

式中　R_1，R_g——化肥氨氮挥发损失率和还田氨气挥发损失率，%；

　　　其余符号意义同前。

依据化肥类型、施用方法、环境条件等因素的不同，化肥氨化损失率会有所差异，研究中采用朱兆良（2008）的估算方法，取氨气挥发损失率为11%。粪肥还田氨气挥发损失率依据表2-4和表2-5参数进行计算。

表2-4　畜禽品种分类和氮磷排泄系数表

动物种类	饲养阶段	圈养率/%	年出栏批次	存栏比例/%	氮磷指标	排泄系数/[g/(Unit·d)]	存储、处理过程失率/%	还田氨气挥发损失率/%	收集还田率/%
生猪	保育猪	100	—	35	全氮	26.03	50.69	23.85	40
					全磷	3.05	10.00	—	
	育肥猪	100	2	55	全氮	57.70	50.69	23.85	
					全磷	6.16	10.00	—	
	妊娠母猪	100	—	10	全氮	78.67	50.69	23.85	
					全磷	11.05	10.00	—	
乳牛	幼年	40	—	20	全氮	110.95	39.85	20.00	40
					全磷	24.06	10.00	—	
	成年	40	—	80	全氮	257.70	39.85	20.00	
					全磷	54.55	10.00	—	
肉牛	成年	40	—	75	全氮	150.81	39.85	20.00	40
					全磷	17.06	10.00	—	
	幼年	40	—	25	全氮	61.91	39.85	20.00	
					全磷	7.00	10.00	—	
其他大牲畜	成年	40	—	90	全氮	150.81	39.85	20.00	40
					全磷	17.06	10.00	—	
	幼年	40	—	10	全氮	61.91	39.85	20.00	
					全磷	7.00	10.00	—	
羊	幼年	40	—	25	全氮	25.62	39.85	20.00	40
					全磷	2.90	10.00	—	
	成年	40	—	75	全氮	40.76	39.85	20.00	
					全磷	4.61	10.00	—	
肉禽		100	6	—	全氮	1.85	45.00	12.00	40
					全磷	0.48	10.00	—	
蛋禽		100	—	—	全氮	1.12	45.00	12.00	40
					全磷	0.23	10.00	—	

表2-5　农村人口氮磷排泄系数、氮挥发损失率和还田率

氮排泄系数/[kg/(Unit·a)]	磷排泄系数/[kg/(Unit·a)]	存储、处理过程氮损失率/%	存储、处理过程磷损失率/%	还田氨氮挥发损失率/%	还田率/%
5(Bao et al.,2006)	0.5(傅靖,2007)	38	10	23.85	40

2.2.3.3　反硝化

在估算反硝化量的时候也有两个方法：一种是使用单位土地面积的反硝化损失速率；另一种是通过反硝化损失占输入氮的比例来计算反硝化损失量。目前缺乏全国各地农田的反硝化损失速率，故此处使用反硝化损失占输入氮的比例（即反硝化损失率）来计算反硝化损失量，文献中关于氮输入项的计算多是考虑易于被植物获得的氮，该部分氮也是农田氮输入的最大部分，故此处只计算化肥和粪尿氮输入项。计算公式如下：

$$B_3 = [A_1 \times R_{Pf} + (A_e + A_r) \times R_{FU}] \times S_P/(S_P + S_d + S_G) + [A_1 \times R_{dG} + (A_e + A_r) \times R_{dGFU}] \times (S_d + S_G)/(S_P + S_d + S_G) \tag{2-14}$$

式中　R_{Pf}、R_{FU}、R_{dG}、R_{dGFU}——水田化肥氮反硝化损失率、水田粪尿氮反硝化损失率、旱地和园地化肥氮反硝化损失率、旱地和园地粪尿氮反硝化损失率，%；

S_P、S_d、S_G——水田、旱地、园地面积，hm^2。

由于水田和旱地的反硝化速率存在较大差异，式（2-14）将农田分为水田和旱地两部分计算，忽略水田和旱地施肥量的差异，使用水田和旱地面积对施肥量进行分割。汇总国内外关于反硝化损失率的研究，估算我国反硝化损失率如表 2-6 所列。

表 2-6　国内外反硝化损失率

项目	时间	反硝化损失率/%				来源
		水田		旱地和园地		
		化肥	粪肥	化肥	粪肥	
长江流域	1980,1990	32	13	15	13	(Bao et al.,2006)
长江流域	1980,2000	33~41	10~30	13~29	10~30	(Liu et al.,2008)
中国	1990	18		9		(Xing et al.,2000)
中国	2008	34		34		(朱兆良,2008)
挪威	2000	7		7		(Korsaeth et al.,2000)
荷兰	1990	10				(Rheinbaben,1990)
全球	2003	10~15				(Smil,2000)
综述总结	2002	3~56(最终取值 34)		2~14(最终取值 11)		(Galloway et al.,2004)
综述总结	2008	16~41		15~18		(朱兆良,2000)
估计值		34	13	14	13	

2.2.3.4　径流侵蚀损失

侵蚀量大小与降水、田地坡度、种植方向、土壤质地、土壤氮磷含量、作物种类等多种因素均有关，本书采用输出系数法进行计算。农田种类不同，则种植操作也不同，进而影响的输出系数，此处建立基于不同农田种类的输出系数法计算径流侵蚀氮（磷）输出量，公式如下：

$$B_4 = \sum_{i=1}^{n} (C_{fi} S_{fi}) \quad\quad (2\text{-}15)$$

式中 C_{fi}——i 种农田种类单位面积耕地氮（磷）年径流侵蚀输出系数，kg/hm²；
　　　　S_{fi}——i 种农田种类的面积，hm²。

研究采用全国第一次污染普查中使用的《肥料流失系数手册》中提供的东北地区的径流输出系数如表 2-7 所列。

表 2-7   东北地区不同农田类型的氮（磷）径流侵蚀和淋溶输出系数

农田种类	径流侵蚀损失/(kg/hm²)		淋溶损失/(kg/hm²)	
	N	P	N	P
水田	3.86	0.18	7.29	0.00
旱地	1.57	0.08	1.88	0.01
菜地	7.32	0.36	4.92	0.15
园地	1.47	0.03	4.68	0.00

2.2.3.5　淋溶损失

淋溶作用是一种累进过程，在当季未被淋溶的氮，以后可继续下移而损失；已淋溶的氮（特别是硝态氮）在此后的旱季中又可随水分的向上移动而重新进入根系活动层供作物吸收，因此，准确估计淋溶损失的量是比较困难的。淋溶损失的氮包括来源于土壤的氮和残留的肥料氮，以及当季施入的肥料氮。研究中采用输出系数法估算淋溶损失量，公式如下所示：

$$B_5 = \sum_{i=1}^{n} (C_{li} S_{fi}) \quad\quad (2\text{-}16)$$

式中 C_{li}——i 种农田种类单位面积耕地氮（磷）年淋溶输出系数，kg/hm²。

淋溶输出系数的获取方法和径流输出系数的获取方法相似，从参考全国第一次污染普查中使用的《肥料流失系数手册》中获取。其中，系数手册中没有水田氮（磷）流失的研究，此处参考文献（胡玉婷 等，2011）对全国文献统计的结果，氮淋溶输出系数取值为 7.29kg/hm²，磷则取 0。

2.2.4　土壤氮磷平衡核算结果分析

2.2.4.1　土壤氮磷平衡特征

表 2-8 为 1996~2010 年三江平原农田土壤氮磷平衡量。1996 年单位面积氮磷平衡量分别为 −11.8kg/hm² 和 4.8kg/hm²，折合平衡量为 −3.93×10⁴t 和 0.27× 10⁴t。到 2010 年，单位面积氮磷平衡量达到 −35.9kg/hm² 和 4.9kg/hm²，折合平

衡量为 $-1.42 \times 10^4 t$ 和 $0.22 \times 10^4 t$。

表 2-8　1996～2010 年三江平原农田土壤氮磷平衡量

年份	单位面积平衡量/(kg/hm²)		平衡量/10⁴t	
	N	P	N	P
1996	−11.8	4.8	−3.93	0.27
1997	−15.7	4.1	−4.65	0.28
1998	−17.5	4.4	−5.02	0.19
1999	−23.8	4.2	−6.25	0.13
2000	−9.2	5.6	−2.61	0.07
2001	−17.2	4.1	−4.98	0.08
2002	−5.7	8.4	−1.25	0.24
2003	0.2	8.0	0.18	0.26
2004	−9.6	7.8	−2.63	0.27
2005	−15.5	7.6	−5.86	0.26
2006	−25.4	6.8	−9.82	0.24
2007	−26.2	7.5	−1.02	0.27
2008	−34.0	5.9	−1.31	0.25
2009	−35.2	5.3	−1.35	0.23
2010	−35.9	4.9	−1.42	0.22

图 2-4 为 1996～2010 年三江平原农田土壤氮磷平衡状况变化。可以看出，土壤氮平衡逐渐从盈余状态转变为亏损状态，且亏损量逐年变大，其值在 -35.9～$0.2 kg/hm^2$ 范围变化；1996～2010 年期间，只有 2003 年为盈余，其他年份均为亏损，15 年间累计亏损为 $-282.5 kg/hm^2$。磷平衡变化量较小，在 4.1～$8.4 kg/hm^2$ 范围内变化，一直处于盈余状态。研究期间磷累计盈余量为 $89.4 kg/hm^2$。氮、磷平衡总量的变化和单位面积平衡量的变化规律相似，其中氮在 1996～2010 年累计亏损 $-51.9 \times 10^4 t$，磷累计盈余 $3.26 \times 10^4 t$。

2.2.4.2　土壤氮磷输入特征

从单位面积输入量看，氮磷输入量呈现波动增长状态（图 2-5），氮输入量从 1996 年的 $140.2 kg/hm^2$ 增长到 2010 年的 $165.3 kg/hm^2$，磷输入量从 $23.57 kg/hm^2$ 增加到 $34.21 kg/hm^2$。

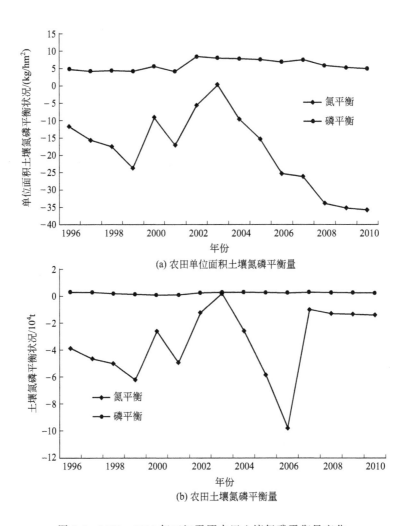

(a) 农田单位面积土壤氮磷平衡量

(b) 农田土壤氮磷平衡量

图 2-4 1996~2010 年三江平原农田土壤氮磷平衡量变化

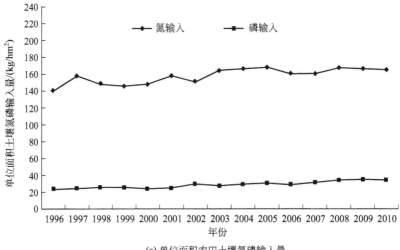

(a) 单位面积农田土壤氮磷输入量

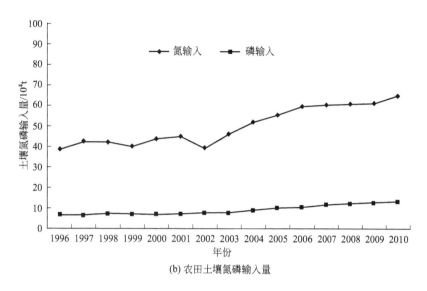

(b) 农田土壤氮磷输入量

图 2-5　1996～2010 年三江平原农田土壤氮磷输入量变化

　　表 2-9 为各项土壤氮的输入量。可以看出，各项的氮输入量总体上也在缓慢增加，但化肥、有机肥、种子、干湿沉降和生物固氮五者之间的比例变化却不大，分别维持在约 37%、21%、1%、15% 和 26%，化肥是最大氮输入项，其次为生物固氮，这和本地区大量种植大豆有关，种子输入量最小。对于磷输入量（表 2-10），化肥为最大输入项，约占总输入量的 80%；其次为有机肥；种子和干湿沉降所占比例很小；总计不超过 4.0%。

表 2-9　1996～2010 年三江平原农田土壤氮各项输入量

年份	单位面积氮输入量/(kg/hm²)					氮总输入量/10⁴t				
	化肥	有机肥	种子	干湿沉降	生物固氮	化肥	有机肥	种子	干湿沉降	生物固氮
1996	51.9	32.3	1.2	25.2	29.6	13.5	8.3	0.5	6.3	9.9
1997	55.2	33.1	1.6	29.8	38.0	16.3	8.7	0.6	5.9	10.7
1998	53.8	31.1	1.4	23.4	38.6	15.5	8.4	0.6	6.7	10.9
1999	52.7	30.5	1.5	22.3	38.2	15.1	8.3	0.3	6.0	10.1
2000	54.2	31.1	1.3	21.7	39.9	15.8	9.1	0.5	6.8	11.3
2001	58.8	32.2	1.8	22.9	41.9	16.5	9.7	0.6	6.4	11.6
2002	55.8	31.7	1.6	22.6	39.2	16.1	8.0	0.3	5.6	9.2
2003	61.2	34.5	1.6	25.2	41.6	17.5	9.4	0.4	6.8	12.0
2004	62.5	34.2	1.7	24.2	43.4	19.6	10.6	0.5	7.7	13.4
2005	63.1	34.8	1.6	25.1	43.2	20.5	11.9	0.6	8.3	14.0
2006	58.6	34.5	1.5	24.0	41.9	20.6	12.7	0.7	12.1	13.3
2007	59.5	33.2	1.5	24.3	41.6	23.5	12.4	0.7	8.5	15.2
2008	60.4	35.3	1.7	25.1	43.8	24.5	12.2	0.6	8.5	14.8

年份	单位面积氮输入量/(kg/hm²)					氮总输入量/10⁴t				
	化肥	有机肥	种子	干湿沉降	生物固氮	化肥	有机肥	种子	干湿沉降	生物固氮
2009	61.2	34.6	1.6	24.9	43.9	25.2	12.6	0.7	8.2	14.5
2010	61.0	33.7	1.6	25.2	43.0	26.3	13.3	0.7	8.7	15.7

表 2-10　1996~2010 年三江平原农田土壤磷各项输入量

年份	单位面积磷输入量/(kg/hm²)				磷总输入量/10⁴t			
	化肥	有机肥	种子	干湿沉降	化肥	有机肥	种子	干湿沉降
1996	18.94	3.38	0.35	0.9	5.26	1.05	0.07	0.21
1997	19.08	3.94	0.32	0.82	5.17	1.01	0.05	0.23
1998	20.34	4.19	0.33	0.86	5.73	1.17	0.09	0.27
1999	20.26	4.11	0.31	0.87	5.58	1.08	0.08	0.28
2000	18.80	3.97	0.32	0.82	5.57	1.05	0.09	0.22
2001	19.53	4.01	0.28	0.80	5.62	1.07	0.07	0.28
2002	23.46	4.82	0.37	0.93	6.07	1.23	0.09	0.28
2003	22.26	4.29	0.29	0.89	6.01	1.19	0.08	0.26
2004	23.32	4.81	0.33	0.96	7.22	1.53	0.12	0.29
2005	23.34	4.29	0.38	0.95	8.18	1.39	0.11	0.32
2006	23.11	4.48	0.36	0.94	8.41	1.67	0.12	0.35
2007	24.76	5.17	0.37	0.96	9.26	1.92	0.15	0.36
2008	27.23	5.58	0.39	1.09	9.82	2.05	0.14	0.44
2009	27.77	5.37	0.45	1.29	10.19	2.12	0.15	0.39
2010	27.21	5.53	0.38	1.09	10.66	2.18	0.14	0.41

与单位面积输入量相比，2002 年以后氮、磷总输入量的增长幅度明显变大，远大于单位面积的增长幅度，表明此时的总输入量的增长主要归功于总的农田面积的增长，而非单位面积氮磷投入量的增长。氮磷各输入项之间的比例特征则和单位面积氮磷输入量的比例特征一致。

2.2.4.3　土壤氮磷输出特征

从单位面积输出量看，氮输出总体上呈现增长趋势（图 2-6），从 1996 年的 153.2kg/hm² 增长到 2010 年的 199.7kg/hm²，但增长幅度逐渐变小。磷输出总体上也处于增长状态，从 1996 年的 18.2kg/hm² 增长到 2010 年的 25.7kg/hm²。从总输出量来看，氮、磷同样呈增长趋势，且和总输入量相似，在 2002 年后有较往年更大幅度的增长。

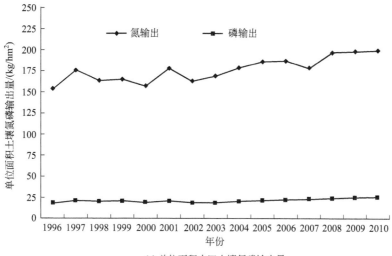

(a) 单位面积农田土壤氮磷输出量

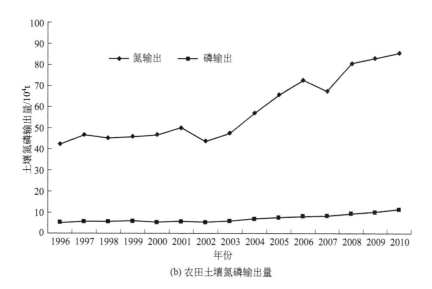

(b) 农田土壤氮磷输出量

图 2-6 1996～2010 年三江平原农田土壤氮磷输出量变化

表 2-11 和表 2-12 为各项土壤氮磷的输入量。作物带走为主要氮输出项，其量有明显增长，从 1996 年的 127.4kg/hm² 增长到 2010 年的 164.7kg/hm²，但在总输出量中所占比率较为稳定，维持在 83% 左右；反硝化损失为第二大输出量，从 1996 年的 10.9kg/hm² 增长到 2010 年的 14.3kg/hm²，占总量比例的 6%；氨气挥发损失量也较大，从 1996 年的 6.6kg/hm² 增长到 2008 年的 8.6kg/hm²，占总量比例约 4%；径流侵蚀和淋溶损失的输出量所占比例较小，两者之和不超过 4%。作物带走为最主要的磷输出项，所占比例在 99% 以上，其输出量的变化和总输出量的变化一致。

表 2-11　1996～2010 年三江平原农田土壤氮输出量

年份	氮输出量/(kg/hm²)					氮输出量/10⁴t				
	作物带走	氨气挥发	反硝化损失	径流侵蚀	淋溶损失	作物带走	氨气挥发	反硝化损失	径流侵蚀	淋溶损失
1996	127.4	6.6	10.9	4.5	3.8	36.7	2.1	2.6	0.4	0.6
1997	143.9	7.9	13.7	5.3	4.7	39.2	2.5	2.9	0.6	1.5
1998	135.2	8.3	11.2	4.6	4.4	37.8	2.2	3.1	0.6	1.5
1999	136.4	7.8	11.6	4.8	4.5	38.1	2.4	3.0	0.7	1.6
2000	130.8	6.9	10.9	4.5	4.1	38.6	2.6	3.2	0.6	1.7
2001	147.7	7.5	12.4	5.6	4.7	41.5	2.8	3.7	0.6	1.6
2002	135.1	7.3	11.2	5.1	3.8	36.7	2.3	2.8	0.4	1.4
2003	141.8	6.9	11.8	5.0	3.7	39.8	2.7	2.9	0.5	1.6
2004	146.6	8.9	12.9	5.9	4.5	47.9	3.2	3.5	0.7	1.9
2005	154.4	8.2	13.2	5.6	4.9	54.3	3.9	4.2	0.9	2.3
2006	154.7	8.0	12.8	5.9	5.5	60.6	3.6	4.4	1.4	2.5
2007	148.2	7.7	12.6	5.4	4.6	56.1	3.6	4.3	1.2	2.1
2008	162.8	8.6	13.5	6.9	5.5	67.3	4.5	5.1	1.5	2.4
2009	163.2	8.9	13.8	6.1	6.2	68.6	4.9	5.5	1.3	2.9
2010	164.7	8.6	14.3	6.3	5.8	70.2	5.1	5.3	1.7	3.3

表 2-12　1996～2010 年三江平原农田土壤磷输出量

年份	磷输出量/(kg/hm²)			磷输出量/10⁴t		
	作物带走	径流侵蚀	淋溶损失	作物带走	径流侵蚀	淋溶损失
1996	17.9	0.1	0.1	4.7	0.3	0.2
1997	21.1	0.1	0.1	5.1	0.3	0.3
1998	20.0	0.1	0.1	5.1	0.3	0.3
1999	20.7	0.1	0.1	5.3	0.3	0.3
2000	18.9	0.1	0.1	4.9	0.3	0.2
2001	20.9	0.1	0.1	5.1	0.4	0.3
2002	18.6	0.1	0.1	4.9	0.3	0.2
2003	18.8	0.1	0.1	5.1	0.4	0.4
2004	20.4	0.1	0.1	6.2	0.5	0.4
2005	21.2	0.1	0.1	6.7	0.5	0.4
2006	22.3	0.1	0.1	7.2	0.5	0.4
2007	22.9	0.2	0.1	7.4	0.5	0.5
2008	24.0	0.2	0.1	8.5	0.6	0.4
2009	24.6	0.2	0.1	8.9	0.8	0.6
2010	25.4	0.2	0.1	10.3	0.8	0.5

与总输出量相比，2002 年后单位面积输出项在相同年份的增长幅度偏小，表明 2002 年的总输出量的大幅增长也主要来自农田面积的增长。其输出项的各部分比例也和单位面积输入项的比例相同。

2.3 土壤氮磷平衡核算结果对比分析

2.3.1 方法对比

在宏观尺度核算土壤平衡的方法主要有 3 种，分别是 Stoorvogel 和 Smaling (1990) 在撒哈拉以南非洲地区提出的土壤养分平衡核算研究方法、OECD 土壤氮表观核算方法和 Sheldrick 等（2002）提出的土壤养分审计方法。第一种方法是针对非洲的研究方法，与本研究的可对比性不大，而后两种方法则具有普适性，可以进行对比。其中，本书的方法主要由 OECD 的土壤氮表观核算方法改进而来，故此处将本研究建立的土壤氮磷平衡核算方法（简称本方法）与 Sheldrick 等（2002）的土壤养分审计方法进行对比。

土壤养分审计方法所核算的养分流系统为种植业和养殖业的混合系统，本研究只考察种植业对农田土壤的影响，故此处只核算该方法中种植业养分流，不再核算其畜禽养殖业的养分流。

① 核算的氮（磷）输入流包括化肥、生物固氮、氮沉降、作物秸秆、污水污泥、畜禽粪便。其中，化肥、作物秸秆、畜禽粪便的氮（磷）输入计算方法和2.2.2 部分建立的氮（磷）输入项方法相同，可参考计算；生物固氮只计算大豆和花生的共生固氮，分别按氮摄取量的 50%、65% 计算，三江平原的农作物类型极少考虑花生，因此只计算大豆的共生固氮量；污水污泥的输入量按照每千人输入 500kg 氮、250kg 磷进行估算；氮沉降按照中国的年氮沉降量为 20kg/hm²计算。

② 氮（磷）输出流包括农作物输出和损失。农作物的输出包括农产品和秸秆残茬，其计算方法和 2.2.3 部分相同，可以参考计算；损失的输出包括气态损失（氨气挥发和反硝化）、淋溶、土壤侵蚀、固定化、秸秆残茬等，这部分在该模型中没有直接计算，而是通过式(2-17)推导而来：

$$A + P = B_c + T = B \tag{2-17}$$

式中 P——氮（磷）平衡量，t 或 kg/hm²，若为正值，则表示氮（磷）进入土壤，出现盈余；若为负值，则表示土壤氮（磷）消耗，出现亏损；

  A，B——氮（磷）总输入量，总输出量，t 或 kg/hm²；

  B_c——农作物氮（磷）输出量，t 或 kg/hm²；

  T——氮（磷）损失量，t 或 kg/hm²。

土壤氮（磷）平衡量则通过养分利用效率和农作物氮（磷）输出量计算。养分利用效率为农作物养分输出量中从养分输入中回收的量占养分输入量的比例，即按式(2-18) 计算。而养分平衡量则为农作物养分输出量中从土壤中吸收的养分量，即按式(2-19) 计算。

$$\eta = R_n / (B_c - R_t) \qquad (2\text{-}18)$$

$$P = (1 - \eta)(B_c - R_t) \qquad (2\text{-}19)$$

式中　η——养分利用效率，%；

　　　R_n——养分输入中回收量，t（或 kg）/hm²；

　　　R_t——农作物养分输出量中从养分输入中回收的量，t（或 kg）/hm²。

③ 在土壤养分审计方法中，Sheldrick 等（2002）通过对全球氮磷利用的研究认为，氮、磷的利用效率大致分别为 50%、40%，且该利用效率包含当季输入的氮磷在以后种植季被吸收利用的量。但实际上，氮、磷的利用率变幅很大，氮肥利用率在 9%～72% 之间变动，一般情况下氮肥的当季利用率为 35%～40%，我国部分地区氮肥利用率可达到 50%～70%（张桃林 等，1998），此处的氮利用率是指对所有输入项的氮的多年平均利用率，包含当季未被利用并在以后种植季中被利用的氮，故氮的利用率应略大，估计氮的利用率为 50% 基本合理；而磷肥当季利用效率一般为 10%～25%，但磷具有相当长的后效，一般可达 5～10 年，其积累利用率为 26%～100%（张桃林 等，1998），张素君等（1994）对东北地区的研究显示，其积累利用率为 18%～97%，磷肥施用量越少，积累利用率越高，在磷肥施用量为 18.75kg/hm² 时积累利用率为 97%。本研究三江平原地区的磷肥施用量在 20kg/hm² 左右，估计其积累利用率为 40%，明显过低；结合以上内容，此处给出磷的积累利用率为 40% 和 90% 两种方案进行对比分析。

综上，此处估计三江平原地区的氮利用率为 50%，磷的积累利用率为 40% 和 90%。

2.3.2　土壤养分审计方法结果

图 2-7 为土壤养分审计方法和基于 OECD 土壤表观核算方法计算的氮磷输入量和输出量对比情况。

由图 2-7 可以看出，两种方法的计算结果具有良好的一致性。同时，两个方法所计算的输入量和输出量大小值有差异，表现为基于 OECD 土壤表观核算方法计算的氮磷输入量更大，而土壤养分审计方法核算的氮磷输出量更大。其中，基于 OECD 土壤表观核算方法的氮输入量多于土壤养分审计方法，故本方法的氮输入量更大；两种方法核算的磷输入量差异不大，故磷输入量很相近。对于磷输出项，在磷积累利用率为 90% 时，相应的磷输出量差距较小，但在磷积累利用率为 40% 时，相应的磷输出量差距较大，说明土壤审计方法对养分利用率的设定较为敏感。

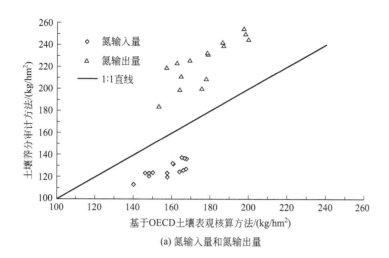

(a) 氮输入量和氮输出量

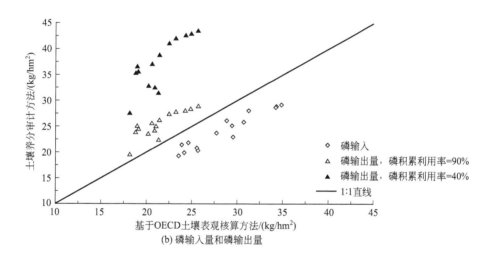

(b) 磷输入量和磷输出量

图 2-7　两种方法核算的氮磷输入量和输出量结果对比

图 2-8 为两种方法核算的氮磷平衡量对比情况。可以看出，基于 OECD 土壤表观核算方法与土壤养分审计方法核算的氮平衡量呈现线性正相关关系，且结果均表现为土壤氮处于亏损状态，表明两种方法的核算结果之间具有良好的一致性，但两种方法核算的氮平衡量大小有所差异，表现为土壤养分审计方法核算的氮平衡亏损量更大。基于 OECD 土壤表观核算方法核算的磷平衡量与土壤养分审计方法核算的磷盈余量依据其设定的磷积累利用率不同而表现出较大的差异，在磷积累利用率为 90％时两种方法的核算结果均表现为盈余状态，且盈余量也比较接近；在磷积累利用率为 40％时，土壤养分审计方法核算的磷平衡为亏损，与基于 OECD 土壤表观核算核算的值差距较大且两者的一致性较差。

两种方法最本质的区别在于对土壤氮磷平衡的核算思路以及对土壤氮磷损失的理解。土壤养分审计方法通过设定氮磷利用效率来反推氮磷平衡量，且假定利用效

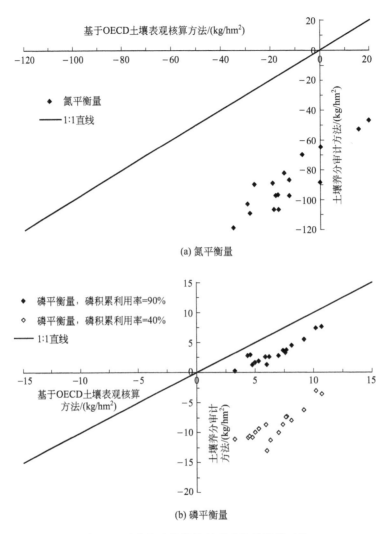

(a) 氮平衡量

(b) 磷平衡量

图 2-8 两种方法核算的氮磷平衡量结果对比

率不变，基于 OECD 土壤表观核算方法通过核算输入量和输出量计算平衡量，且假定氮磷损失率不变。故若区域对于氮磷利用效率高，土壤养分审计方法容易高估土壤氮磷亏损量，核算的氮磷平衡倾向于亏损；若区域氮磷损失率高，基于 OECD 土壤表观核算方法容易低估氮磷损失量，核算的氮磷平衡倾向于盈余。

对于氮磷损失，土壤养分审计方法理解为没有被作物带走且没有成为土壤平衡的氮磷，基于 OECD 土壤表观核算方法理解为没有被作物带走且没有留在土壤的氮磷，这其中的差别在氮核算方面体现不明显，而主要体现在磷方面，即对磷的固定作用（immobilization）应理解为损失还是残留；土壤审计方法理解为损失（固定以后无法转换为速效磷被作物吸收），故核算的土壤磷平衡倾向于亏损；而基于 OECD 土壤表观核算方法理解为残留（固定以后还能转化为速效磷被作物吸收），故核算的土壤磷倾向于盈余。当设定磷积累利用效率较低时，由于损失量较大，导致两个方法在该方面体现出明显差异；而当设定磷积累利用率较高时，由于损失量较小，导致两个方法在该方面的差异不明显。本研究农田土壤为长期序列研究，故采用固定作用为残留的理解，故而认为磷累计利用效率为 90% 较为合理，从而土壤养分审计方法在该理解下与本方法的磷核算结果一致。

总之，土壤养分审计方法和本方法的结果具有较好的一致性，能够互相验证。

2.4　土壤氮磷平衡核算结果与试验结果的对比分析

2.4.1　长期监测数据对比分析

本研究的土壤氮磷核算结果与《中国土壤数据库》中三江站的长期试验监测数据进行对比分析，进一步验证结果可信度。数据库拥有"三江站旱田辅助观测场土壤生物采样地土壤养分监测"（以下简称旱田数据）和"三江站水田辅助观测场土壤生物采样地土壤养分"（以下简称水田数据）两个时间序列的观测值（表 2-13）。旱田农作物类型为大豆，土壤数据起止时间为 2002～2008 年，监测时间为每年的 9 月；水田种植作物为水稻，数据起止时间为 2001～2008 年，监测时间为每年的 5 月。旱田和水田的测试土壤采集土层为 0～100cm，但以 0～20cm 为主，此处使用每年的平均值代表该年份的氮磷含量。

表 2-13　三江平原农田的土壤养分含量

	项目	2001 年	2002 年	2003 年	2004 年	2005 年	2006 年	2007 年	2008 年
旱地	全氮/(g/kg)	—	1.96	2.39	2.12	—	1.23	1.69	—
	全磷/(g/kg)	—	0.81	0.68	0.89	—	0.52	0.47	—
	碱解氮/(mg/kg)	—	—	229.1	197.6	248.2	75.2	216.5	200.2
	有效磷/(mg/kg)	—	10.7	24.5	12.1	27.3	27.9	13.3	14.1
水田	全氮/(g/kg)	2.48	1.98	3.25	2.58	—	—	2.01	1.76
	全磷/(g/kg)	1.27	0.88	0.32	—	—	—	0.24	0.21
	碱解氮/(mg/kg)	238.1	12.5	322.4	—	—	82.5	238.4	205.7
	有效磷/(mg/kg)	8.4	4.1	10.6	—	—	43.7	36.4	44.1

注："—"表示无监测数据，所有数据来源于环境保护部（现生态环境部）。

基于 OECD 土壤表观核算方法核算的氮输入和输出项包含氮的各种形态，故核算的氮的变化结果应与监测数据的全氮相对应，而核算的磷输入和输出项则以有效磷为主，故核算的磷的变化结果应与监测数据的有效磷相对应。基于 OECD 土壤表观核算方法的结果表示，2001～2010 年，三江平原的建三江土壤氮平衡多数处于亏损状态，磷平衡多数处于盈余状态。因此，建三江土壤全氮含量整体呈现下降趋势，有效磷含量表现为上升趋势。此时，对三江站的田间监测数据进行线性回归分析，若回归方程自变量的系数为正，则表明该指标呈现增长态势；如为负数，则表明该指标呈现下降态势，且 R^2（拟合优度）越大，则此回归方程的可信度越高。

图 2-9 为三江站旱地土壤氮磷的含量变化趋势。可以看出，旱地土壤全氮含量的线性拟合度较高，R^2 为 0.4777，表明土壤氮含量变化趋势明显。2001～2008年，旱地土壤的全氮含量呈现明显下降趋势，与基于 OECD 土壤表观核算方法的结果相符。旱地土壤的有效磷拟合度差，变化趋势不明显，但拟合结果表现为有效磷含量呈现不明显的上升趋势，与本方法的核算结果相符合。总之，试验监测数据的全氮和有效磷变化趋势与基于 OECD 土壤表观核算方法结果具有一致性。对于碱解氮和全磷而言，旱地土壤的全磷数据线性拟合度较高，其含量变化趋势较为明显，呈现明显的降低趋势。同时旱地土壤的碱解氮含量也表现为逐渐降低趋势。

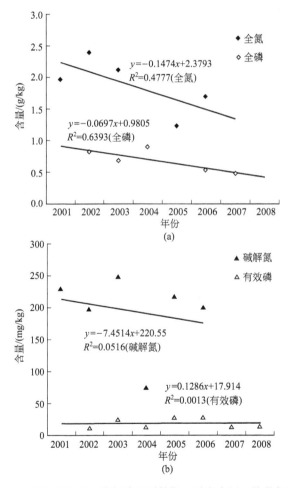

图 2-9　三江站旱地土壤氮磷监测数据（引自中国土壤数据库）

图 2-10 为三江站水田土壤氮磷的氮磷含量变化趋势。可以看出，水田土壤的全氮数据的拟合度 R^2 为 0.2678，变化趋势不明显，整体表现为减少趋势。土壤有效磷数据的线性拟合度 $R^2 = 0.8912$，有效磷呈现明显的增加趋势，这些结果与基

于 OECD 土壤表观核算方法结果一致。全磷数据的线性拟合度较高，其含量呈现明显减少趋势；而土壤的碱解氮为上升态势。总体而言，试验监测数据能够较好地验证基于 OECD 土壤表观核算方法的核算结果，表现为，监测数据的全氮处于逐渐减少趋势，有效磷呈现增加态势。这与基于 OECD 土壤表观核算方法结果显示氮处于亏损状态、磷处于盈余状态结果具有良好的一致性。

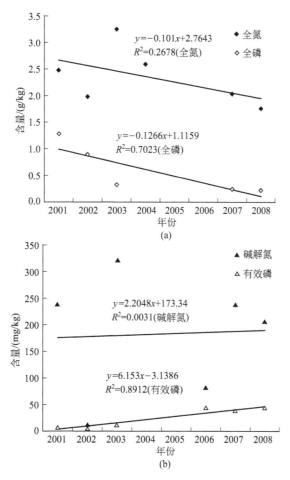

图 2-10　三江站水田土壤氮磷监测数据（引自中国土壤数据库）

2.4.2　与农业开发前土壤氮磷含量变化结果对比验证

研究中以 2009 年为界限，对比分析农业开发前和农业开发后土壤氮磷含量变化。农业开发前以 1979 年以来始终为湿地（WL-WL）和林地（FL-FL）的土壤数据作为农业开发前土壤情况，农业开发后的情况则以 1979～2010 年间由湿地转化为旱地（W-D）、湿地转化为水田（W-P）和林地转化为旱地（F-D）三种类型的土壤氮磷含量数据表征。于 2010 年 5 月在三江平原区域内的八五九农场进行土壤样品采集，分析农业开发对土壤氮磷含量带来的影响，与本研究基于 OECD 土壤表观核算方法估算的氮磷平衡情况进行对比验证。

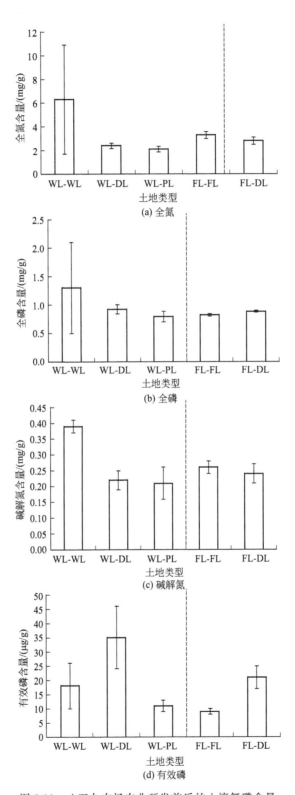

图 2-11 八五九农场农业开发前后的土壤氮磷含量

　　图 2-11 为八五九农场经过 30 年农业开发前后的土壤氮磷含量对比情况。由图 2-11 可以看出，湿地和林地经过农业开发后土壤全氮含量均减少，湿地和林地开发为旱地后，土壤有效磷含量均表现为增加趋势，与基于 OECD 土壤表观核算方法中得到的土壤氮含量处于亏损状态、磷含量处于盈余状态的结论类似。湿地开发为水田后，土壤有效磷含量减少，与基于 OECD 土壤表观核算方法核算的土壤磷含量处于盈余状态的结论不一致。另外，湿地和林地开发为农田后，土壤碱解氮与全氮含量均减少，支持之前核算方法的土壤氮含量处于亏损状态。农业开发后土壤全磷含量表现为有升有降，湿地开发为旱地和水田后，土壤全磷含量减少；林地开发为旱地后，土壤全磷含量呈现不明显的增加态势。

　　总体而言，相对于农田开垦前土壤氮磷含量的变化能较好地验证基于 OECD 土壤表观核算方法的核算结果。整体表现为农业开发后，土壤全氮含量下降，旱地土壤有效磷上升，与本研究的基于 OECD 土壤表观核算方法核算的土壤氮含量处于亏损、土壤磷含量处于盈余状态的结论一致。

2.5　土壤氮磷失衡分析

2.5.1　氮磷输入和输出量特征

　　用基于 OECD 土壤表观核算方法估算全国氮磷化肥输入量与作物带走输出量，与三江平原的结果进行比较，图 2-12 为估算结果对比情况。可以看出，三江平原通过化肥输入的氮、磷量远低于全国水平，但通过作物带走输出的氮、磷量却从 2002 年到 2008 年有较大幅度提升，并且基本高于全国水平。尤其是氮，化肥氮的输入也远低于作物氮的输出，即在三江平原地区，存在人为投入氮偏低，而种植业开发利用土壤氮偏高的局面，使得其土壤氮平衡容易倾向于亏损，而磷的人为投入

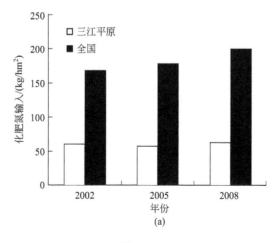

图 2-12

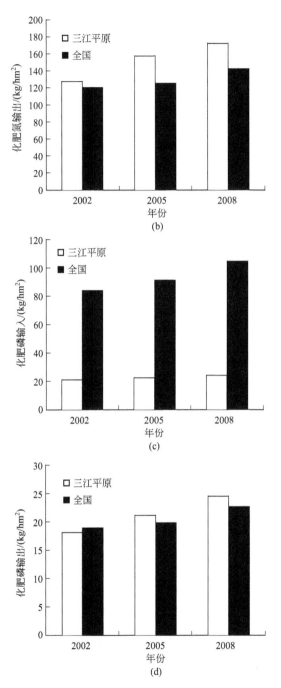

图 2-12　基于 OECD 土壤表观核算方法核算化肥氮磷输入量和
作物带走输出量结果

水平虽然低于全国水平，但和作物输出量相当，存在轻微的磷盈余。

对中国县级尺度农田氮磷钾养分平衡研究中（杨林章 等，2008）指出，东北黑土的化肥投入远低于全国平均水平，全国平均氮肥年施用量 225kg/hm²，而黑龙江只有 78kg/hm²，1990～2001 年累计亏损氮 525.3 万吨，应增加有机肥和无机肥投入，协调各养分的投入比例。

2.5.2　吸收输入比特征

2.5.2.1　吸收输入比模拟方程

吸收输入比表示作物吸收对土壤养分输入的利用强度，通过作物吸收带走的养分量与养分输入量之比表征，即：

$$\lambda = P_{out}/P_{in} \tag{2-20}$$

式中　　λ——吸收输入比；

P_{in}，P_{out}——养分输入量，作物吸收带走养分输出量，t。

吸收输入比 λ 越高，则对土壤养分输入的利用强度越大；反之则越小。随着养分输入的增加，作物带走的养分也会增加。在养分输入水平低时，作物将会从土壤存量中吸收养分，吸收输入比增加，土壤养分容易出现亏损，导致土壤肥力下降；在养分输入水平高时，则养分可能在土壤中盈余，吸收输入比将会相对较低，盈余的养分成为土壤养分存量或流失到周围环境中，进而被作物吸收产生环境问题。

2.5.2.2　结果分析

通过式(2-20)，估算 1996～2010 年三江平原农田土壤氮磷吸收输入比，如图 2-13 所示。可以看出，三江平原农田土壤氮磷的吸收输入比在 1996～2010 年期间呈现波动上升趋势。氮的吸收输入比从 1996 年的 0.93 上升到 2010 年的 1.08，磷的吸收输入比从 1996 年的 0.75 上升到 2010 年的 0.84。磷的吸收输入比始终低于氮的吸收输入比，导致了区域内对氮的利用强度大于对磷的利用强度，容易出现氮亏损的局面。

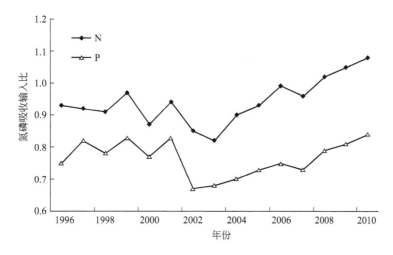

图 2-13　1996～2010 年三江平原农田土壤氮磷吸收输入比

2.5.3 氮磷比特征分析

表 2-14 为 1996～2010 年作物吸收、损失、化肥和有机肥输入引起的土壤氮磷比变化。由此可以看出，作物对于氮磷的吸收比例在 6.1～7.6 范围内；有机肥输入的氮磷比例与之相近，在 6.6～7.4 范围内变化；作为最大的氮磷输入源，化肥输入的氮磷比例在 2.2～3.0 范围内变化。氮磷损失量的比例则高达 192.4～229.4，进而出现氮的输入少但输出多、磷的输入多但输出少的局面，导致土壤中氮的亏损、磷的盈余，氮比磷更容易损失，这与 Cobo 等（2010）的研究结论相似。

表 2-14　1996～2010 年作物吸收、损失、化肥输入、有机肥输入氮磷比

年份	作物吸收	损失	化肥输入	有机肥输入
1996	7.1	192.4	2.7	7.1
1997	7.0	203.3	2.9	7.2
1998	6.6	199.8	2.8	7.4
1999	6.1	201.9	3.0	7.0
2000	7.2	198.2	2.9	7.3
2001	7.1	198.4	2.7	7.3
2002	6.9	205.7	2.6	6.6
2003	7.6	205.9	2.6	7.2
2004	7.5	209.4	2.4	7.2
2005	7.5	210.2	2.3	7.1
2006	7.0	210.9	2.2	7.0
2007	6.8	229.4	2.7	6.8
2008	7.0	221.7	2.5	7.0
2009	7.1	219.6	2.4	7.1
2010	7.2	219.1	2.4	7.2

2.6　土壤氮磷输入的优化管理措施

2.6.1　氮磷吸收模拟方程

研究通过 Mitscherlich 方程和一元二次方程模拟氮磷输入量与作物产量中相应氮磷量之间的关系，从整体输入的角度，考虑农业种植对区域土壤氮磷的影响，建立一种基于以往统计数据的氮磷输入调整模型，以降低氮磷输入调整量确定的成本，并使用动态调整的方法以适应氮磷输入与作物输出关系变化的特点，为区域氮磷输入政策提供指导。即，使用式（2-21）和式（2-22）两个方程模拟氮磷输入与作

物带走氮磷之间的关系：

$$y = -\frac{1}{2}ax^2 + asx + b \, (x > 0, \text{当 } x = s \text{ 时}, y \text{ 最大}) \tag{2-21}$$

$$y = c[1 - e^{-a(x+b)}] \, (x > 0) \tag{2-22}$$

式中　x——氮（磷）输入量；

　　　y——作物带走氮（磷）量；

　　　b——土壤本底氮（磷）修正因子；

　　　s——达到最高产量时的施肥量；

　　　c——达到最高产量时的作物产量；

　　　a——常数。

基于氮磷输入与作物带走氮磷的关系式，可推导得到氮磷输入和作物带走氮磷量之间的关系式，以及氮磷输入和吸收输入比之间的关系式，即，氮磷输入量减去氮磷作物吸收量为氮磷存留和损失量，作物带走氮磷量除以氮磷输入量为氮磷吸收效率，公式分别如下。

① 氮磷输入量与氮磷存留和损失量关系式：

$$y = \frac{1}{2}ax^2 - (as-1)x - b \left(x > 0, \text{当 } x = s - \frac{1}{a} \text{ 时}, y \text{ 最小} \right) \tag{2-23}$$

$$y = x - c[1 - e^{-a(x+b)}] \left(x > 0, \text{当 } x = \frac{\ln ac}{a} - b \text{ 时}, y \text{ 最小} \right) \tag{2-24}$$

式中　x——氮（磷）输入量；

　　　y——氮（磷）存留和损失量；

其他符号意义同上。

② 氮磷输入量与吸收输入比关系式：

$$y = -\frac{1}{2}ax + \frac{b}{x} + ax \left(x > 0, \text{当 } x = \sqrt{\frac{-2b}{a}} \text{ 时}, y \text{ 最大} \right) \tag{2-25}$$

$$y = \frac{c[1 - e^{-a(x+b)}]}{x} \, (x > 0, \text{当 } e^{a(x+b)} - (ax+1) = 0 \text{ 时}, y \text{ 最大}) \tag{2-26}$$

式中　x——氮（磷）输入量；

　　　y——氮（磷）吸收输入比；

其他符号意义同上。

应用以上方程时，使用最小二乘法对该模型进行回归分析，使用拟合度（R^2）检验拟合程度，使用 F-检验对回归方程进行显著性检验，显著性水平用 p 表示。

2.6.2　作物吸收、吸收输入比、残留和损失量与氮磷输入量的响应关系

表 2-15 为作物吸收、吸收输入比、残留和损失量与氮磷输入量的 Mitscherlich 方程模拟结果。可以看出，Mitscherlich 方程能够较好地模拟氮磷的作物吸收量与氮磷输入量之间的关系，并呈正相关关系，拟合优度分别达到 0.812 和 0.740，回

归方程显著（$p<0.01$）。氮磷输入量与氮磷存留和损失量的关系，相对于与作物带走量的关系较差，氮、磷的拟合度分别为 0.451 和 0.219，但相关关系显著（$p<0.01$），基本能反映两者之间的关系。氮磷存留和损失量在输入量较小时与之呈负相关，在输入量较大时与之呈正相关。对于氮磷输入量与氮磷吸收输入比的关系，氮、磷的拟合度分别为 0.585 和 0.478，相关关系显著（$p<0.01$），能反映两者之间的关系。氮磷吸收输入比在输入量较小时与之呈正相关，在输入量较大时与之呈负相关。

表 2-15　作物吸收、吸收输入比、残留和损失量与氮磷输入量的 Mitscherlich 方程拟合结果

项目	拟合方程	拟合度 R^2	显著性水平 p
作物吸收氮量	$y=159.3[1-e^{-0.076(x-121.1)}]/x$	0.585	$p<0.01$
氮吸收输入比	$y=159.3[1-e^{-0.076(x-121.1)}]$	0.812	$p<0.01$
氮残留和损失量	$y=x-159.3[1-e^{-0.076(x-121.1)}]$	0.451	$p<0.01$
作物吸收磷量	$y=23.02[1-e^{-0.333(x-19.65)}]/x$	0.478	$p<0.01$
磷吸收输入比	$y=23.02[1-e^{-0.333(x-19.65)}]$	0.740	$p<0.01$
磷残留和损失量	$y=x-23.02[1-e^{-0.333(x-19.65)}]$	0.219	$p<0.01$

表 2-16 为作物吸收、吸收输入比、残留和损失量与氮磷输入量的一元二次方程模拟结果。从拟合度看，一元二次方程的拟合效果比 Mitscherlich 方程略差，但相差不大。从存留和损失最小值、吸收输入比最大值等方程的极值看，两者的拟合结果相近。从作物吸收最大值看，Mitscherlich 方程模拟的最大值要大于一元二次方程的最大值，但当 Mitscherlich 方程输入一元二次方程模拟的最大输出量对应的输入量时，其模拟的输入量和一元二次方程的输出量相近。总体而言，一元二次方程和 Mitscherlich 方程两者对单位面积作物吸收、吸收输入比、存留和损失量与氮磷输入的响应关系模拟结果相近。

表 2-16　作物吸收、吸收输入比、残留和损失量与氮磷输入量的一元二次方程拟合结果

项目	拟合方程	拟合度 R^2	显著性水平 p
作物吸收氮量	$y=-0.435x-1087.5/x+14.70$	0.550	$p<0.01$
氮吸收输入比	$y=-0.435x^2+14.70x-1087.5$	0.790	$p<0.01$
氮残留和损失量	$y=0.435x^2-13.70x+1087.5$	0.385	$p<0.01$
作物吸收磷量	$y=-0.135x-102.0/x+8.21$	0.399	$p<0.01$
磷吸收输入比	$y=-0.135x^2+8.21x-102.0$	0.702	$p<0.01$
磷残留和损失量	$y=0.135x^2-7.21x+102.0$	0.106	$p<0.01$

以 2008 年为例，通过 Mitscherlich 方程和一元二次方程模拟 2008 年的作物吸收氮磷量、残留和损失氮磷量和氮磷吸收输入比，结果如表 2-17 所列。氮、磷的作物理论最大可能吸收量分别为 159.3kg/hm² 和 23.02kg/hm²；当氮、磷输入量分别为 181.5kg/hm² 和 33.5kg/hm² 时，作物吸收带走量接近理论最大值，分别为

157.7kg/hm^2 和 22.8kg/hm^2，2008 年氮、磷的实际输入量分别为 167.3kg/hm^2 和 30.5kg/hm^2，低于该输入量值，但作物吸收带走量分别为 172.2kg/hm^2 和 24.5kg/hm^2，高于作物理论最大可能吸收量。由模拟方程可得到当氮、磷输入量分别为 153.8kg/hm^2 和 25.8kg/hm^2 时，相应的氮、磷存留和损失量最小值分别为 7.6kg/hm^2 和 5.7kg/hm^2。当氮、磷输入量分别为 154.5kg/hm^2 和 26.5kg/hm^2 时，相应的氮、磷吸收输入比最大值分别为 0.95 和 0.78。

表 2-17　氮磷养分输入、作物吸收、残留和损失及吸收输入比模拟极值结果

养分	模式	2008 年实际值	模拟方程	作物吸收最大值	残留和损失最小值	吸收输入比最大值
氮	养分输入 /(kg/hm^2)	167.3	Mitscherlich 方程	181.5	153.8	154.5
			一元二次方程	169.2	157.6	158.2
	作物吸收 /(kg/hm^2)	172.2	Mitscherlich 方程	157.7	146.2	146.8
			一元二次方程	155.7	150.0	150.5
	残留和损失 /(kg/hm^2)	−4.93	Mitscherlich 方程	23.7	7.6	7.6
			一元二次方程	13.4	7.7	7.7
	吸收输入比	1.03	Mitscherlich 方程	0.87	0.95	0.95
			一元二次方程	0.92	0.95	0.95
磷	养分输入 /(kg/hm^2)	30.5	Mitscherlich 方程	33.5	25.8	26.5
			一元二次方程	30.4	26.7	27.5
	作物吸收 /(kg/hm^2)	24.5	Mitscherlich 方程	22.8	20.0	20.7
			一元二次方程	22.6	20.8	21.5
	残留和损失 /(kg/hm^2)	5.98	Mitscherlich 方程	10.7	5.7	5.8
			一元二次方程	7.7	5.9	6.0
	吸收输入比	0.80	Mitscherlich 方程	0.68	0.78	0.78
			一元二次方程	0.75	0.78	0.78

2.6.3　氮磷输入调整的优化方案

通过两个模拟方程的模拟结果比较，可知 Mitscherlich 方程的模拟效果比一元二次方程的模拟效果略好，因此基于 Mitscherlich 方程的模拟结果设定氮磷输入调整的优化方案。

2008 年，三江平原氮、磷输入量分别为 167.3kg/hm^2、30.5kg/hm^2，实际作物吸收量为 172.2kg/hm^2、24.5kg/hm^2，氮、磷存留和损失量分别为 −4.93kg/hm^2、5.98kg/hm^2，实际利用氮、磷吸收输入比为 1.03、0.80。当输入 2008 年的氮磷输入量时，模型模拟作物氮、磷吸收量为 154.6kg/hm^2、22.4kg/hm^2，模型模拟氮、磷存留和损失量分别为 12.6kg/hm^2、8.1kg/hm^2，模型模拟氮、磷吸收输入比为 0.92、0.73，作物吸收量、吸收输入比的模拟值较实际值偏小，存留和

损失量的模拟值比实际值大,特别是氮的差距较大,原因在于作物吸收了土壤本底的氮、磷,导致实际的吸收量和吸收输入比偏高。

对氮、磷输入方案进行优化调整,若以作物吸收量最大为目标,即追求作物产量最高,则应不断提高氮、磷的输入量,但相应的边际效益将递减,选择氮、磷作物吸收量为 157.7kg/hm² 、22.8kg/hm² 时对应的氮、磷输入量 181.5kg/hm² 、33.5kg/hm² 为最大输入量终点,即应在现状的基础上提高氮、磷的输入量。此时,土壤中氮、磷的存留和损失量分别为 23.7kg/hm² 、10.7kg/hm² ,氮、磷的吸收输入比分别为 0.87、0.68,即土壤中存留和损失量将会提升,氮、磷吸收输入比将会下降,存留量的提升扭转了亏损状态,损失量的提升则增大了氮、磷对水环境和大气环境的压力,氮、磷吸收输入比的下降减轻了对土壤本底氮、磷的消耗。

若以氮磷在土壤中的存留和损失量最小化为目标,即损失氮磷对水环境和大气环境的压力最小化为目标,即选择表 2-17 中的氮、磷输入量 153.8kg/hm² 、25.8kg/hm² ,即在现状的基础上减少氮、磷的输入量。此时,作物带走的氮、磷量分别为 146.2kg/hm² 、20.0kg/hm² ,氮、磷吸收输入比分别为 0.95、0.78,即农作物产量将有所降低,氮、磷吸收输入比将有所上升,且土壤氮仍将维持亏损状态,而磷盈余状态则会有所缓解。

2008 年三江平原氮处于亏损状态,磷处于盈余状态,且东北黑土的化肥投入低于全国平均水平,全国平均氮肥年施用量为 225kg/hm² ,而黑龙江只有 78kg/hm² ,1990~2001 年累计亏损氮 525.3 万吨(杨林章 等,2008)。因此氮应选择第一种调整方案以扭转亏损局面和维持土壤肥力,磷应选择第二种调整方案以减少盈余量和缓解对水环境、大气环境的压力,即提高氮输入量至 181.5kg/hm² 、降低磷输入量至 25.8kg/hm² (表 2-18)。相对于 2008 年的输入水平,氮输入量应增加 14.2kg/hm² 、磷输入量应减少 4.7kg/hm² ,以 2008 年的农田面积为 405.3×10⁴hm² 计算,相当于增加氮输入总量 5.7×10⁴t、减少磷输入总量 1.9×10⁴t,分别折算成硫酸铵、过磷酸钙为 28.7×10⁴t、27.2×10⁴t。

表 2-18 三江平原农田土壤氮磷输入调整方案

养分	2008 年养分输入量 /(kg/hm²)	优化调整目标 /(kg/hm²)	单位面积调整量 /(kg/hm²)	区域调整总量 /10⁴t	化肥当量 /10⁴t
氮输入	167.3	181.5	14.2	5.7	28.7
磷输入	30.5	25.8	−4.7	−1.9	−27.2

注:总量由单位面积量和农田面积乘积得来,农田面积按 2008 年的 405.3×10⁴hm² 计算;氮化肥当量以硫酸铵计,按含氮量 20% 计算;磷化肥当量以过磷酸钙计,按有效 P_2O_5 为 16% 计算。

2.7 不确定性分析

氮磷平衡核算由于数据和模型参数等因素的影响,核算过程中存在不确定性,主要表现在以下几个方面：

① 由于无法获得所有输入项和输出项的计算参数，以及研究区连续年份的计算参数，导致氮磷平衡核算无法精确进行，因此核算时考虑了主要的输入和输出项，1996～2010 时间段内没有实现连续估算；

② 参数值和输入数据存在误差，核算时也存在不确定性；

③ 研究中所用 Mitscherlich 方程和一元二次方程没有考虑氮磷之间的协同效应，也使得模型估算时出现不确定性。

本研究依据不确定性的相对大小分类，对氮磷输入量、输出量和平衡量的不确定性进行分析。表 2-19 为确定的各输入项和输出项的变化范围。其中，第一类为化肥、种子，变化范围为±3％；第二类为有机肥、干湿沉降、生物固氮、作物带走，变化范围为±10％；第三类为氨气挥发、反硝化、径流侵蚀、淋溶损失，变化范围为±25％。

表 2-19　不确定性分析参数

不确定性类别	变化范围	输入和输出项
第一类	±3％	化肥、种子
第二类	±10％	有机肥、干湿沉降、生物固氮、作物带走
第三类	±25％	氨气挥发、反硝化、径流侵蚀、淋溶损失

根据表 2-19 参数的不确定分析，计算氮磷输入量、输出量和平衡量的变化范围（表 2-20、表 2-21）。经计算可知，1996～2010 年氮、磷输入量的变化范围均值分别为±7％、±4％，1996～2010 年氮、磷输出量的变化范围分别为±12％、±10％，氮磷的输入项的不确定性明显小于输出项的不确定性，同时氮输入量、输出量的不确定性明显大于磷的不确定性。当这些不确定性扩展到氮磷平衡量计算时会带来更大的不确定，导致氮磷平衡量的波动范围也较大。

表 2-20　氮磷输入量和输出量的不确定性分析

年份	氮输入量/(kg/hm²)		氮输出量/(kg/hm²)		磷输入量/(kg/hm²)		磷输出量/(kg/hm²)	
	最小值	最大值	最小值	最大值	最小值	最大值	最小值	最大值
1996	139.1	152.3	140.8	179.2	22.1	25.7	17.2	20.3
1997	151.6	173.9	155.7	198.4	23.2	26.8	17.8	21.5
1998	122.2	157.4	141.2	185.2	22.8	26.2	17.4	20.7
1999	139.5	156.7	141.8	188.9	22.3	25.4	18.1	22.1
2000	143.6	164.2	141.1	185.8	21.9	24.9	17.2	20.8
2001	145.9	169.1	158.5	198.2	22.9	27.2	17.7	22.6
2002	138.8	162.5	136.2	149.6	24.8	27.6	16.2	19.1
2003	156.4	181.9	140.4	179.7	24.6	27.8	17.3	19.4
2004	161.3	182.7	141.5	181.4	26.8	28.3	17.9	20.4
2005	158.8	182.2	142.7	198.3	27.2	29.6	19.2	21.8
2006	145.2	168.3	163.2	197.7	27.7	30.8	19.8	22.1

年份	氮输入量/(kg/hm²)		氮输出量/(kg/hm²)		磷输入量/(kg/hm²)		磷输出量/(kg/hm²)	
	最小值	最大值	最小值	最大值	最小值	最大值	最小值	最大值
2007	145.5	172.8	167.6	216.3	29.1	32.2	20.1	24.7
2008	146.8	177.9	170.3	222.5	29.5	31.8	21.6	26.8
2009	147.2	178.5	172.1	224.7	29.9	32.3	22.2	27.3
2010	147.7	179.4	173.6	225.9	30.3	32.9	22.7	28.5

根据氮磷输入量和输出量的不确定性分析，得到氮磷平衡量的变化范围，如图 2-14 所示。可以看出，在 2000～2004 年氮变化范围处于盈余状态，2005 年的变化幅度较大，在 −16.1～16.1kg/hm² 范围变化，其他年份均在亏损范围内变化。磷平衡量均在盈余范围内变化，不确定性分析进一步说明磷处于盈余状态。

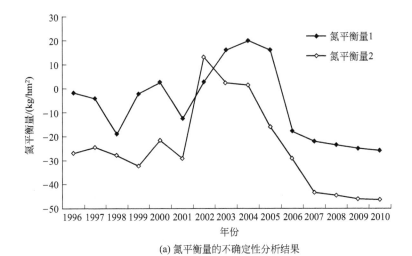

(a) 氮平衡量的不确定性分析结果

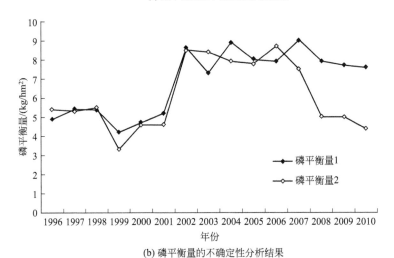

(b) 磷平衡量的不确定性分析结果

图 2-14　氮磷平衡量的不确定性分析

在此基础上，对氮磷输入的优化调整方案进行不确定性分析，设定两种极端情况，分别为最大可能氮磷输入量对应最小可能作物带走氮磷量和最小可能氮磷输入量对应最大可能作物带走氮磷量，分别代表最大可能盈余情景和最大可能亏损情景。表 2-20 为输入与输出拟合结果和氮磷输入调节量的变化范围。由表 2-20 可知，氮的调节量波动范围较大，且在最大可能盈余情景下位盈余状态，需要减少氮输入，而磷的调节量波动范围较小，在两种极端情况下均为盈余状态，需要减少磷输入。同时，由图 2-14 可知，氮的平衡状态可能为亏损和盈余两种，但亏损部分所占面积更大，而磷只有盈余状态，这表明上文中判断的三江平原地区氮处于亏损状态、磷处于盈余状态的结论更为可靠，故而表 2-20 不确定性分析参数给出的增加氮输入、减少林输入的结论更为可靠。

表 2-21　优化调整方案的不确定性范围

养分	单位面积调整量/(kg/hm²)	区域调整总量/10⁴t	化肥当量/10⁴t
氮输入	−17.1～15.3	−6.9～6.2	−34.7～30.9
磷输入	−5.4～−4.1	−2.2～−1.7	−31.4～−23.8

为了减少以上不确定性对决策的不利影响，建议采用逐步逼近的方法选择最优氮磷输入量，即：在进行氮磷输入水平调整时应本着谨慎的原则，以模型计算的调整目标为参照值，在现状的基础上逐步调整；然后依据进一步的氮磷输入量及其相应的作物吸收量响应数据，计算更新后的模型各参数，依据新的参数再调整下一步的氮、磷输入量；最终实现在氮磷盈亏互补的情况下，达到氮磷调整目标。

第3章 农业活动影响下的土壤氮磷迁移转化

区域农业可持续发展与土壤质量密切相关，近年来由于农业开发导致土地利用类型和植被类型发生变化。土壤氮磷迁移对土地利用和植被类型变化产生响应，并发生转化，进而导致土壤肥力明显下降，土壤微生物环境和水文条件发生改变，造成更为严重的污染。如何在农业发展中保持土壤质量，土壤氮磷的迁移转化成为实现农业可持续发展的关键。

3.1 研究区概况

3.1.1 自然环境状况

3.1.1.1 地理位置

选择位于黑龙江省三江平原内的八五九农场作为典型案例研究区，其行政区划属饶河县。地理坐标为北纬 $47°18'\sim47°50'$，东经 $133°50'\sim134°33'$。东濒乌苏里江，西与胜利农场相邻，南与饶河农场毗邻，北与前锋、前哨、二道河农场相接。八五九农场是我国自主建立，属于传统开发型的国营农场，其开发模式和发展历程对于整个三江平原的众多农场来说都有较强的代表性和典型性。

以 1969～2005 年为例，30 多年间八五九农场和三江平原耕地面积变化如图 3-1 所示。从图中可以看出，八五九农场与三江平原的耕地面积变化趋势非常一致，因此八五九农场的农业发展历程在整个三江平原具有一定的代表性。同时，从图 3-2 可以看出，三江平原与八五就农场在 1969～2005 年湿地面积同时减少。因此，无论是耕地还是湿地，八五九农场与三江平原的土地面积变化态势具有很好的一致性。

3.1.1.2 气候状况

八五九农场气候属寒温带季风性大陆气候。春季多大风，早春气温偏低；夏短促而湿热，雨量集中；秋季降雨量偏少，多干旱；冬季漫长，寒冷多雪。全年日照

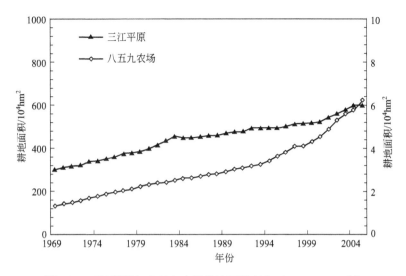

图 3-1　三江平原与八五九农场耕地面积变化（1969～2005 年）

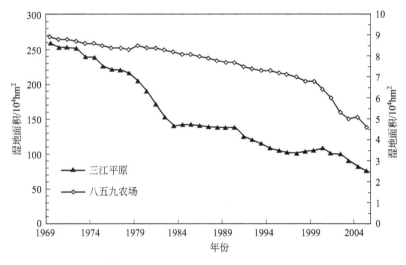

图 3-2　三江平原与八五九农场湿地面积变化（1969～2005 年）

数 2400～2500h。10℃以上活动积温 2439.96℃，无霜期 138d。冻结期长达 7～8 个月，平均冻土深度 141cm。年平均降水量 595.32mm，75％～85％集中在 6～10月，年平均蒸发量 1002.33mm。八五九农场自 1964 年建立农业气象站以来，一直对场内区域的农业气象进行观测。根据 1964～2005 年的气象数据，其气候特征如表 3-1 所列。

表 3-1　八五九农场气候特征

气候特征	1964～2005 年
多年平均气温/℃	2.52
最低温度(月份)/最高温度(月份)	−20.2(1 月)/21.7(7 月)

续表

气候特征	1964~2005 年
极端高低温/℃	42.5(1996 年 7 月 26 日) -39.5(1996 年 1 月 16 日)
多年平均降雨量/mm	576.26
≥10℃积温/℃	2418.78
多年平均蒸发量/mm	1127.22
封冻日期	11 月初

图 3-3 为 1964~2010 年八五九农场年平均气温和降水量的变化趋势。由图 3-3 可知，46 年来八五九农场与三江平原相似，年平均气温在波动中呈现上升趋势，无论是年变化过程线或 5 年滑动平均曲线均呈现了这一态势。其线性拟合的气候倾向率为 0.14℃/10a。同样，年降水量在波动中呈上升趋势，年变化过程线和 5 年

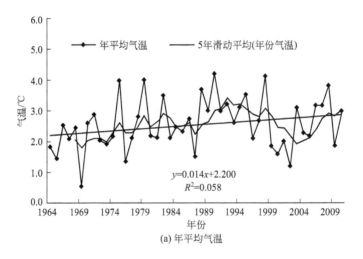

(a) 年平均气温

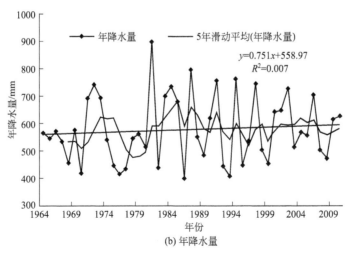

(b) 年降水量

图 3-3　1964~2010 年八五九农场年平均气温和年降水量变化趋势

滑动平均曲线均说明了这一上升态势。年降水量的气候倾向率为 7.51mm/10a，这与我国年降水量以 -2.66mm/10a（Lin et al.，1990）的速度减少的结论相反。

通过进一步研究，发现在四季中以冬季气温的升高趋势最为显著，夏、秋季次之，春季最小（图 3-4）。滑动 T 检验，进一步论证了八五九农场是中国气候变暖比较敏感的地区之一的结论。整体而言，气温在由冷向暖转变的过程中，20 世纪 90 年代末期出现了一定的下降。

按季节拟合，春季降水量的气候倾向率为 8.05mm/10a，夏季降水量的气候倾向率为 0.97mm/10a，秋季降水量的气候倾向率为 -3.43mm/10a，冬季降水量的气候倾向率为 7.88mm/10a。表明在四季中以春季降水量的增加趋势最为显著，冬季次之，秋季的降水量呈现减少趋势（图 3-5）。1964～2010 年平均降水量没有发生显著的突变。

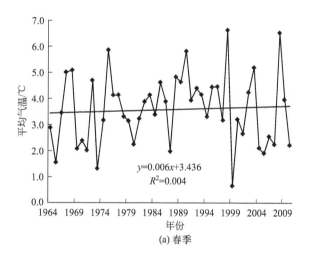

(a) 春季

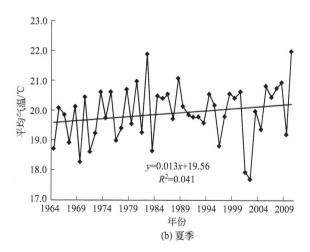

(b) 夏季

图 3-4

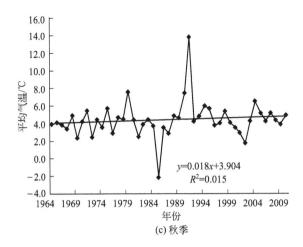

(c) 秋季

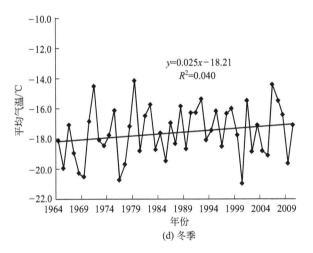

(d) 冬季

图 3-4 1964~2010 年八五九农场气温季节变化趋势

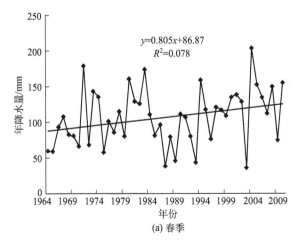

(a) 春季

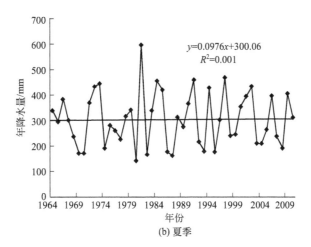

(b) 夏季

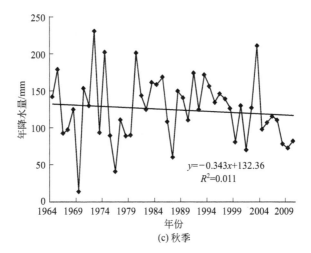

(c) 秋季

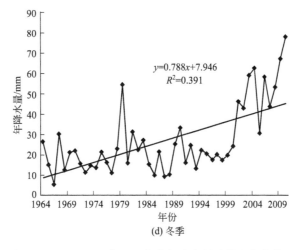

(d) 冬季

图 3-5　1964～2010 年八五九农场降水量季节变化趋势

3.1.1.3 土壤类型

八五九农场土壤可分为白浆土、沼泽土、棕壤土以及泛滥土四类，其中白浆土面积占农场总面积的 60.7%、沼泽土占 26.2%、泛滥土占 8.7%、棕壤占 4.4%。白浆土分布最广，占耕地面积的 95% 以上。白浆土可分为草甸白浆土、棕壤白浆土和潜育白浆土；其中，草甸白浆土最多，占耕地面积的 66.2%。

3.1.2 社会经济现状

目前，八五九农场总控制面积 $1.35 \times 10^5 hm^2$，耕地总面积 $4.27 \times 10^4 hm^2$，常住人口 1.8 万。经过几十年的发展，农场形成了以种植业为主，工业，林业，畜牧业、渔业共同发展的经济格局。1985～2005 年期间八五九农场粮食产量和人均GDP 不断增长（图 3-6），2006 年全场实现生产总值 4.4 亿元，人均收入达到8728 元。

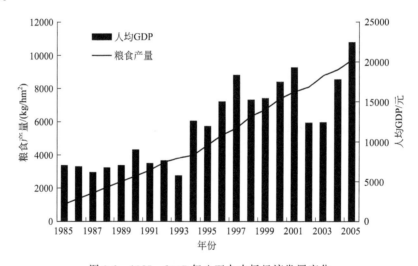

图 3-6 1985～2005 年八五九农场经济发展变化

由于生产管理水平的提高以及栽培措施的加强，农场种植业结构调整加快，农业生产正逐步向绿色、高产、高效、优质的观光农业方向发展，种植业的经济效益显著提高；八五九农场区内工业包括粮油食品加工业、乳（豆）制品加工业、畜禽产品加工业和建材加工业等；林业生产主要围绕以人工造林为主的农田防护林体系建设；渔业以自然捕捞和池塘养殖为主，自 20 世纪 80 年代开始国有体制转变为现在的个体经营体制，在生产管理形式上采取渔政监督管理，公司全面负责的制度。

在水利建设方面，农场的水利工程建设已经初步实现了防洪除涝、灌溉、水保共同发展的良好格局，为农场水利建设的良性发展提供了可靠的基础保障。在工业方面，自 2000 年农场响应国家政策，开始实行国有资产转制，使其工业企业脱离困境。由国有资产转为民营经营后的企业，通过积极引进技术、改造设备、降低成本，使企业经济逐步得到恢复。由于企业规模不断扩大，产品种类不断增加，工业发展形成了良性竞争的健康局面。

在交通运输方面，农场场部与外界交通便利，公路和水路相通，距佳木斯322km，距哈尔滨市 672km。农场东安镇位于乌苏里江边，距场部 18km，交通便利，沿途森林茂密，是著名的旅游景点和航运中心，拥有可以停靠两个 1000t 位的码头。四通八达的场内外交通运输网络体系的快速发展，对促进区域经济发展与物流，起到了至关重要的作用，有力地推动了农场个体工商业和私营运输业的迅猛发展。

3.2　农业耕作下的土壤氮磷含量变化特征

3.2.1　土壤氮磷含量的特征分析

据研究区 90 个样点的土壤样品的测试结果，统计出 0～10cm 表层土及 10～20cm 土壤中 pH 值、有机碳（SOC）、总氮（TN）、总磷（TP）、碱解氮（AN）、有效磷（AP）和速效钾（AK）的平均值、最小值、最大值、标准差及变异系数，见表 3-2。结果显示，研究区属偏酸性土壤（表层土平均 pH 值为 5.83），平均 SOC 含量为 24.64g/kg。土壤氮磷元素在 0～10cm 表层土中的含量均高于 10～20cm 土壤。数据的离散程度可以通过变异系数（the coefficient of variation，C.V.）来识别，可以发现 pH 值数据变异系数较小，而 AK 的数据变异系数在两层土壤中均达到了 0.40，N、P 含量指标在 0～10cm 表层土和 10～20cm 土壤中的变异系数为 0.2 左右。

表 3-2　土壤 pH、SOC 及 N、P、K 元素基本统计

项目	pH 值	SOC /(g/kg)	TN /(g/kg)	TP /(g/kg)	AN /(mg/kg)	AP /(mg/kg)	AK /(mg/kg)
0～10cm 表层土							
平均值	5.83	24.64	2.79	0.88	241.71	16.77	174.66
最小值	5.52	17.21	1.54	0.54	169.69	11.73	113.78
最大值	6.06	34.55	4.14	1.32	334.79	26.19	294.95
标准差(S.D.)	0.14	4.18	0.61	0.17	43.81	3.07	70.03
变异系数(C.V.)	0.02	0.17	0.22	0.19	0.18	0.18	0.40
10～20cm 土壤							
平均值	5.75	21.14	1.40	0.60	123.63	5.48	110.32
最小值	5.45	15.19	0.69	0.33	79.45	3.43	75.05
最大值	6.05	31.43	2.36	1.02	217.45	8.15	174.15
标准差(S.D.)	0.14	3.32	0.34	0.16	27.53	0.97	43.75
变异系数(C.V.)	0.02	0.16	0.24	0.27	0.22	0.18	0.40

表 3-3 为土壤 pH 值、SOC 及 N、P、K 元素相关关系矩阵，可以看出，土壤 pH 值在 0～10cm 表层土和 10～20cm 土壤中与 SOC 和 N、P 含量均呈现显著相关关系（$p<0.01$）。SOC 和 N、P 含量在 0～10cm 表层土相关系数 r 达到了 0.7 以上，在 10～20cm 相关性更好，与 TN、TP 和 AP 的相关系数 r 分别达到了 0.913、0.911 和 0.910，与 AN 也达到了 0.899。这表明土壤 N、P 含量在表土中受外界人为活动及环境影响较大，而下层扰动较少。

表 3-3　土壤 pH 值、SOC 及 N、P、K 元素相关关系矩阵

项目		pH 值	SOC	TN	TP	AN	AP
0～10cm	pH 值	1					
	SOC	−0.824[①]	1				
	TN	−0.973[①]	0.787[①]	1			
	TP	−0.989[①]	0.816[①]	0.975[①]	1		
	AN	−0.991[①]	0.819[①]	0.969[①]	0.978[①]	1	
	AP	−0.990[①]	0.822[①]	0.972[①]	0.993[①]	0.984[①]	1
10～20cm	pH 值	1					
	SOC	−0.888[①]	1				
	TN	−0.984[①]	0.913[①]	1			
	TP	−0.971[①]	0.911[①]	0.985[①]	1		
	AN	−0.951[①]	0.899[①]	0.975[①]	0.985[①]	1	
	AP	0.963[①]	0.910[①]	0.982[①]	0.989[①]	0.978[①]	1

① 在 $p<0.01$ 水平显著相关（2-tailed）。

土壤的 C、N 含量关系对分析土壤质量好坏是非常重要的指标，研究中针对高度相关的 SOC、TN 和 AN 指标，计算了它们的一元回归方程（图 3-7）。根据回归方程的斜率，研究区土壤 0～10cm 表层土碳氮比（C/N）为 10 左右，10～20cm 土壤 C/N 比为 16 左右。

3.2.2　土地利用变化的驱动因子的选择

人类活动被认为是导致土地利用变化的最主要因素之一（Thrift et al.，2009）。同时，通过研究发现，影响农业土地利用变化的驱动因素不仅包括人类活动，还包括当地的具体政策因素，特别是道路的建设（Motter et al.，2006）。

土地利用变化的驱动力主要包括自然和社会经济驱动力：自然驱动力有土壤类型、地质地形以及气候条件等；社会经济驱动力包括社会发展、人口变化、经济增长和贫富状况等（伍星 等，2007）。本书选取年平均气温和年降水量表征自然因素对土地利用变化的影响，选择人口数量、经济发展、产业结构、投入、富裕程度、农业生产、政府政策等因素体现了人文社会经济因素引起的土地资源开发规模和强度变化（表 3-4）。

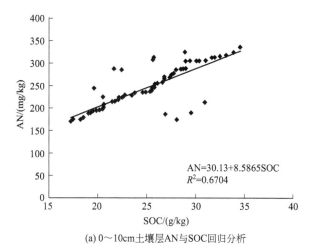

(a) 0～10cm土壤层AN与SOC回归分析

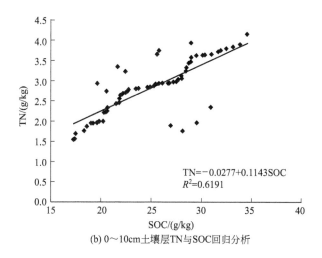

(b) 0～10cm土壤层TN与SOC回归分析

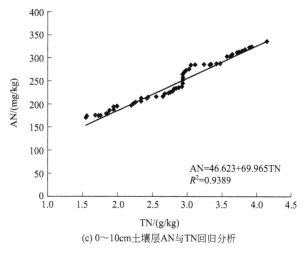

(c) 0～10cm土壤层AN与TN回归分析

图 3-7

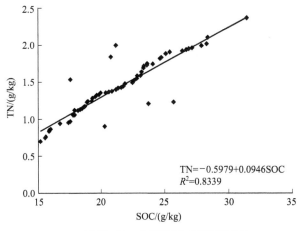

(d) 10～20cm土壤层TN与SOC回归分析

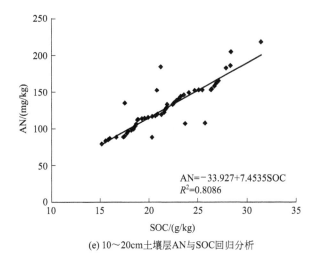

(e) 10～20cm土壤层AN与SOC回归分析

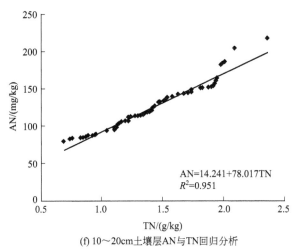

(f) 10～20cm土壤层AN与TN回归分析

图 3-7　不同土壤层 SOC、TN 及 AN 回归分析

表 3-4　八五九农场土地利用变化分析的驱动力指标

因素	指标
气候因素	年均气温(X_1)、年均降水量(X_2)
人口因素	年末总人口(X_3)、人口密度(X_4)
经济因素	农业总产值(X_5)、工业总产值(X_6)
农业生产因素	粮食产量(X_7)、大牲畜存栏数(X_8)
投入因素	农业综合开发投资(X_9)、农业机械总动力(X_{10})、化肥施用量(X_{11})、农业用电量(X_{12})、工业用电量(X_{13})
富裕程度	人均 GDP(X_{14})
政策因素	造林面积(X_{15})

3.2.2.1　主成分分析过程

对 1985～2005 年研究区的数据进行汇总分析后，将各项指标的原始数据进行标准化处理。然后，对土地利用变化各个驱动因素之间的相关性进行布尔森相关系数（Pearson correlation coefficients）分析。借助 SPSS 软件里的主成分分析功能，选择因子中主成分特征值大于 1，且累计贡献率≥85％的前 m 个主成分，由此得到特征值、主成分贡献率和主成分载荷矩阵。根据软件运行，发现前 4 个主成分的累积贡献率达到 87.228％，特征值大于 1，因此取 4 个主成分（表 3-5）。

表 3-5　研究区土地利用变化驱动因子主成分计算结果

主成分	特征根值	贡献率/%	累积方差贡献率/%
1	8.665	57.767	57.767
2	1.926	12.842	70.608
3	1.467	9.780	80.388
4	1.026	6.840	87.228
5	0.743	4.950	92.178
6	0.448	2.987	95.165
7	0.317	2.116	97.281
8	0.198	1.322	98.603
9	0.115	0.765	99.369
10	0.062	0.416	99.784
11	0.023	0.156	99.940
12	0.007	0.046	99.986
13	0.001	0.009	99.995
14	0.000	0.003	99.998
15	0.000	0.002	100.000

由旋转后主成分载荷结果（表 3-6），进一步作各主成分载荷的雷达图（图 3-8）。可以发现，与第一主成分的相关系数达到 0.95 以上的指标包括年末总人口、

人口密度、农业总产值、工业总产值和人均 GDP，且具有显著的正相关。与农业机械总动力之间的相关系数为 0.937，反映出人口、经济、投入和富裕程度等因素与土地利用变化密切相关。第二主成分与年均气温和农业用电量具有较大的负相关

表 3-6　旋转后主成分载荷

变量	第一主成分	第二主成分	第三主成分	第四主成分
X_1	0.324	−0.711	−0.321	−0.202
X_2	0.016	0.571	0.039	0.719
X_3	0.987	0.036	0.088	−0.024
X_4	0.988	0.035	0.075	−0.001
X_5	0.956	0.010	0.250	−0.083
X_6	0.977	−0.012	0.173	−0.037
X_7	0.812	−0.010	0.410	0.196
X_8	0.789	−0.009	−0.413	0.139
X_9	0.731	0.036	0.065	−0.260
X_{10}	0.937	−0.060	0.036	0.070
X_{11}	0.637	0.582	−0.149	−0.257
X_{12}	−0.270	−0.648	0.476	0.188
X_{13}	0.554	−0.070	−0.780	0.157
X_{14}	0.976	0.007	0.187	−0.071
X_{15}	−0.555	0.569	0.145	−0.445

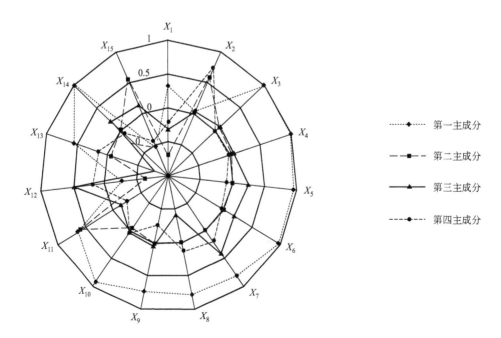

图 3-8　土地利用变化驱动力各主成分荷载的雷达图

表 3-7 研究区耕地、湿地和林地与驱动因子之间的回归标准化结果

年份	Y_1	X_1	X_2	X_3	X_4	X_5	X_6	X_7	X_8	X_9	X_{10}	X_{11}	X_{12}	X_{13}	X_{14}	X_{15}
1985	-1.20	-1.60	-1.60	0.64	-1.42	-0.99	-1.44	-0.79	-1.63	-0.97	2.56	-1.52	-1.30	0.85	-1.44	-2.51
1986	-1.10	-1.34	-1.40	-0.07	-1.30	-1.01	-1.25	-0.68	-1.17	-0.83	0.26	-1.39	-0.92	-1.54	-1.32	-1.15
1987	-1.10	-0.94	-1.00	-0.37	-1.19	-1.16	-1.06	-0.34	-0.70	-0.70	1.77	-1.25	-2.62	1.66	-1.21	0.01
1988	-1.00	-1.06	-1.00	-0.70	-1.09	-1.04	-0.88	-0.13	0.35	-0.56	-0.15	-1.14	0.02	-0.13	-1.08	-0.13
1989	-0.91	-0.79	-0.80	-0.43	-1.00	-0.99	-1.25	0.02	0.66	-0.42	-0.06	-1.07	1.15	-0.84	-0.96	-0.02
1990	-0.80	-0.81	-0.80	-0.49	-0.89	-0.61	-0.69	1.05	0.38	-0.34	-0.77	-0.80	1.72	0.29	-0.84	0.09
1991	-0.73	-0.70	-0.60	-0.02	-0.79	-0.93	-0.51	0.71	0.65	-0.76	-0.36	-0.50	-0.55	1.37	-0.71	0.10
1992	-0.69	-0.55	-0.60	-1.03	-0.67	-0.88	-0.22	0.95	0.19	-0.28	-0.21	-0.43	0.21	-1.13	-0.53	-0.34
1993	-0.59	-0.22	-0.20	-1.04	-0.57	-1.24	0.01	1.05	0.34	-0.45	0.80	-0.36	0.40	-1.31	-0.42	-0.48
1994	-0.45	-0.32	-0.20	-0.40	-0.46	0.11	-0.50	-0.13	0.29	-0.80	-0.40	-0.29	-0.36	1.40	-0.37	-0.13
1995	-0.24	-0.26	-0.20	-1.05	0.04	-0.02	-0.17	-0.32	-0.13	-0.88	-0.24	-0.11	0.77	-1.08	-0.14	-0.35
1996	-0.08	0.13	0.20	-1.08	0.24	0.58	0.52	-0.55	-0.16	-0.69	0.28	0.08	0.74	-0.40	0.08	-0.11
1997	0.16	0.17	0.20	-1.08	0.43	1.22	0.50	0.10	-0.48	-0.27	-1.14	0.28	0.40	1.35	0.21	-0.08
1998	0.20	0.18	0.20	-0.65	0.61	0.61	0.45	1.20	-0.83	0.95	-0.44	0.46	1.53	-0.62	0.48	-0.35
1999	0.37	0.44	0.40	0.05	0.75	0.65	-0.37	1.54	-1.39	1.64	-0.06	0.61	-0.36	-0.95	0.63	-0.66
2000	0.58	0.60	0.60	-0.12	0.92	1.06	0.53	2.00	-1.77	-0.10	-0.06	0.79	-0.74	0.47	0.87	0.04
2001	0.88	0.99	1.00	1.64	1.10	1.41	0.35	-1.44	-0.02	0.08	0.55	0.95	-0.17	0.32	1.02	-0.46
2002	1.27	1.16	1.20	1.78	1.20	0.04	0.65	-1.08	1.08	2.99	0.03	1.11	0.21	1.12	1.12	1.84
2003	1.53	1.20	1.20	1.63	1.32	0.06	1.37	-1.14	0.86	0.75	0.83	1.33	0.96	-0.74	1.37	1.98
2004	1.68	1.71	1.80	1.27	1.36	1.12	1.48	-1.44	1.49	0.68	-0.93	1.57	0.40	-0.02	1.50	1.19
2005	2.07	2.01	2.00	1.51	1.43	2.01	2.48	-0.57	2.00	0.95	-2.27	1.66	-0.17	-0.06	1.72	1.54

关系，体现了自然因素和投入因素对土地利用变化的影响。第三主成分仅与工业用电量呈现一定的负相关关系，第四主成分与年均降水量的相关系数为 0.719，正相关关系较为显著，这些都反映了自然因素和投入因素对用地结构变化的影响。因此，研究区土地利用变化主要是由人口增加、经济发展、农业开发和自然条件的改变引起的。

3.2.2.2 逐步回归分析

根据研究区 1979～2009 年间土地利用类型的变化分析，可以看出研究期间耕地、湿地和林地的变化幅度较大。因此，本研究根据上述 15 项指标，对八五九农场 1985～2005 年间面积变化最为显著的耕地、湿地和林地驱动因素进行逐步回归分析。

首先，对原始数据进行标准化处理，其处理方法如下：

$$X'_{ij} = \frac{X_{ij} - \overline{X_j}}{S_j} \tag{3-1}$$

式中 X'_{ij}，X_{ij}——选取指标的标准值，原始数值；

$\overline{X_j}$，S_j——第 j 列所有指标的平均值，标准差。

在逐步回归分析中，设定耕地面积、湿地面积和林地面积分别为 Y_1、Y_2 和 Y_3，根据式(3-1)计算得到各项驱动指标标准化的结果，见表 3-7。

以上述标准化数据矩阵为基础，运用 SPSS14.0 软件，对土地利用变化与驱动因素进行逐步回归，分析得到各土地利用类型的驱动力模型（表 3-8）。

表 3-8   八五九农场主要土地利用类型与驱动因子逐步回归分析结果

土地利用类型	逐步回归方程	显著水平
耕地	$Y_1 = 5.303 \times 10^{-6} + 0.203X_1 + 0.188X_3 + 0.468X_{14} + 0.217X_6$	$R^2 = 0.992$, $F = 536.839$
湿地	$Y_2 = -0.568X_1 - 0.272X_3 - 0.252X_6$	$R^2 = 0.992$, $F = 423.855$
林地	$Y_3 = 7.232 \times 10^{-5} - 0.543X_4 - 0.463X_5 - 0.233X_9 + 0.263X_3 + 0.13X_8$	$R^2 = 0.996$, $F = 134.659$

由表 3-8 中的回归方程可以看出，耕地面积的变化与人口数量、化肥使用量、农机总动力和人均 GDP 正相关。这是因为随着人口与经济的迅速发展，造成耕地面积增加；同时科学技术的发展加强了土地的开发强度，研究区科学技术的进步主要体现在农业机械总动力。

对湿地面积变化影响最大的是人口数量，其次是化肥使用量和农机总动力，它们与湿地面积呈负相关关系。这主要是因为随着人口的增加和农业技术的进步，对农业生产用地的需求量增加。为了满足这种需求，由土地开垦导致湿地面积减少。

林地面积的变化与粮食产量、农业总产值和农业综合开发投资呈负相关关系，与化肥使用量呈正相关。这说明影响林地面积变化的主要是经济驱动因子，农业产值和农业投资的增加，必然推动农业的发展，促使耕地面积不断扩张，并占用林地。

3.2.3　土壤氮磷对土地利用变化的响应

3.2.3.1　土地利用变化情况

表 3-9 为八五九农场在 1979～2009 年期间的土地利用变化情况。

表 3-9　1979～2009 年八五九农场的土地利用的动态度

土地利用类型	面积变化/hm²				动态度 K/%			
	1979～1992	1992～1999	1999～2009	1979～2009	1979～1992	1992～1999	1999～2009	1979～2009
林地	−2430	−4820	−1920	−9170	−0.73	−2.95	−1.04	−1.19
草地	280	1600	−890	990	3.08	23.32	−3.45	4.71
耕地	9290	11470	33130	53890	3.19	5.17	7.68	8.02
水域	120	60	130	310	0.65	0.56	0.81	0.73
湿地	−7350	−8860	−31120	−47330	−0.68	−1.68	−4.69	−1.91
建筑用地	90	550	670	1310	1.21	11.90	5.54	7.66

研究区湿地和耕地的总面积是占有率最高的土地利用类型，达到 70％以上。由表 3-9 可以看出，30 年间农场土地利用类型的变化情况为：

① 总体而言，1979～2009 年八五九农场土地利用面积发生了较大变化，林地和湿地面积均不断减少，而耕地、建筑用地、草地和水域面积分别呈现或多或少的增长态势（图 3-9）。

② 湿地和林地面积明显减少，湿地由 1979 年的 82550hm² 减少到 2009 年的 35220hm²，面积减少了 57.33％；林地面积由 1979 年的 25760hm² 减少到 2009 年的 16590hm²，减少了 9170hm²。

③ 耕地和建筑用地面积增加显著。研究期间耕地面积增加 53890hm²，面积增加了 2.85 倍；建筑用地面积增加 1310hm²，增加了 2.3 倍；草地和水域面积增长幅度较小，草地面积增加了 990hm²，水域面积增加了 310hm²，分别增加了 1.32 倍和 22.7％。

1979～2009 年研究区耕地面积的大幅增加以及湿地、林地面积的显著减少，表明了农场土地利用方式发生了很大的改变。由于沼泽湿地的排水开地、毁林毁草种粮等耕作措施使得区域已经由自然生态景观为主的区域转变为以农田为主的集约化农业区。这一研究结论与整个三江平原区域的土地利用变化格局一致。三江平原自 1954 年以来，耕地与居工用地呈现增加趋势，耕地面积增加了 38.55×10⁵hm²，湿地面积减少最为显著，共减少了 25.67×10⁵hm²。

通过单一土地利用动态度（K）来表征八五九农场的土地利用动态变化。其表达式为（王秀兰 等，1999）：

$$K=\frac{S_b-S_a}{S_a}\times\frac{1}{t}\times100\%$$

（3-2）

式中 K——某一土地利用类型的动态度，%；

S_a，S_b——研究初期和研究末期土地利用类型的面积，hm^2；

t——研究时间，a。

根据 1979～2009 年的土地利用数据，表 3-9 和图 3-9 为计算结果。

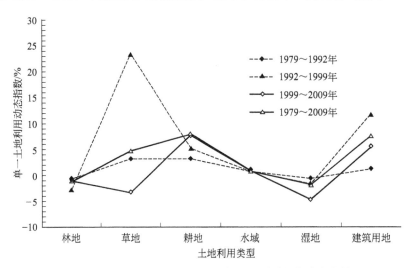

图 3-9 八五九农场 1979～2009 年土地利用变化动态指数

由图 3-9 可以看出，土地利用类型面积变化的趋势在不同的研究时段与总体变化趋势不尽一致。1979～1992 年间，土地利用类型年变化率最大的是耕地和草地，分别为 3.19% 和 3.08%，最小的是湿地和水域，分别为 -0.68% 和 0.65%；1992～1999 年间，年变化率最大的是草地和建筑用地，分别为 23.32% 和 11.90%，年变化率最小的是水域，为 0.56%；1999～2009 年土地利用年变化率最大的是耕地和建筑用地，分别为 7.68% 和 5.54%，变化率最小的是林地和水域，分别为-1.04% 和 0.81%。在 1979～2009 年整个研究时段，湿地和林地的年变化率分别为 -1.91% 和 -1.19%，耕地面积和建筑用地的年变化率为 8.02% 和 7.66%。

3.2.3.2 土地利用的结构变化

为了描述区域土地利用结构的变化，选择信息熵来进行表征。在 Shannon 熵公式的基础上，信息熵（H）的计算公式如下：

$$P_i = A_i/A \tag{3-3}$$

$$H = -\sum_{i=1}^{n} P_i \times \ln P_i \tag{3-4}$$

式中 A——研究区域的土地总面积；

A_i——各土地利用类型的土地面积（$i=1$，2，…，n）。

信息熵（H）的大小可以反映各土地利用类型面积在研究区内分布的均匀程度，信息熵越小，说明土地利用结构的有序度越高。

通过计算，八五九农场 1979 年、1992 年、1999 年和 2009 年的土地利用结构信息熵（H）分别为 1.2507、1.0835、1.1578 和 1.1027。1979～2009 年信息熵在波动中总体呈现逐渐下降的趋势，最小值出现在 1992 年。这表明，研究区土地利用结构的有序度逐渐增加。1979 年的土地利用结构信息熵最高，说明此时研究区的土地利用类型以沼泽湿地和林地为主，具有良好的生态环境，但是由于缺乏有序的土地整理，导致土地利用结构的有序度最低。目前，全国土地利用结构信息熵的平均值为 1.6515，东部发达省份，如浙江省、江苏省和山东省的平均值分别为 1.4158、1.3483 和 1.5851。与全国经济发达地区相比，集约化农区的土地利用结构信息熵明显偏低，有序度较好。这说明虽然集约化农区的土地利用变化速度快，但与其他经济发达地区相比，由于土地开发整理的实施，其土地利用结构仍然呈现出较好的有序度。同时，根据信息熵的变化趋势，可以将八五九农场土地利用结构信息熵的动态变化划分为两个明显不同的阶段：

① 第一阶段 1979～1992 年，土地利用结构信息熵从 1.2507 降低到 1.0835，变化比较明显，年减少幅度为 1.03％；

② 第二阶段 1992～2009 年，土地利用结构信息熵呈现上升的态势，从 1.0835 增加到 1.1027，年增加幅度仅为 0.10％。

表 3-10 为八五九农场土地利用结构变化。可以看出，1979～2009 年间林地和湿地在土地利用总面积中所占的比例减小，其中尤以湿地所占比例减少幅度最大，由 61.9％减少到 26.4％，共减少了 35.5％。而林地减少了 6.9％，草地、耕地、水域和建筑用地所占比例有所增加，其中耕地所占比例的变化最大，由 16.8％增加到 57.2％，共增加了 40.4％。其次是建筑用地和草地，分别增长了 1.0％和 0.7％，而水域的增长幅度最小，仅为 0.2％。同时，由 GIS 软件分析发现（表 3-11），研究区增加的耕地主要是占用了湿地和林地，少量草地的增加主要来自湿地，建设用地的增加主要来自耕地和林地。

表 3-10 八五九农场土地利用结构变化 单位：％

项目	1979 年	1992 年	1999 年	2009 年
林地	19.3	17.5	13.9	12.4
草地	0.5	0.7	1.9	1.3
耕地	16.8	23.7	32.4	57.2
水域	1.1	1.2	1.2	1.3
湿地	61.9	56.4	49.7	26.4
建筑用地	0.4	0.5	0.9	1.4
合计	100	100	100	100

3.2.4 土地利用变化对土壤氮磷迁移转化的影响

三江平原自 20 世纪 50 年代以来，由于农业活动胁迫下的土地利用变化，使得

表 3-11　八五九农场 1979～2009 年土地利用面积转化（Xu et al.，2012）

单位：hm²

项目	耕地	林地	草地	水域	建筑用地	湿地	1979 年共计
耕地	20890	650	130	40	570	110	22400
林地	8490	13480	250	90	350	3100	25760
草地	490	40	10	20	20	120	700
水域	110	10	0	980	10	310	1420
建筑用地	60	20	0	10	480	0	570
湿地	46200	2590	1280	590	450	31440	82550
2009 年共计	76230	16790	1680	1740	1880	35090	133400

土壤肥力下降。根据调查，在初垦时三江平原黑土资源的土层平均厚度为 60～100cm，而目前仅为 16～72cm，并且还在以平均每年 3～3.5mm 的速度流失。伴随着近 50 年来大规模农业开发，到 2008 年，三江平原已经相继建起了 34 个国营农场（Zhao et al.，2008）。作为典型传统开发型的农场，八五九农场地处三江平原沿江三角洲亚区，同样经历了大规模的农业开发和土地利用类型变化。

3.2.4.1 农田土壤氮磷含量变化

八五九农场共有 31 个农业生产队，1981 年、1982 年和 2008 年八五九农场农田土壤数据来源于黑龙江省建三江管理局的土壤普查技术档案，其理化性质为根据农场 24 个连队的样品采集分析获得数据；2011 年的土壤理化性质在八五九农场 29 个连队进行现场样品采集并通过实验获得的数据。以下为八五九农场 1981～2011 年间农田土壤氮磷含量的变化情况（表 3-12），土壤理化性质包括 pH 值、有机质含量（SOM）、总氮（TN）、总磷（TP）、碱解氮（AN）和速效磷（AP）含量。

表 3-12　1981～2011 年八五九农场农田耕层（0～20cm）土壤氮磷含量变化

年份	统计值	pH 值	SOM /(g/kg)	TN /(g/kg)	TP /(g/kg)	AN /(mg/kg)	AP /(mg/kg)
1981	平均值	5.91	41.77	2.73	1.36	68.61	10.03
	标准偏差(S.D.)	0.03	3.95	0.29	0.28	8.75	4.68
	变异系数(C.V.)	0.01	0.10	0.11	0.21	0.13	0.47
1982	平均值	5.82	41.67	2.71	1.36	68.34	9.93
	标准偏差(S.D.)	0.03	3.95	0.87	0.28	8.75	4.57
	变异系数(C.V.)	0.01	0.10	0.32	0.21	0.13	0.46
2008	平均值	5.75	38.06	2.46	0.91	211.60	21.45
	标准偏差(S.D.)	0.34	8.67	0.60	0.20	38.80	7.64
	变异系数(C.V.)	0.06	0.23	0.24	0.22	0.18	0.36
2011	平均值	5.85	38.27	2.39	0.90	236.54	21.26
	标准偏差(S.D.)	0.28	9.34	0.59	0.21	53.53	13.61
	变异系数(C.V.)	0.05	0.24	0.25	0.23	0.23	0.64

对比分析八五九农场 1981～2011 年土壤氮磷含量变化情况（表 3-12，图 3-10），可以看出农田耕层土壤 pH 值平均值下降，下降幅度为 1.05%，土壤逐渐呈现酸化，但变化较小。土壤 SOM、TN 和 TP 含量减少趋势较为明显。AN 和 AP 有较大幅度的提高，其中 AN 含量增加更为显著。农田土壤 SOM、TN 和 TP 同步下降，其主要原因是农业生产中重视化肥，轻视有机肥施用，土壤有机质归还量不足等。

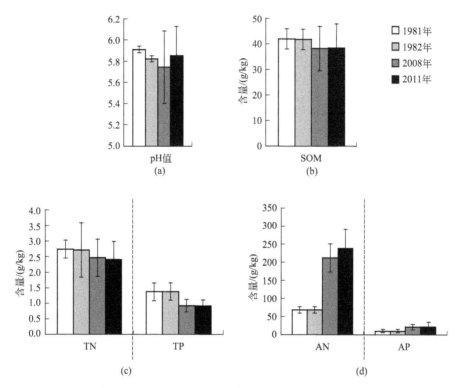

图 3-10　1981 年和 2011 年八五九农场农田耕层（0～20cm）土壤 N、P 含量比较

根据中国土壤养分等级分级标准（表 3-13），30 年间土壤 SOM 由 1 级下降到 2 级；AN 和 AP 的养分含量等级都明显升高，TN 的等级没有变化，这主要是不断施入化肥导致的。

表 3-13　中国土壤养分等级分级标准

级别	SOM/(g/kg)	TN/(g/kg)	AN/(mg/kg)	AP/(mg/kg)
1 很丰富	>40	>2	>150	>40
2 丰富	30～40	1.5～2	120～150	20～40
3 中等	20～30	1～1.5	90～120	10～20
4 缺乏	10～20	0.75～1	60～90	5～10
5 很缺乏	6～10	0.5～0.75	30～60	3～5
6 极缺乏	<6	<0.5	<30	<3

3.2.4.2 土地利用变化对土壤氮磷含量变化的影响

根据 1979～2009 年八五九农场不同土地利用类型之间的相互转化，选择研究中的不同土地利用类型，包括湿地（WL-WL）、湿转旱地（WL-DL）、旱地（DL-DL）、湿转水田（WL-PL）、旱转水田（DL-PL）、林地（FL-FL）和林转旱地（FL-DL）七种类型。

表 3-14 为由湿地转变为农田的土壤理性性质状况，包括 pH 值、SOM、TN、TP、AN 和 AP 含量。

表 3-14　八五九农场湿地转旱地、水田的土壤（0～20cm 和 20～40cm）氮磷变化

土地利用类型	土壤深度/cm	统计值	pH 值	SOM/(g/kg)	TN/(g/kg)	TP/(g/kg)	AN/(mg/kg)	AP/(mg/kg)
湿地（WL-WL）n=7	0～20	平均值	5.76	94.56	6.54	1.36	381.72	17.00
		标准偏差(S.D.)	0.67	69.12	4.98	0.78	205.27	9.06
		变异系数(C.V.)	0.12	0.73	0.76	0.58	0.54	0.53
	20～40	平均值	5.58	41.86	2.72	0.84	201.44	11.54
		标准偏差(S.D.)	0.30	33.10	2.05	0.39	105.87	9.79
		变异系数(C.V.)	0.05	0.79	0.75	0.46	0.53	0.85
湿转旱地（WL-DL）n=5	0～20	平均值	5.89	41.81	2.64	1.00	248.59	34.54
		标准偏差(S.D.)	0.14	7.01	0.36	0.11	24.65	13.88
		变异系数(C.V.)	0.02	0.17	0.14	0.11	0.10	0.40
	20～40	平均值	6.07	23.99	1.45	0.76	144.61	14.21
		标准偏差(S.D.)	0.21	3.61	0.22	0.20	63.43	3.06
		变异系数(C.V.)	0.04	0.15	0.15	0.27	0.44	0.22
旱地（DL-DL）n=7	0～20	平均值	5.74	41.71	2.44	0.84	236.18	30.33
		标准偏差(S.D.)	0.31	14.48	0.77	0.36	82.01	15.78
		变异系数(C.V.)	0.05	0.35	0.32	0.43	0.35	0.52
	20～40	平均值	5.67	16.96	1.38	0.53	101.22	7.32
		标准偏差(S.D.)	0.50	8.34	0.64	0.19	42.64	5.14
		变异系数(C.V.)	0.09	0.49	0.47	0.35	0.42	0.70
湿转水田（WL-PL）n=7	0～20	平均值	5.98	34.38	2.12	0.84	228.19	11.93
		标准偏差(S.D.)	0.25	6.44	0.39	0.09	54.85	3.98
		变异系数(C.V.)	0.04	0.19	0.18	0.10	0.24	0.33
	20～40	平均值	6.16	19.86	1.32	0.61	126.71	6.21
		标准偏差(S.D.)	0.16	10.51	0.80	0.18	55.84	4.78
		变异系数(C.V.)	0.03	0.53	0.61	0.30	0.44	0.77

续表

土地利用类型	土壤深度 /cm	统计值	pH 值	SOM /(g/kg)	TN /(g/kg)	TP /(g/kg)	AN /(mg/kg)	AP /(mg/kg)
旱转水田 (DL-PL) n=6	0~20	平均值	6.02	34.73	2.19	0.92	217.79	12.10
		标准偏差(S.D.)	0.21	4.67	0.64	0.11	25.32	5.01
		变异系数(C.V.)	0.04	0.13	0.29	0.12	0.12	0.41
	20~40	平均值	6.03	18.32	1.43	0.71	132.00	6.17
		标准偏差(S.D.)	0.24	5.61	0.27	0.12	68.22	1.80
		变异系数(C.V.)	0.04	0.31	0.19	0.17	0.52	0.29

土壤 pH 值主要决定于成土母质的性质和成土过程，以及土壤溶液的浓度。由表 3-14 可知，八五九农场土壤 pH 值在 5.58~6.16 之间，呈现弱酸性。湿转水田（WL-PL）的土壤 pH 值（6.07）最高，其次是旱转水田（DL-PL）、湿转旱地（WL-DL）和旱地（DL-DL），湿地（WL-WL）土壤 pH 值（5.67）最低。表明随着土地利用的变化，土壤呈现出碱化现象。

土壤有机质含量（SOM）从高到低的排序为：湿地（WL-WL，68.21g/kg）＞湿转旱地（WL-DL，32.90g/kg）＞旱地（DL-DL，29.33g/kg）＞湿转水田（WL-PL，27.12g/kg）＞旱转水田（DL-PL，26.53g/kg）。且土壤表层（0~20cm）有机质含量高于 20~40cm 土壤深度。农田土壤有机质含量较低的原因主要是因为农业开垦和耕作破坏了土壤原有的结构，加速有机质的分解。湿地向农田转变的过程中，由于农业生产活动使得土壤有机质含量下降。

湿地转农田过程中土壤 TN 和 AN 含量的变化如图 3-11 所示。由图 3-11 可以看出，湿地向农田转化中，全氮含量表现为：湿地（WL-WL，4.63g/kg）＞湿转旱地（WL-DL，2.04g/kg）＞旱地（DL-DL，1.91g/kg）＞旱转水田（DL-PL，1.81g/kg）＞湿转水田（WL-PL，1.72g/kg）。碱解氮含量（AN）表现为湿地（WL-WL，291.58mg/kg）＞湿转旱地（WL-DL，196.60mg/kg）＞湿转水田（WL-PL，177.45mg/kg）＞旱转水田（DL-PL，174.89mg/kg）＞旱地（DL-DL，168.70mg/kg）。通过相关分析表明，土壤表层（0~20cm）有机质（y_1）、全氮（y_2）和碱解氮（y_3）含量呈现极显著的正相关关系（$r_{12}=0.998$，$r_{13}=0.996$；$r_{23}=0.996$，$p<0.01$）。在土壤 20~40cm 深度，有机质（y_1）、全氮（y_2）和碱解氮（y_3）含量呈现显著的正相关关系（$r_{12}=0.972$，$r_{13}=0.920$；$r_{23}=0.966$，$p<0.05$）。不同土地利用类型的土壤 TN、AN 含量变化规律与土壤 SOM 的变化规律基本一致，但土壤表层各项理化性质的变化规律更为一致。不同土地利用类型的土壤供 N 强度=（AN/TN）×100%，即氮素有效性，由高到低排序为：湿转水田（WL-PL，10.33%）＞旱转水田（DL-PL，9.69%）＞湿转旱地（WL-DL，9.62%）＞旱地（DL-DL，8.84%）＞湿地（WL-WL，6.30%）。在土地利用变化过程中，TN 含量减少，由于氮肥的施入，农田的氮素有效性高于湿地。

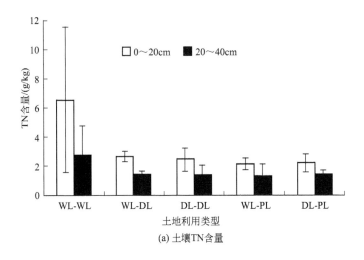

(a) 土壤TN含量

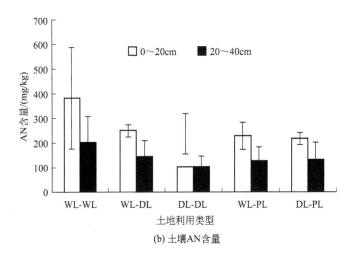

(b) 土壤AN含量

图 3-11　湿地转农田过程中土壤 TN 和 AN 含量的变化

研究区域由湿地向农田转化的土壤 TP 含量在 0.53～1.36g/kg 范围内变动，与 TN 含量相比，TP 含量很小。由图 3-12 可知，不同土地利用类型的 TP 含量表现为：湿地（WL-WL，1.10g/kg）＞湿转旱地（WL-DL，0.88g/kg）＞旱转水田（DL-PL，0.82g/kg）＞旱地（DL-DL，0.72g/kg）＞湿转水田（WL-PL，0.69g/kg）。AP 含量表现为湿转旱地（WL-DL，24.37mg/kg）＞旱地（DL-DL，18.82mg/kg）＞湿地（WL-WL，14.27mg/kg）＞旱转水田（DL-PL，9.14mg/kg）＞湿转水田（WL-PL，9.07mg/kg）。不同土地利用类型的土壤供 P 强度＝（AP/TP）×100%，即磷素有效性，由高到低依次为：湿转旱地（WL-DL，2.77%）＞旱地（DL-DL，2.74%）＞湿地（WL-WL，1.30%）＞湿转水田（WL-PL，1.25%）＞旱转水田（DL-PL，1.12%）。土地利用变化过程中，土壤 TP 含量减少，旱地施入一定量的磷肥，导致旱地 AP 含量高于湿地。

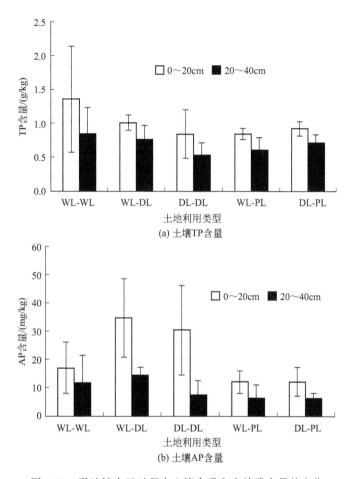

图 3-12　湿地转农田过程中土壤全磷和有效磷含量的变化

表 3-15 为由林地转变为农田的土壤 pH 值、SOM、TN、TP、AN 和 AP 含量。结果表明，在林地向旱地转化过程中，土壤 pH 值在 5.51～5.74 范围内变化，呈酸性。旱地（DL-DL）土壤 pH 值（5.71）最高，林转旱地（FL-DL）次之，林地（FL-FL）土壤 pH 值（5.68）最低。随着林地向旱地转变，耕作强度增大，土壤呈现微弱的碱化现象。

表 3-15　八五九农场林地转旱地的土壤（0～20cm 和 20～40cm）N、P 含量变化

土地利用类型	土壤深度/cm	统计值	pH 值	SOM/(g/kg)	TN/(g/kg)	TP/(g/kg)	AN/(mg/kg)	AP/(mg/kg)	AK/(mg/kg)
林地（FL-FL）n＝5	0～20	平均值	5.72	46.18	3.18	0.84	274.52	9.08	171.13
		标准偏差(S. D.)	0.20	5.10	0.50	0.37	26.50	2.39	66.83
		变异系数(C. V.)	0.04	0.11	0.16	0.44	0.10	0.26	0.39
	20～40	平均值	5.68	13.90	1.02	0.50	93.82	2.83	75.07
		标准偏差(S. D.)	0.14	4.24	0.30	0.16	23.90	1.75	9.89
		变异系数(C. V.)	0.03	0.31	0.29	0.33	0.26	0.62	0.13

续表

土地利用类型	土壤深度/cm	统计值	pH 值	SOM/(g/kg)	TN/(g/kg)	TP/(g/kg)	AN/(mg/kg)	AP/(mg/kg)	AK/(mg/kg)
林转旱地（FL-DL）n＝4	0～20	平均值	5.51	39.92	2.76	0.91	264.83	18.85	135.41
		标准偏差(S.D.)	0.17	9.86	0.59	0.23	56.49	6.12	27.29
		变异系数(C.V.)	0.03	0.25	0.21	0.25	0.21	0.33	0.20
	20～40	平均值	5.70	16.16	1.05	0.54	98.19	4.70	88.92
		标准偏差(S.D.)	0.23	1.75	0.10	0.10	23.95	1.23	23.17
		变异系数(C.V.)	0.04	0.11	0.09	0.19	0.24	0.26	0.26
旱地（DL-DL）n＝7	0～20	平均值	5.74	41.71	2.44	0.84	236.18	30.33	167.92
		标准偏差(S.D.)	0.31	14.48	0.77	0.36	82.01	15.78	89.70
		变异系数(C.V.)	0.05	0.35	0.32	0.43	0.35	0.52	0.53
	20～40	平均值	5.67	16.96	1.38	0.53	101.22	7.32	117.71
		标准偏差(S.D.)	0.50	8.34	0.64	0.19	42.64	5.14	83.25
		变异系数(C.V.)	0.09	0.49	0.47	0.35	0.42	0.70	0.71

土壤有机质含量方面，林地向旱地转变过程中，土壤 SOM 从高到低的排序为：林地（FL-FL，30.04g/kg）＞旱地（DL-DL，29.34g/kg）＞林转旱地（FL-DL，28.04g/kg）。在土地利用变化过程中，农业生产活动改变土壤原有的结构，加快有机质的分解。因此，林地的有机质含量高于旱地。

图 3-13 为不同林地类型的土壤氮含量。可以看出林地向旱地转变的土壤 TN 表现为：林地（FL-FL，2.10g/kg）＞旱地（DL-DL，1.91g/kg）＞林转旱地（FL-DL，1.90g/kg）。AN 含量由高到低的顺序为林地（FL-FL，184.17mg/kg）＞林转旱地（FL-DL，181.51mg/kg）＞旱地（DL-DL，168.70mg/kg）。这与土壤有机质的变化规律基本一致。通过分析发现，不同土地利用类型的土壤供 N 强度由高至低排序为：林转旱地（FL-DL，9.53%）＞旱地（DL-DL，8.84%）＞林地（FL-FL，8.77%）。从中可以看出，虽然林地的 TN 和 AN 含量最高，但其供氮强度低于旱地，说明土地利用变化过程中，在农业活动中施入了氮肥，以保证粮食作物的生产。

图 3-14 为不同林地类型的土壤磷含量。研究区域由林地向旱地转化的土壤 TP 含量在 0.50～0.91g/kg 范围内变动，与 TN 含量相比，TP 含量很小。由图 3-14 可以看出，不同土地利用类型的 TP 含量表现为：林转旱地（FL-DL，0.73g/kg）＞旱地（DL-DL，0.69g/kg）＞林地（FL-FL，0.67g/kg）。AP 含量由高到低依次为：旱地（DL-DL，18.82mg/kg）＞林转旱地（FL-DL，11.78mg/kg）＞林地（FL-FL，5.95mg/kg）。土壤供 P 强度表现为旱地（DL-DL，2.74%）＞林转旱地（FL-DL，1.62%）＞林地（FL-FL，0.89%）。这表明土地利用变化过程中，施入了少量的磷肥，导致旱地的磷含量高于林地。

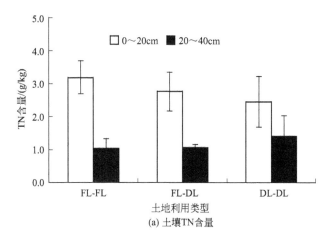

(a) 土壤TN含量

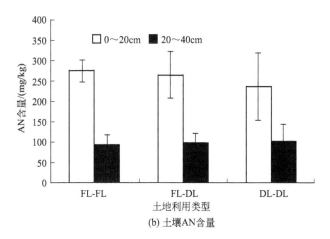

(b) 土壤AN含量

图 3-13　林地转旱地过程中土壤 TN 和 AN 含量的变化

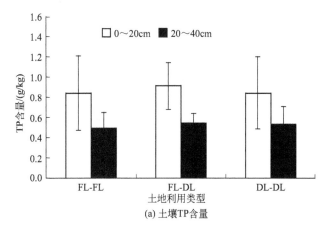

(a) 土壤TP含量

图 3-14

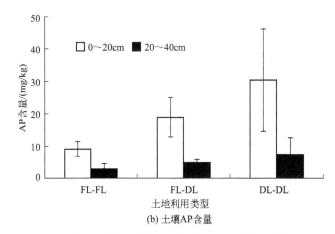

图 3-14　林地转旱地过程中土壤全磷和有效磷含量的变化

3.2.4.3　灰色关联分析

灰色关联法可以定量评价土地利用类型变化对土壤氮磷含量提高的效果如何。研究中选取研究区土壤 pH 值、阳离子交换量、土壤粒径分布、SOM、TN、TP、AN、AP 和 AK 指标中的最大值为参考数列，将旱地、水田、湿地和林地的这些指标测定值进行比较，采用无量纲化处理，如表 3-16 所列（来雪慧 等，2018）。然后，通过灰色关联分析法计算不同土地利用类型的关联系数（$\xi=0.5$）和加权关联度。各土地利用类型间的关联度越大，说明所采用的措施对于改善土壤氮磷含量及其他理化性质指标具有较好的效果。

表 3-16　研究区不同土地利用类型氮磷含量及其他土壤物理性质指标的无量纲化数据

土层/cm	土地利用类型	pH 值	阳离子交换量	土壤粒径分布/%			SOM	TN	TP	AN	AP	AK
				<0.002 mm	0.002~0.2mm	0.2~2mm						
0~20	旱地	0.9543	0.6435	1.0000	1.0000	0.8031	0.5914	0.5640	0.7842	0.7123	1.0000	0.5068
	水田	1.0000	0.6371	0.9536	0.9555	0.8442	0.5772	0.5221	0.9576	0.7931	0.3693	0.3857
	湿地	0.9546	0.6356	0.7878	0.8190	0.9726	0.8095	0.8333	0.8586	0.9935	0.2799	0.5802
	林地	0.9670	1.0000	0.9020	0.7726	1.0000	1.0000	1.0000	1.0000	1.0000	0.4191	1.0000
20~40	旱地	0.9399	0.6523	1.0000	0.9491	0.9824	0.8325	1.0000	0.8021	0.8078	0.9129	0.4886
	水田	1.0000	0.8254	0.9331	1.0000	0.9402	0.8329	0.9312	1.0000	0.9910	1.0000	0.6144
	湿地	0.9420	0.5872	0.9578	0.9986	0.9383	0.5973	0.6565	0.6895	0.6555	0.4140	0.4311
	林地	0.9311	1.0000	0.9098	0.9437	1.0000	1.0000	0.9939	0.8704	1.0000	0.8802	1.0000

根据研究区的土壤情况，利用层次分析法重要性的等级标度，确定 11 个影响土壤氮磷含量的等级顺序并构建判卷矩阵 A，进而计算各因子的权重（表 3-17）；

$$A = \begin{bmatrix} 1 & 1/3 & 1/4 & 1/4 & 1/4 & 1/7 & 1/7 & 1/5 & 1/8 & 1/5 & 1/5 \\ 3 & 1 & 1/4 & 1/4 & 1/4 & 2 & 1/4 & 1/4 & 1/5 & 1/4 & 1/3 \\ 4 & 4 & 1 & 2 & 2 & 1/5 & 1/5 & 1/3 & 1/5 & 1/4 & 1/3 \\ 4 & 4 & 1/2 & 1 & 2 & 1/5 & 1/5 & 1/3 & 1/5 & 1/4 & 1/3 \\ 4 & 4 & 1/2 & 1/2 & 1 & 1/5 & 1/5 & 1/4 & 1/6 & 1/5 & 1/2 \\ 7 & 1/2 & 5 & 5 & 5 & 1 & 1 & 2 & 1/2 & 1 & 2 \\ 7 & 4 & 5 & 5 & 5 & 1 & 1 & 3 & 1/2 & 1 & 2 \\ 5 & 4 & 3 & 3 & 4 & 1/2 & 1/3 & 1 & 3 & 1/2 & 1 \\ 8 & 5 & 5 & 5 & 6 & 2 & 2 & 1/3 & 1 & 5 & 6 \\ 5 & 4 & 4 & 4 & 5 & 1 & 1 & 2 & 1/5 & 1 & 2 \\ 5 & 3 & 3 & 3 & 2 & 1/2 & 1/2 & 1 & 1/6 & 1/2 & 1 \end{bmatrix}$$

研究中需要对判断矩阵 A 的一致性进行检验，通过计算得到 $\lambda_{max} = 11.86$。根据 $CI = (\lambda_{max} - n)/(n - 1)$，得到一致性指标 $CI = 0.086$。查表 11 阶矩阵的平均随机一致性指标 $RI = 1.51$，可知一致性比率 $CR = CI/RI = 0.0570 < 0.1$，说明矩阵 A 可以通过一致性检验，数据科学可靠。

表 3-17 为研究区四种土地利用类型的各项理化指标权重和关联度。从表 3-17 中可以看出，0～20cm 和 20～40cm 土层的关联度排序不同。在 0～20cm 土层，水田的关联度最大，为 0.8637，林地最小。这说明土壤表层中水田对于保持土壤 N、P 含量的能力最优。在 20～40cm 土层，四种土地利用方式的关联度排序为：湿地＞旱地＞水田＞林地，表明该层湿地对保持土壤 N、P 和改善土壤物理指标的效果最好。

表 3-17　研究区不同土地利用类型土壤 N、P 含量及其他指标的权重、关联系数和关联度

土层/cm	土地利用类型	pH 值	阳离子交换量	土壤粒径分布/%			SOM	TN	TP	AN	AP	AK	关联度
				<0.002 mm	0.002～0.2mm	0.2～2mm							
0～20	旱地	1.0000	0.9785	0.6292	0.6129	1.0000	0.9621	0.8958	1.0000	1.0000	0.3333	0.7483	0.8351
	水田	0.8874	0.9959	0.6847	0.6631	0.8975	1.0000	1.0000	0.6749	0.8167	0.8011	1.0000	0.8637
	湿地	0.9992	1.0000	1.0000	0.8858	0.6799	0.6078	0.5364	0.8287	0.5615	1.0000	0.6493	0.7171
	林地	0.9659	0.4970	0.7592	1.0000	0.6465	0.4599	0.4297	0.6252	0.5558	0.7212	0.3695	0.5736
20～40	旱地	0.9700	0.8138	0.7592	0.9814	0.8658	0.5474	0.8052	0.7164	0.6513	0.3631	0.8318	0.6826
	水田	0.8050	0.5442	0.9243	0.8348	0.9934	0.5470	0.5087	0.4781	0.4588	0.3268	0.6081	0.5395
	湿地	0.9631	1.0000	0.8556	0.8382	1.0000	1.0000	1.0000	1.0000	1.0000	1.0000	1.0000	0.9860
	林地	1.0000	0.4080	1.0000	1.0000	0.8218	0.4140	0.4574	0.6113	0.4523	0.3789	0.3333	0.5155
权重		0.0161	0.0300	0.0472	0.0410	0.0357	0.1286	0.1612	0.1114	0.2144	0.1331	0.0813	

3.3 土壤呼吸作用

3.3.1 土地利用变化下的土壤呼吸作用

3.3.1.1 研究样地与实验方法

本研究中，根据土地利用数据进行采样点的选择。根据 1979～2009 年不同土地利用类型之间的相互转化，来选择研究中的不同土地利用类型采样点。采样点在研究区内的土地利用类型，从东到西依次为湿转水田（WL-PL）、林转旱地（FL-DL）、湿转旱地（WL-DL）、旱地（DL-DL）、林地（FL-FL）、旱转水田（DL-PL）、湿地（WL-WL）以及草地（GL-GL）。

研究区样地描述见表 3-18。

表 3-18 研究区样地描述

采样点	土地利用类型	地理位置	植被类型	土壤有机碳 /(g/kg)	TN /(g/kg)	C/N 值	pH 值
1	湿转水田 WL-PL	47°33.093′N 134°22.574′E	水稻	1.57±0.65	1.72±0.73	9.52±0.64	6.07±0.22
2	林转旱地 FL-DL	47°24.069′N 133°58.267′E	玉米	1.63±0.83	1.90±0.99	10.12±0.27	5.60±0.21
3	湿转旱地 WL-DL	47°27.769′N 133°59.075′E	玉米	1.91±0.62	2.04±0.69	10.96±0.48	5.97±0.19
4	旱地 DL-DL	47°30.136′N 134°01.157′E	玉米	1.70±0.99	1.91±0.88	10.32±1.36	5.71±0.40
5	林地 FL-FL	47°24.087′N 134°06.603′E	落叶阔叶林	1.74±1.01	2.10±1.20	9.85±1.10	5.70±0.17
6	旱转水田 DL-PL	47°28.697′N 134°09.719′E	水稻	1.54±0.57	1.81±0.61	9.77±1.09	6.02±0.22
7	湿地 WL-WL	47°23.380′N 134°13.739′E	小叶章草甸	3.96±1.41	4.63±2.16	10.02±1.33	5.67±0.51
8	草地 GL-GL	47°45.511′N 134°26.941′E	野草,杂草	1.65±0.86	1.96±0.81	9.96±1.05	4.27±0.43

研究区 2012 年 4 月 29 日、5 月 24 日、6 月 2 日、6 月 19 日和 7 月 2 日的土样，样品采集后过 2mm 筛，采用静态碱液吸收发测定土壤呼吸速率（宇万太 等，2010；廖艳 等，2012）。称取相当于干土重 20g 的新鲜土样，置于培养瓶中，在土壤自然湿度条件下放入无干燥剂的干燥器中，加盖密闭培养 24h，利用 NaOH 吸收释放的 CO_2，用标准 0.05mol/L 的 HCl 滴定剩余的 NaOH；同时，另设不加土壤的空白对照，通过两者之间计算出土壤呼吸速率。滴定时用 $BaCl_2$ 溶液做 Na_2CO_3 的沉淀剂，用酚酞作指示剂，由粉红色滴至无色，完成土壤呼吸速率测定。由于样品从采集到实验室培养，中间间隔时间较短，对土壤呼吸速率不会产生大的影响。采用烘干法测定土壤含水量，pH 值用 PHS-3C 精密 pH 计测定（水土比为 2.5：

1）；土壤有机质用浓硫酸重铬酸钾法，TN 用元素分析仪测定。计算土壤呼吸速率的公式如下：

$$R_s = \frac{(V_0 - V_1) N_{HCl} \times 44 \times 10^3}{2W \times 24}$$ (3-5)

式中　R_s——土壤呼吸速率，μg CO_2/(kg·h)；

　　V_0——空白滴定时消耗标准 HCl 的体积，mL；

　　V_1——样品滴定时消耗 HCl 的体积，mL；

　N_{HCl}——标准 HCl 浓度，mol/L；

　　44——CO_2 的摩尔质量，g/mol；

　　W——烘干土质量；

　　24——小时数。

为了描述温度对土壤呼吸的影响，本研究中，通过简单经验指数模型（Lloyd et al.，1994）来描述土壤呼吸与温度之间的关系。

$$R_s = \alpha e^{\beta T_s}$$ (3-6)

$$Q_{10} = e^{10\beta}$$ (3-7)

式中　R_s——土壤呼吸速率，μg CO_2/(kg·h)；

　　α——0℃时土壤呼吸系数；

　　T_s——不同土地利用类型的土壤温度，℃；

　Q_{10}——土壤温度敏感性；

　　β——温度响应系数。

通过 SPSS 软件进行所有的统计分析，不同土地利用类型在不同深度的土壤呼吸速率差异分析则通过成对 T 检验进行研究，应用布尔森相关系数（Pearson correlation coefficients）分析检验温度，土壤含水量对土壤呼吸速率的影响，它们之间的关系通过指数函数分析。并通过线性回归分析土壤理化性质对呼吸速率的影响。用 Excel 作图，并结合 Origin 7.5 与 Photoshop 7.0.1 辅助作图。

3.3.1.2　不同土地利用类型的土壤呼吸速率

通过采集样品实验所得的平均值，对比土地利用变化下的土壤呼吸速率（R_s）（表 3-19）。在研究区，不同土壤深度的各种土地利用类型的呼吸速率大小规律基本相似（赵金安 等，2016）。对于 0～15cm 土壤深度，旱转水田（DL-PL）的土壤呼吸速率最大，为 485.8μg CO_2/(kg·h)；湿转水田（WL-PL）次之，为 458.3μg CO_2/(kg·h)。在 15～30cm 土壤深度，湿转旱地（WL-DL）的土壤呼吸速率最大，为 437.0μg CO_2/(kg·h)，林地（FL-FL）最小，为 169.6μg CO_2/(kg·h)。对于 30～60cm 的土壤深度，旱转水田（DL-PL）的土壤呼吸速率最大，为 311.7μg CO_2/(kg·h)，湿转水田（WL-PL）次之；林地（FL-FL）的呼吸速率最小，为 142.1μg CO_2/(kg·h)。总体来看，对于农业区的不同土壤深度，各土地利用类型的土壤呼吸速率主要表现为水田＞旱地＞湿地＞草地＞林地。同时，对于两种类型的水田，旱转水田（DL-PL）的土壤呼吸速率明显大于湿转水田（WL-PL）；对于三种类型的旱地，其土壤呼吸速率大致表现为旱地（DL-DL）＞湿转旱地（WL-DL）＞林转旱地（FL-DL）。

表 3-19 不同土地利用类型在不同土壤深度的土壤呼吸速率

单位：$\mu g\ CO_2/(kg \cdot h)$

土地利用类型	土壤深度（平均值±标准偏差）		
	0～15cm	15～30cm	30～60cm
DL-PL	485.8±118.7	403.3±99.7	311.7±70.7
WL-PL	458.3±115.6	375.8±97.4	290.3±80.1
DL-DL	446.1±113.2	325.4±78.4	268.9±77.0
WL-DL	316.3±70.6	437.0±119.5	235.3±65.6
FL-DL	377.4±104.4	304.0±77.2	227.6±64.2
WL-WL	340.7±100.1	206.3±33.7	191.0±37.8
GL-GL	308.6±107.8	206.3±54.8	177.2±42.3
FL-FL	247.5±109.3	169.6±47.8	142.1±39.2

通过 SPSS 软件分析，发现林地（FL-FL）的土壤呼吸速率显著低于其他土地利用类型（$p<0.05$）。除湿转旱地（WL-DL）外，旱转水田（DL-PL）显著高于其他土地利用类型的土壤呼吸速率（$p<0.05$）。湿转水田（WL-PL）与旱地（DL-DL）的土壤呼吸速率高于湿地（WL-WL），草地（GL-GL）和林地（FL-FL）（$p<0.05$）。对于不同类型之间农田的土壤呼吸速率差异不明显。旱转水田（DL-PL）的土壤呼吸速率最大值约为林地（FL-FL）最小值的 6.1 倍。同时发现，除林地（FL-FL）外，其他土地利用类型在不同土壤深度（0～15cm、15～30cm 和 30～60cm）的土壤呼吸速率具有明显差异性（$p<0.05$）。土壤呼吸速率大小随着土壤深度的增加呈现减小的趋势。

图 3-15 是各种土地利用类型在不同深度土壤呼吸速率（R_s）与土壤温度（T_s）的变化情况。图 3-15 中的土壤温度为在不同采样日期采样时所测的土壤温度。土壤呼吸速率与土壤温度基本保持同步变化的趋势。随着土壤温度的增加，土壤呼吸速率也呈增加趋势。土壤温度下降，土壤呼吸速率随之降低。最为明显的是，土壤温度曲线在 4～6 月初明显上升，而土壤呼吸速率曲线在这一时段也呈相同态势；6～7 月初土壤温度具有一定的下降，之后呈现上升，土壤呼吸速率与土壤温度的同步变化趋势仍然明显。同时，由图 3-9 可见，土壤呼吸速率变化均呈现双峰型或多峰型曲线，在波动变化中具有增加趋势。

对于旱转水田（DL-PL），其最高土壤温度为 26.5℃（此温度对应的土壤呼吸速率为 603.5$\mu g\ CO_2/(kg \cdot h)$，为该土地利用类型的最大土壤呼吸速率）；对于湿转水田（WL-PL），其土壤呼吸速率最大值为 580.6$\mu g\ CO_2/(kg \cdot h)$（此时土壤温度为 22.5℃，仅次于 6 月 19 日的 23.6℃，7 月 2 日 0～15cm 土壤层的 23.8℃和

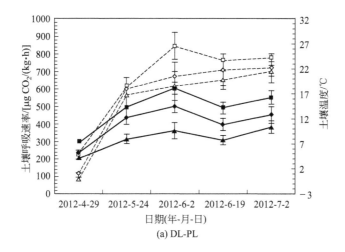

(a) DL-PL

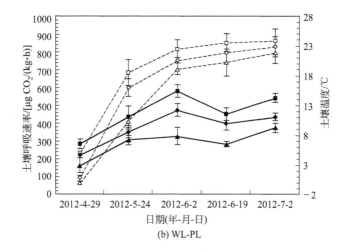

(b) WL-PL

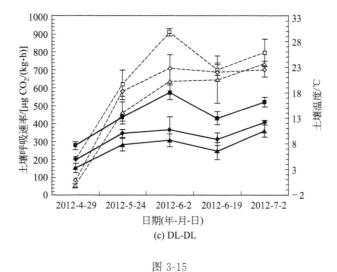

(c) DL-DL

图 3-15

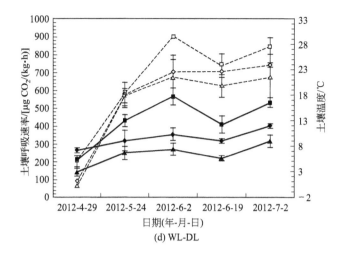

(d) WL-DL

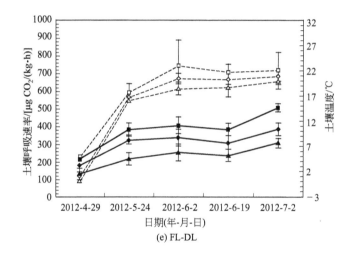

(e) FL-DL

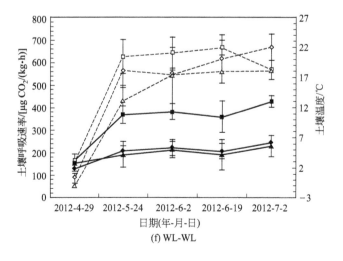

(f) WL-WL

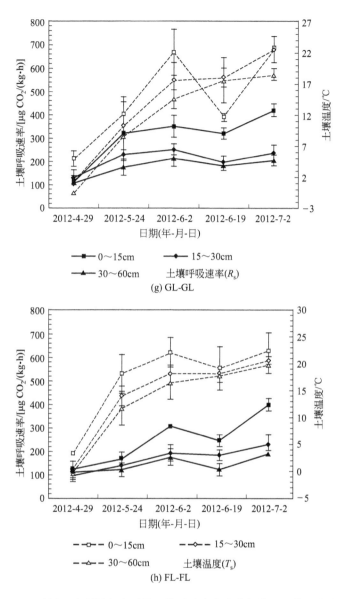

(g) GL-GL

(h) FL-FL

图 3-15　不同土地利用方式下的土壤呼吸速率变化规律和土壤温度变化

15～30cm 土壤层的 22.9℃）；旱地（DL-DL）的最大土壤呼吸速率为 572.9μg CO_2/(kg·h)（此时土壤温度为 29.8℃，为最高土壤温度）；湿转旱地（WL-DL）的最高土壤温度为 29.5℃，此时的土壤呼吸速率为 565.3μg CO_2/(kg·h)，为该土地利用类型的最大土壤呼吸速率；林转旱地（FL-DL）的最大土壤呼吸速率为 504.2μg CO_2/(kg·h)（此时土壤温度为 22.1℃，仅次于 6 月 2 日的 23.1℃）；对于湿地（WL-WL），其最大土壤呼吸速率为 427.8μg CO_2/(kg·h)（此时土壤温度为 18.2℃，其温度偏低）；对于草地（GL-GL），其最高土壤温度为 22.7℃，此时的土壤呼吸速率为 420.1μg CO_2/(kg·h)，为最大土壤呼吸速率；林地（FL-FL）

的最大土壤呼吸速率出现在 7 月 2 日 0~15cm 土壤层,其土壤温度 22.5℃为最高温度。同时,通过分析发现,随着土壤深度的增加,土壤呼吸速率随之减小。这主要是由于土壤温度随着土壤深度的增加呈现逐渐降低的趋势。

3.3.1.3 土壤温度的影响

研究区在植物生长期的日平均气温变化如图 3-16 所示。4 月 29~7 月 2 日平均气温为 17.4℃,气温呈现明显上升趋势。4 月 29 日、5 月 24 日、6 月 2 日、6 月 19 日和 7 月 2 日的气温分别为 9.0℃、16.5℃、22.4℃、22.1℃和 20.1℃。其中,6 月 2 日的气温最高,4 月 29 日的气温最低(来雪慧 等,2016)。

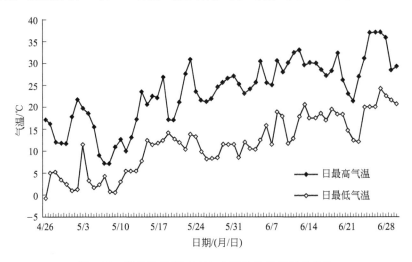

图 3-16 植物生长期八五九农场日平均气温的变化

图 3-17 是不同土地利用类型土壤温度与土壤呼吸速率之间的关系。通过分析发现土壤呼吸速率与土壤温度的动态变化规律较为一致。图 3-17 进一步证明,所有土地利用类型的土壤温度与土壤呼吸速率呈现极显著相关关系($p<0.01$)。同时,土壤温度与呼吸速率在不同的土壤深度均呈现极显著相关关系($p<0.01$)(表 3-20)。拟合结果表明,林地转旱地(FL-DL)随着土壤深度的增加,温度对土壤呼吸速率的解释能力也增加。而其他土地利用类型随着土壤深度的增加,温度对土壤呼吸速率的解释能力减弱。以旱地转水田(DL-PL)为例,0~15cm、15~30cm 和 30~60cm 土壤温度与呼吸速率的相关系数依次为 0.957、0.892 和 0.872,说明上述深度土壤温度对土壤呼吸速率的解释能力分别为 95.7%、89.2% 和 87.2%。

由图 3-17 可以看出,指数方程在低温时的拟合效果明显好于高温时的拟合效果。温度较低时,土壤呼吸速率的散点聚集在拟合曲线附近,随着温度的升高,土壤呼吸速率的散点却渐渐发散开来。当土壤温度超过 18℃时土壤呼吸速率的分布开始逐渐远离曲线,呈发散状。这说明,温度较低时,土壤微生物的代谢活动主要受温度变化控制;温度较高时,温度不再是限制因子,土壤微生物的生命活动很容

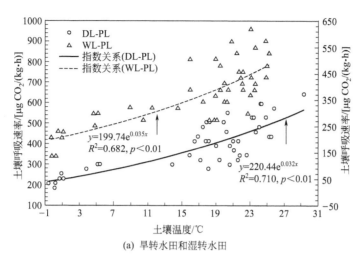

(a) 旱转水田和湿转水田

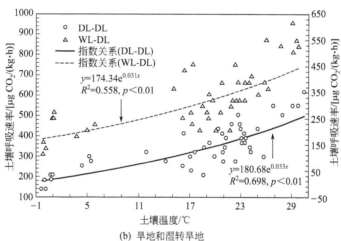

(b) 旱地和湿转旱地

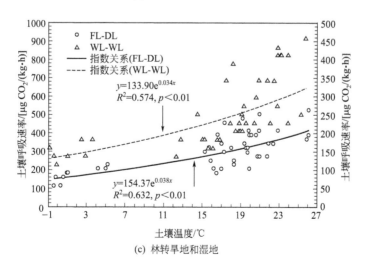

(c) 林转旱地和湿地

图 3-17

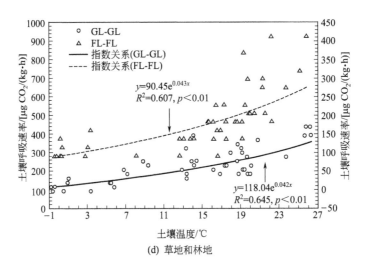

(d) 草地和林地

图 3-17 不同土地利用类型土壤温度对呼吸速率的影响

表 3-20 土壤温度与呼吸速率在不同深度的相互关系

土地利用类型	土壤深度/cm	指数方程	回归系数 R^2	显著相关性 p
旱转水田 (DL-PL)	0~15	$y = 253.92 e^{0.032x}$	0.915	$p < 0.01$
	15~30	$y = 240.35 e^{0.0292x}$	0.795	$p < 0.01$
	30~60	$y = 203.64 e^{0.0260x}$	0.761	$p < 0.01$
湿转水田 (WL-PL)	0~15	$y = 247.89 e^{0.0312x}$	0.746	$p < 0.01$
	15~30	$y = 219.65 e^{0.0306x}$	0.840	$p < 0.01$
	30~60	$y = 175.67 e^{0.0321x}$	0.702	$p < 0.01$
旱地 (DL-DL)	0~15	$y = 237.91 e^{0.0291x}$	0.942	$p < 0.01$
	15~30	$y = 193.30 e^{0.0282x}$	0.840	$p < 0.01$
	30~60	$y = 159.31 e^{0.0306x}$	0.710	$p < 0.01$
湿转旱地 (WL-DL)	0~15	$y = 183.28 e^{0.0378x}$	0.851	$p < 0.01$
	15~30	$y = 254.09 e^{0.0136x}$	0.517	$p < 0.01$
	30~60	$y = 140.04 e^{0.0296x}$	0.702	$p < 0.01$
林转旱地 (FL-DL)	0~15	$y = 199.94 e^{0.0328x}$	0.674	$p < 0.01$
	15~30	$y = 174.89 e^{0.0326x}$	0.812	$p < 0.01$
	30~60	$y = 127.40 e^{0.0364x}$	0.751	$p < 0.01$
湿地 (WL-WL)	0~15	$y = 147.86 e^{0.0430x}$	0.909	$p < 0.01$
	15~30	$y = 126.57 e^{0.0267x}$	0.858	$p < 0.01$
	30~60	$y = 151.55 e^{0.0177x}$	0.461	$p < 0.01$
草地 (GL-GL)	0~15	$y = 110.96 e^{0.0550x}$	0.776	$p < 0.01$
	15~30	$y = 140.44 e^{0.0264x}$	0.539	$p < 0.01$
	30~60	$y = 117.52 e^{0.0321x}$	0.724	$p < 0.01$
林地 (FL-FL)	0~15	$y = 98.11 e^{0.0490x}$	0.690	$p < 0.01$
	15~30	$y = 89.74 e^{0.0402x}$	0.759	$p < 0.01$
	30~60	$y = 97.22 e^{0.0267x}$	0.469	$p < 0.01$

易受到其他因素的影响和制约（江长胜 等，2010）。拟合方程式(3-6)中系数 α 为 0℃时土壤呼吸速率，0℃时土壤呼吸速率的大小顺序依次为旱转水田（DL-PL）＞湿转水田（WL-PL）＞旱地（DL-DL）＞湿转旱地（WL-DL）＞林转旱地（FL-

DL）＞湿地（WL-WL）＞草地（GL-GL）＞林地（FL-FL）；同时，除湿地
（WL-WL）和草地（GL-GL）外，其他土地利用类型在 0℃时的土壤呼吸速率随着
土壤深度的增加而降低（表 3-20）。

　　土壤呼吸速率的温度敏感性 Q_{10} 通过式(3-7)计算。Q_{10} 用来表征土壤呼吸对温
度变化响应的敏感程度。从表 3-21 可以看出，不同土地利用类型的 Q_{10} 值具有一定
的差异，Q_{10} 的平均值变化范围为 1.15～1.73。这与陆地生态系统土壤呼吸速率的
Q_{10} 值变化范围 1.3～5.6 具有很大的差异；且与全球土壤呼吸速率 Q_{10} 均值为 2.4
的结论（Raich et al.，1992）不相符。其原因可能是由于土壤分层取样破坏了原土
壤内环境，降低了土壤对温度的敏感性。同时，也有可能说明在土壤解冻期，土壤
呼吸速率对土壤温度的敏感性不强。例如，中国内蒙古草原的研究结果表明，与土
壤呼吸相关性最好的是气温；其次是土壤温度（马骏 等，2011）。

表 3-21　不同土地利用类型在不同土壤深度的土壤速率温度敏感性

土地利用类型	土壤深度（平均值±标准偏差）		
	0～15cm	15～30cm	30～60cm
DL-PL	1.37±0.03	1.36±0.01	1.30±0.03
WL-PL	1.37±0.07	1.36±0.06	1.37±0.17
DL-DL	1.34±0.05	1.32±0.06	1.37±0.09
WL-DL	1.47±0.11	1.15±0.03	1.37±0.04
FL-DL	1.43±0.10	1.39±0.07	1.44±0.10
WL-WL	1.56±0.09	1.31±0.09	1.19±0.03
GL-GL	1.73±0.08	1.32±0.24	1.38±0.02
FL-FL	1.65±0.31	1.50±0.07	1.29±0.21

　　Q_{10} 值在 0～15cm 土壤深度的大小顺序为草地（GL-GL）＞林地（FL-FL）＞
湿地（WL-WL）＞湿转旱地（WL-DL）＞林转旱地（FL-DL）＞旱转水田（DL-
PL）＞湿转水田（WL-PL）＞旱地（DL-DL）；在 15～30cm 土壤深度，Q_{10} 值表
现为林地（FL-FL）＞林转旱地（FL-DL）＞湿转水田（WL-PL）＞旱转水田
（DL-PL）＞草地（GL-GL）＞旱地（DL-DL）＞湿地（WL-WL）＞湿转旱地
（WL-DL）；对于 30～60cm 土壤深度，Q_{10} 值的大小顺序依次为林转旱地（FL-DL）＞
草地（GL-GL）＞湿转水田（WL-PL）＞旱地（DL-DL）＞湿转旱地（WL-DL）＞
旱转水田（DL-PL）＞林地（FL-DL）＞湿地（WL-WL）。另外，不同土地利用类
型的 Q_{10} 平均值在 1.33～1.48 之间变动。同时，大部分土地利用类型的 Q_{10} 值随着
土壤深度的增加而减小，只有旱地（DL-DL）的 Q_{10} 值随着土壤深度的增加呈现增
加趋势。

3.3.1.4　土壤含水量的影响

　　图 3-18 是不同土地利用类型的土壤含水量与土壤呼吸速率间的关系。湿转水

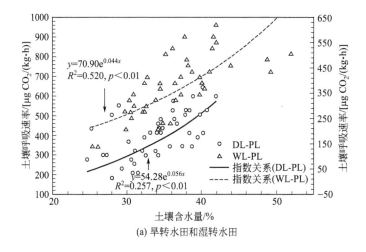

(a) 旱转水田和湿转水田

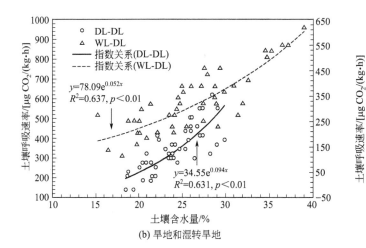

(b) 旱地和湿转旱地

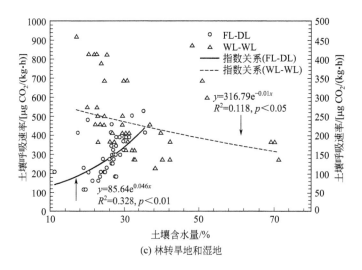

(c) 林转旱地和湿地

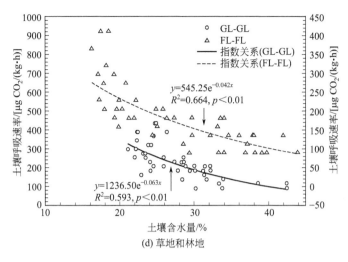

图 3-18　不同土地利用类型的土壤含水量对土壤呼吸速率的影响

田（WL-PL）与湿地（WL-WL）的土壤含水量较高，基本在 17％～72％之间变动；旱地（DL-DL）的土壤含水量较低；其他土地利用类型的土壤含水量在11％～45％之间变动。从图中可以看出，除湿地（WL-WL）、草地（GL-GL）和林地（FL-FL）的土壤含水量与土壤呼吸速率之间呈负相关外，其余土地利用类型的土壤含水量与土壤呼吸速率之间均呈正相关关系。同时，湿地（WL-WL）的土壤含水量与土壤呼吸速率呈现显著相关关系（$p<0.05$）；而其他土地利用类型均呈现极显著相关性（$p<0.01$）。

不同土地利用类型在不同深度土壤含水量与呼吸速率的关系如表 3-22 所列。由表 3-22 可以看出，不同深度的土壤呼吸速率与土壤含水量之间呈现极显著的相关关系（$p<0.01$）。同样，采用式(3-5)拟合的结果表明，旱转水田（DL-PL）、旱地（DL-DL）、林转旱地（FL-DL）和草地（GL-GL）随着土壤深度的增加，温度对土壤呼吸速率的解释能力也增加。以旱转水田（DL-PL）为例，0～15cm、15～30cm 和 30～60cm 土壤层的土壤温度与呼吸速率的相关系数依次为 0.769、0.693 和 0.843，说明上述深度土壤温度对土壤呼吸速率的解释能力分别为76.9％、69.3％和 84.3％。而湿转水田（WL-PL）、湿转旱地（WL-DL）、湿地（WL-WL）和林地（FL-FL）随着土壤深度的增加，温度对土壤呼吸速率的解释能力减弱。以湿转水田（WL-PL）为例，0～15cm、15～30cm 和 30～60cm 土壤层的土壤温度与呼吸速率的相关系数依次为 0.844、0.744 和 0.810，说明上述深度土壤温度对土壤呼吸速率的解释能力分别为 84.4％、74.4％和 81.0％。其中，林转旱地（FL-DL）在 30～60cm 土壤层其含水量对土壤呼吸的解释能力为 0.979，是研究区土壤含水量对土壤呼吸作用解释能力最强的。同时，土壤含水量对土壤呼吸作用解释能力比较强的有湿地（WL-WL，0～15cm）和湿转旱地（WL-DL，0～15cm），分别为87.1％和 84.7％。

表 3-22　不同土地利用类型在不同深度土壤含水量与呼吸速率的关系

土地利用类型	土壤深度/cm	指数方程	回归系数 R^2	显著相关性 p
旱转水田 (DL-PL)	0～15	$y=149.87e^{0.034x}$	0.591	$p<0.01$
	15～30	$y=2.06e^{0.150x}$	0.480	$p<0.01$
	30～60	$y=45.24e^{0.055x}$	0.711	$p<0.01$
湿转水田 (WL-PL)	0～15	$y=51.04e^{0.059x}$	0.713	$p<0.01$
	15～30	$y=79.96e^{0.037x}$	0.553	$p<0.01$
	30～60	$y=36.58e^{0.063x}$	0.656	$p<0.01$
旱地 (DL-DL)	0～15	$y=49.26e^{0.085x}$	0.463	$p<0.01$
	15～30	$y=31.45e^{0.097x}$	0.654	$p<0.01$
	30～60	$y=54.21e^{0.068x}$	0.636	$p<0.01$
湿转旱地 (WL-DL)	0～15	$y=175.01e^{0.056x}$	0.717	$p<0.01$
	15～30	$y=172.53e^{0.025x}$	0.530	$p<0.01$
	30～60	$y=74.56e^{0.047x}$	0.551	$p<0.01$
林转旱地 (FL-DL)	0～15	$y=162.25e^{0.032x}$	0.450	$p<0.01$
	15～30	$y=47.49e^{0.065x}$	0.416	$p<0.01$
	30～60	$y=19.35e^{0.096x}$	0.959	$p<0.01$
湿地 (WL-WL)	0～15	$y=600.76e^{-0.016x}$	0.759	$p<0.01$
	15～30	$y=406.70e^{-0.023x}$	0.492	$p<0.01$
	30～60	$y=566.12e^{-0.038x}$	0.545	$p<0.01$
草地 (GL-GL)	0～15	$y=3083.60e^{-0.095x}$	0.610	$p<0.01$
	15～30	$y=1589.10e^{-0.072x}$	0.659	$p<0.01$
	30～60	$y=500.89e^{-0.036x}$	0.635	$p<0.01$
林地 (FL-FL)	0～15	$y=843.02e^{-0.056x}$	0.730	$p<0.01$
	15～30	$y=432.33e^{-0.037x}$	0.581	$p<0.01$
	30～60	$y=343.21e^{-0.028x}$	0.601	$p<0.01$

3.3.1.5　土壤理化性质的影响

　　图 3-19 是不同土地利用类型的土壤 pH 值与土壤呼吸速率之间的关系。研究区土壤 pH 值在 3.5～6.0 之间变化，土壤偏酸性。从图 3-19 中可以看出，旱转水田（DL-PL）、湿转水田（WL-PL）、旱地（L-DL）、湿转旱地（WL-DL）、林转旱地（FL-DL）、湿地（WL-WL）的 pH 值与土壤呼吸速率之间呈现极显著的负相关关系（$p<0.01$）；林地（FL-FL）表现出显著的负相关关系（$p<0.05$）；而草地（GL-GL）的 pH 值与呼吸速率之间的负相关性不显著（$p>0.05$）。随着土地利用的变化，土壤呈现碱化现象，说明土壤呼吸速率整体随着 pH 值的增加呈现减小趋势。但由于 pH 值变化较小，因而由于土地利用变化引起的 pH 值增加，对土壤呼吸作用的影响是比较微弱的。

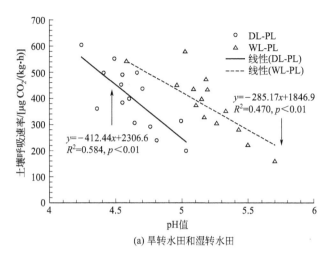

(a) 旱转水田和湿转水田

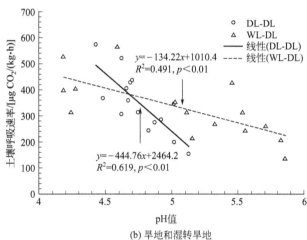

(b) 旱地和湿转旱地

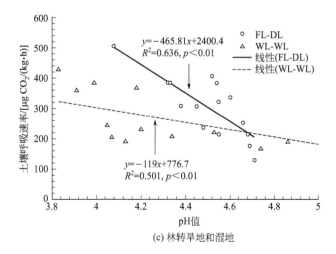

(c) 林转旱地和湿地

图 3-19

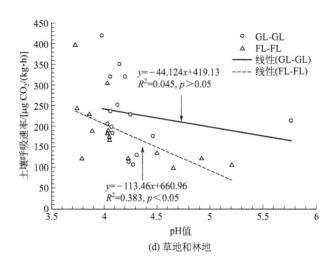

(d) 草地和林地

图 3-19　不同土地利用方式下土壤 pH 值对土壤呼吸速率的影响

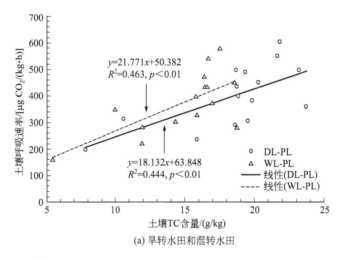

(a) 旱转水田和湿转水田

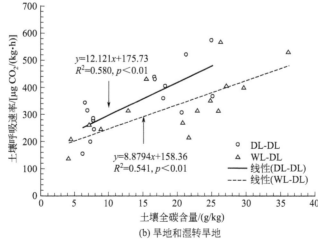

(b) 旱地和湿转旱地

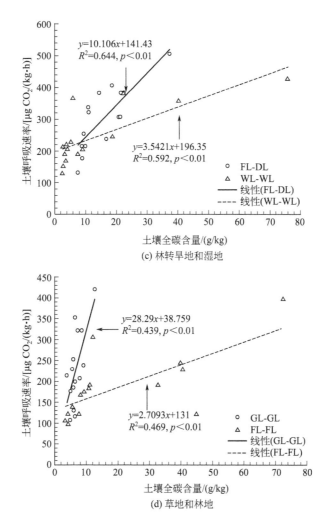

图 3-20　不同土地利用方式下土壤全碳含量对土壤呼吸速率的影响

　　各土地利用类型的土壤全碳含量与土壤呼吸速率之间的关系见图 3-20。所有土地利用类型之间均呈现极显著的正相关关系（$p < 0.01$），这说明土壤全碳含量是影响呼吸作用的重要因素。随着土壤理化性质的变化，其对土壤呼吸速率的影响是至关重要的。

3.3.2　农作物类型变化下的土壤呼吸作用

3.3.2.1　研究样地描述

　　在三江平原八五九农场建立了两个气象监测站，通过监测发现八五九农场从 1964 年到 2010 年的年平均气温和降水量分别为 2.5℃ 和 559.6mm，54% 的降水量集中在夏季作物生长季。图 3-21 为研究样地的日平均气温和降水量（1964 年 7 月～2010 年 6 月）变化情况。研究区土壤以白浆土和沼泽土为主，占总面积的

60.7％。农田表层土壤（0～20cm）TN、TP 的平均含量分别为 2.39g/kg 和 0.90g/kg，有机质含量为 38.3g/kg。

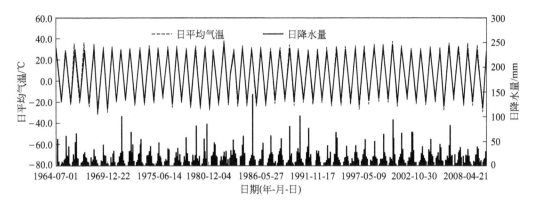

图 3-21　采样点的日平均气温和降水量

3.3.2.2　样品收集

由于多次农业开发，三江平原的耕地面积从新中国成立前的 7870km² 增加到 2000 年的 47330km²，且每次开发均以增加粮食产量为目的。随着 40 多年来土地利用变化（湿地、林地被开垦为旱地、永久旱地、湿地和旱地转水田），植被/作物类型也发生了改变。为了进一步考察植被/作物类型变化对土壤呼吸作用和 Q_{10} 值的影响，也应该考虑土地利用变化。以 1979 年、1992 年、1999 年和 2012 年的遥感影像为基础，通过 ArcGIS 软件划分点进行样品采集。由于八五九农场的土地利用变化主要发生在湿地、林地、旱地和水田之间，因此研究中的植被/作物变化类型分为小叶章草甸/小叶章草甸/水稻/水稻（C/C/R/R）、阔叶落叶林/阔叶落叶林/玉米/玉米（B/B/M/M）、小叶章草甸/小叶章草甸/玉米/玉米（C/C/M/M）、玉米/玉米/玉米/玉米（M/M/M/M）和玉米/玉米/水稻/水稻（M/M/R/R）5 种。

根据 1979～2012 年研究区土地利用变化和作物生长季（4～7 月）情况，于 2012 年 4 月 29 日、5 月 24 日、6 月 2 日、6 月 19 日和 7 月 2 日收集 5 个样点表层土壤（0～15cm）、底土（15～30cm）和深层土壤（30～60cm）样品，共 75 个，并测定土壤呼吸速率（R_s）。在每个样地，取 100cm×100cm 面积的采样地块去除植被/作物残茬后，用土壤环刀取 3 个 0～90cm 的土壤并分为三个深度。每个深度土壤分为 3 个平行样，在 −4℃ 下密封在塑料袋中。采样点的详细情况见表 3-23，为 2012 年 4 月下旬在施肥前采集的 29 个耕地土壤样品（7 个 C/C/R/R、4 个 B/B/M/M、5 个 C/C/M/M、7 个 M/M/M/M 和 6 个 M/M/R/R）理化性质，包括土壤 SOM、TN、C/N 和 pH 值（Lai et al.，2017）。

3.3.2.3　土壤条件的日变化情况

在种植 C/C/R/R 和 C/C/M/M 作物的旱地和水田，分别架设 ZENO 农业气象站，同时设置每 30s 读取 1 个土壤日变化数据，取其平均值作为日平均值。通过监

表 3-23　不同植被/作物类型土壤理化性质

序号	地理位置	植被/作物类型	统计值	土壤 SOM /(g/kg)	土壤 TN /(g/kg)	C/N 比	土壤 pH 值
1	47°33.093′N 134°22.574′E	C/C/R/R	平均值	1.57	1.72	9.52	6.07
			标准差(S. D.)	0.65	0.73	0.64	0.22
2	47°24.069′N 133°58.267′E	B/B/M/M	平均值	1.63	1.90	10.12	5.60
			标准差(S. D.)	0.83	0.99	0.27	0.21
3	47°27.769′N 133°59.075′E	C/C/M/M	平均值	1.91	2.04	10.96	5.97
			标准差(S. D.)	0.62	0.69	0.48	0.19
4	47°30.136′N 134°01.157′E	M/M/M/M	平均值	1.70	1.91	10.32	5.71
			标准差(S. D.)	0.99	0.88	1.36	0.40
5	47°28.697′N 134°09.719′E	M/M/R/R	平均值	1.54	1.81	9.77	6.02
			标准差(S. D.)	0.57	0.61	1.09	0.22

测，发现研究期间（2012 年 4 月 29～7 月 2 日）的平均降水量（175.9mm）高于往年同期（135.1mm）。0～15cm、15～30cm 和 30～60cm 土壤深度的温度分别为15.2℃、12.8℃、9.9℃。如图 3-22 所示，土壤日最高温度出现在 6 月下旬，3 个深度的平均温度分别为 24.4℃、21.8℃和 18.1℃；最低温度出现在 4 月，3 个深度的平均温度分别为 4.2℃、2.2℃和 −0.1℃。

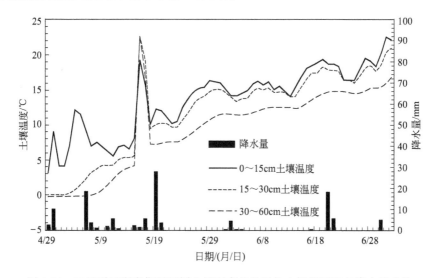

图 3-22　三江平原研究期间不同土壤深度的日平均土壤温度和日降水量变化

图 3-23 为日平均土壤含水量的变化情况，由于降雨事件发生，不同土壤深度的土壤含水量变化范围也不同，3 个深度的日平均土壤含水量变化范围为 19.9％～39.8％，其中 5 月 5 日含水量最低，5 月 15 日最高（图 3-23）。由于水稻生长期降水和灌溉，C/C/R/R 作物的土壤含水量最高，达到 36.49％。C/C/M/M 作物的土壤含水量最低值出现在 4 月底到 5 月初，变化范围为 15.23％～38.79％。

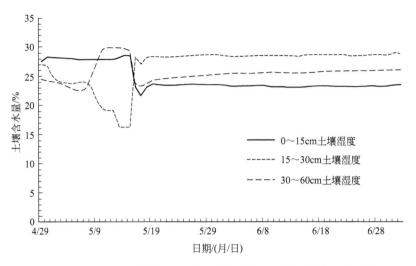

图 3-23　三江平原研究期间不同土壤深度的日平均土壤含水量变化

3.3.2.4　不同作物类型和土壤深度的 R_s 和 Q_{10}

如表 3-24 可以看出，不同土壤深度（0～15cm、15～30cm、30～60cm）的 R_s 值变化情况。研究期间，C/C/R/R 的平均 R_s 值为 374.8μg CO_2/(kg·h)，其变化范围为 160.4～580.6μg CO_2/(kg·h)；B/B/M/M 的平均 R_s 值为 303.0μg CO_2/(kg·h)，其变化范围为 129.9～504.2μg CO_2/(kg·h)；C/C/M/M 的平均 R_s 值为 329.5μg CO_2/(kg·h)，其变化范围为 137.5～565.3μg CO_2/(kg·h)；M/M/M/M 的平均 R_s 值为 346.8μg CO_2/(kg·h)，其变化范围为 152.8～572.9μg CO_2/(kg·h)；M/M/R/R 的平均 R_s 值为 400.3μg CO_2/(kg·h)，其变化范围为 198.6～603.5μg CO_2/(kg·h)。M/M/R/R 的土壤呼吸速率明显高于其他四种作物类型（$p<0.01$），C/C/R/R、M/M/M、C/C/M/M 和 B/B/M/M 间存在显著性差异（$p<0.01$）。对于不同土壤深度，30～60cm 土壤深度的 R_s 值显著低于 0～15cm 和 15～30cm（$p<0.05$）土壤深度的 R_s 值，0～15cm 和 15～30cm 土壤深度的 R_s 值差异显著（$p<0.05$）。研究中也发现，作物类型和土壤深度对土壤呼吸作用均存在显著影响。

表 3-24　不同作物类型在不同土壤深度的 R_s 值变化

作物类型	土壤深度	R_s 值/[μg CO_2/(kg·h)]				
		4 月 29 日	5 月 24 日	6 月 2 日	6 月 19 日	7 月 2 日
C/C/M/M	0～15cm	201.5±13.7	426.8±22.3	565.3±27.9	398.1±18.3	518.5±19.7
	15～30cm	250.2±11.2	309.7±12.7	332.7±12.9	301.8±11.8	392.2±12.7
	30～60cm	137.4±8.1	201.5±11.5	244.2±12.2	201.8±10.8	299.9±13.9
M/M/M/M	0～15cm	256.4±11.2	410.1±19.3	572.9±23.9	415.7±19.8	502.5±21.4
	15～30cm	198.5±9.5	323.8±11.7	353.31±12.3	300.7±19.4	395.1±10.9
	30～60cm	152.8±7.4	261.8±8.5	292.3±110.5	221.9±8.3	349.4±12.3

续表

作物类型	土壤深度	R_s 值/$[\mu g\ CO_2/(kg\cdot h)]$				
		4 月 29 日	5 月 24 日	6 月 2 日	6 月 19 日	7 月 2 日
M/M/R/R	0～15cm	282.4±11.2	487.1±19.3	603.5±23.9	411.7±19.8	500.5±21.4
	15～30cm	209.5±9.5	413.8±11.7	493.3±12.3	393.7±9.4	425.1±10.9
	30～60cm	198.6±7.4	302.8±8.5	342.3±10.5	291.9±8.3	369.4±12.3
C/C/R/R	0～15cm	286.1±9.2	427.3±13.5	580.6±20.5	441.3±12.7	520.8±17.3
	15～30cm	202.5±8.5	323.6±10.9	473.2±11.6	394.9±9.9	412.2±10.5
	30～60cm	160.4±7.9	294.2±9.5	304.5±9.8	281.3±8.5	372.9±11.7
B/B/M/M	0～15cm	202.6±8.8	375.9±12.8	401.3±17.3	374.8±13.5	502.6±19.8
	15～30cm	183.4±7.3	303.1±10.2	307.5±11.6	298.9±8.5	382.5±11.4
	30～60cm	115.9±6.8	202.3±7.2	226.8±7.9	208.2±7.3	282.9±10.1

研究中发现不同土壤深度的平均 R_s 值由大到小依次为：M/M/R/R＞C/C/R/R＞M/M/M/M＞C/C/M/M＞B/B/M/M；其中，M/M/R/R 作物的 R_s 值最大，这可能与该作物类型土壤碳、氮含量较高有关。诸多关于 R_s 和土壤 SOC 关系的研究表明，土壤碳库影响土壤中碳分解和最终释放量（Chen et al.，2013；Spohn et al.，2015），SOC 含量对土壤呼吸速率的影响较大。研究中 M/M/R/R 的 R_s 值最大，可能与土壤总碳（STC）和 SOC 含量有关。从表 3-25 可以看出，不同作物类型的 STC 和 SOC 含量与 R_s 值均呈现正相关关系。同时，土壤总氮（STN）含量与土壤 pH 值可以进一步描述不同作物类型的土壤呼吸作用差异。M/M/R/R 的 R_s 值最大，为 400.3$\mu g\ CO_2/(kg\cdot h)$，且该作物类型的 STN 含量（1.970g/kg）也高于其他作物类型。不同作物类型的 STN 含量由高到低依次为：M/M/R/R（1.970g/kg）＞C/C/R/R（1.920g/kg）＞M/M/M/M（1.778g/kg）＞C/C/M/M（1.662g/kg）＞B/B/M/M（1.658g/kg），与 R_s 值大小顺序不一致。由表 3-25 可以看出，不同作物类型的 STN 含量与 R_s 值均呈现显著正相关关系（$p<0.01$）。这说明 STN 含量较高时，不仅有利于土壤氮素有效性，促进根系生长，而且可以增加土壤微生物的呼吸活性（Li et al.，2013；Morell et al.，2010）。已有研究表明，微生物活动对土壤 pH 值有显著影响（Ellis et al.，1998），进而影响 R_s 值（Andersson et al.，

表 3-25　不同作物类型土壤理化性质与 R_s 的关系

项目	作物类型	STC	SOC	STN	pH 值
R_s	C/C/R/R	0.681[1]	0.965[1]	0.866[1]	−0.685[1]
	B/B/M/M	0.803[1]	0.951[1]	0.947[1]	−0.797[1]
	C/C/M/M	0.736[1]	0.957[1]	0.854[1]	−0.701[1]
	M/M/M/M	0.761[1]	0.962[1]	0.957[1]	−0.787[1]
	M/M/R/R	0.666[1]	0.943[1]	0.956[1]	−0.764[1]

[1] R_s 与土壤理化性质指标的相关性达到 0.01 水平。

2001；Chen et al.，2014)。本研究中，不同作物类型的 R_s 值与土壤 pH 值均呈显著负相关（$p<0.01$）（表 3-21)。土壤 pH 值主要通过土壤微生物活性、土壤有机质和作物根系生长的分解和组成来影响 CO_2 排放（Reth et al.，2005)。

研究期内，不同作物类型的 R_s 值随土壤温度呈指数增长趋势，且两者存在显著的相关关系（$p<0.01$)。同时发现，不同作物类型的 Q_{10} 值也存在显著性差异（图 3-24)。在 0～60cm 土壤深度内，不同作物类型的 Q_{10} 值（平均值±标准偏差）由高到低依次为：B/B/M/M(1.493±0.059)＞C/C/R/R(1.401±0.013)＞M/M/M/M(1.352±0.024)＞M/M/R/R(1.323±0.032)＞C/C/M/M(1.232±0.075)。除 M/M/M/M 和 M/M/R/R 外，其他作物间的 Q_{10} 值之间的差异明显（$p<0.05$)。研究发现，不同土壤深度的 Q_{10} 值没有显著性差异。0～15cm 土壤深度，B/B/M/M(1.557±0.040)、M/M/R/R(1.357±0.021) 明显高于 15～30cm 和 30～60cm 土壤深度，30～60cm 土壤深度的 C/C/M/M（1.293±0.021）明显低于 0～15cm 深度（1.257±0.061）和 15～30cm 深度（1.147±0.032）（$p<0.05$)。但 C/C/R/R 和 M/M/M/M 作物在 0～15cm、15～30cm 和 30～60cm 土壤深度之间差异不显著。

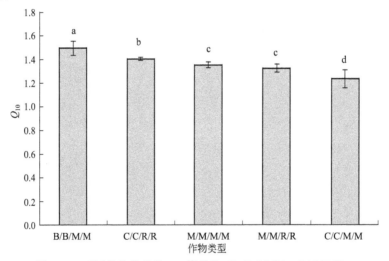

图 3-24　不同作物类型的 Q_{10} 值变化（B/B/M/M、C/C/R/R、

M/M/M/M、M/M/R/R 和 C/C/M/M)

图 3-24 中，作物的 Q_{10} 值为研究期内 3 个不同土壤深度平行样的平均值，图内的字母（a、b、c、d)

表明作物间存在显著性差异，达到 5% 显著水平，数据为平均值±标准偏差。

研究中 Q_{10} 值的变化范围为 1.11～1.60，平均值为 1.36，小于全球平均值（变化范围 1.3～3.3，平均值为 2.4）（Raich et al.，1992)。本研究中三江平原的 Q_{10} 平均值与青藏高原的结果相近，青藏高原的 Q_{10} 平均值变化范围为 1.13～1.29（Song et al.，2010)，同时也低于中国农田的 Q_{10} 值（平均值±标准偏差 2.25±0.2）（Peng et al.，2009)。

与 B/B/M/M 相比，C/C/M/M、M/M/M/M、C/C/R/R 和 M/M/R/R 的平

均 R_s 值分别小 8.8％、14.5％、23.7％和 32.1％，但 B/B/M/M 的 Q_{10} 值分别比 C/C/M/M、M/M/M/M、C/C/R/R 和 M/M/R/R 高 21.2％、10.4％、6.6％和 12.9％。研究中，B/B/M/M 类型的表层土壤（0～15cm）温度最高，为 20.8℃，同时其 R_s 值的变化对温度升高敏感程度最强。在 15～30cm 和 30～60cm 土壤深度 B/B/M/M 的土壤温度分别为 17.6℃和 16.1℃，均低于表层土壤，此处该作物类型的 R_s 值对土壤温度敏感程度较弱。对于其他四种作物类型，也表现出 0～15cm 土壤温度高于 15～30cm 和 30～60cm 土壤深度的，同样底层土壤的 R_s 值对温度变化的敏感性低于表层土壤。这可能是因为作物生长季土壤温度对 R_s 值和 Q_{10} 值的影响不同。一般情况下，高温可以促进微生物和作物根系活力，进一步增强土壤的生物呼吸作用（Lloyor et al.，1994；Zhang et al.，2013）。本研究中，土壤温度随土壤深度增加而降低，同时 R_s 值则随生长季温度变化而改变。低温可以减弱土壤微生物活性（Kuzyakov et al.，2010），使得微生物物种丰富度降低（Andrews et al.，2000）并影响作物生长（Jiang et al.，2015）。但在生长季高温情况下，土壤呼吸随温度升高产生的增加幅度较小，这可能与温度适应性有关（Bradford et al.，2008）。

3.3.2.5　不同作物类型和土壤深度的土壤温度和含水量变化

通过表 3-24 和图 3-25 研究发现，不同土壤深度下的土壤温度变化与空气温度变化一致。不同作物类型的土壤温度间没有明显差异（$p>0.05$），C/C/R/R、B/B/M/M、C/C/M/M、M/M/M/M 和 M/M/R/R 的土壤平均温度变化范围分别为 −0.4～30.5℃、−0.1～29.8℃、−0.4～26.1℃、−0.6～29.4℃和 −0.3～25.2℃。对于 M/M/R/R，0～15cm 土壤深度的平均土壤温度为 18.66℃，明显高于 15～30cm（16.42℃）和 30～60cm（14.28℃）土壤深度的（$p<0.05$）。C/C/R/R、B/B/M/M、C/C/M/M 和 M/M/M/M，在 30～60cm 土壤深度的土壤温度显著低于 0～15cm 和 15～30cm（$p<0.05$）土壤深度的；然而 0～15cm 和 15～30cm 土壤深度之间没有显著差异（$p>0.05$）。在 0～15cm 土壤深度，B/B/M/M（20.8℃）和 C/C/R/R（20.5℃）的平均土壤温度高于 M/M/M/M（19.54℃）、M/M/R/R（18.66℃）和 C/C/M/M（17.92℃）（$p<0.05$），但 M/M/M/M 与 C/C/M/M 之间无显著差异。在 15～30cm 土壤深度，M/M/R/R（16.42℃）和 C/C/M/M（15.88℃）的土壤平均温度显著低于 B/B/M/M（17.58℃）、C/C/R/R（17.35℃）和 M/M/M/M（16.62℃）的土壤平均温度（$p<0.05$），而 B/B/M/M、C/C/R/R 和 C/C/M/M（$p>0.05$）的土壤平均温度差异不明显。同时在 30～60cm 土壤深度，不同作物类型间的土壤温度差异也不显著（$p>0.05$）。

由于研究期的降雨时间和农业灌溉，不同土壤深度的土壤含水量发生变化。由图 3-26 可以看出，不同作物的土壤含水量之间呈现显著性差异（$p<0.05$），C/C/R/R、B/B/M/M、C/C/M/M、M/M/M/M 和 M/M/R/R 的土壤含水量变化范围为 25.35％～51.94％、11.21％～35.63％、15.23％～38.97％、18.49％～29.86％

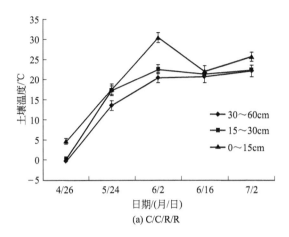

(a) C/C/R/R

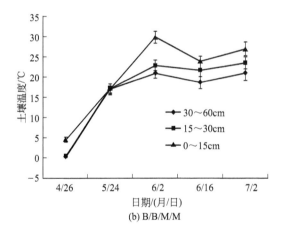

(b) B/B/M/M

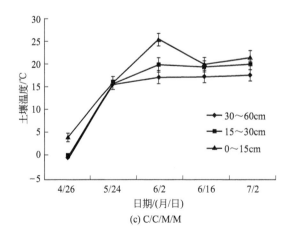

(c) C/C/M/M

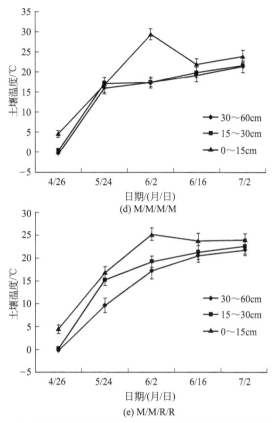

图 3-25　研究期不同作物类型在不同土壤深度的温度变化

和 24.63％～41.97％。C/C/R/R 的平均含水量为 36.49％，高于 M/M/R/R（33.98％）、C/C/M/M（26.22％）、B/B/M/M（26.20％）和 M/M/M/M（24.05％）。C/C/R/R 在不同土壤深度的土壤含水量具有明显差异（$p < 0.05$），在 15～30cm 土壤深度的土壤含水量平均值为 40.5％，明显高于 0～15cm（36.73％）和 30～60cm（32.23％）土壤深度的。B/B/M/M 和 M/M/M/M 在 15～30cm 和 30～60cm 土壤深度的土壤含水量显著低于 0～15cm（$p < 0.05$）土壤深度的，但是 15～30cm 和 30～60cm 土壤深度的土壤含水量没有显著性差异（$p > 0.05$）。对于 C/C/M/M 和 M/M/R/R 作物，在三个不同土壤深度之间的差异性不显著（$p > 0.05$）。总体而言，0～15cm 和 30～60cm 土壤深度，水稻的平均土壤含水量显著高于玉米土壤（$p < 0.05$），不同作物类型的土壤含水量从高到低依次为：C/C/R/R＞M/M/R/R＞B/B/M/M＞C/C/M/M＞M/M/M/M，但 C/C/R/R 与 M/M/R/R 和 B/B/M/M，及 C/C/M/M 与 M/M/M/M 的土壤含水量之间均无显著性差异（$p > 0.05$）。在 15～30cm 土壤深度，不同作物类型的土壤含水量差异显著（$p < 0.05$），且不同作物类型的平均土壤含水量从高到低依次为：C/C/R/R（40.5％）＞M/M/R/R（34.17％）＞C/C/M/M（28.21％）＞B/B/M/M（26.45％）＞M/M/M/M（23.68％）。

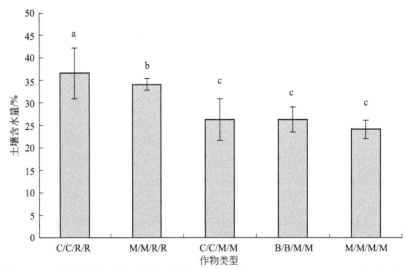

图 3-26 不同作物类型的土壤含水量变化（B/B/M/M、C/C/R/R、M/M/M/M、
M/M/R/R 和 C/C/M/M）

注：作物的土壤含水量为研究期内三个不同土壤深度平行样的平均值，图内的字母（a、b、c、d）
表明作物间存在显著性差异，达到 5% 显著水平，数据为平均值±标准偏差。

3.3.2.6 不同作物类型的土壤温度和含水量与 Q_{10} 的关系

在作物生长季，不同作物类型的平均土壤温度与 Q_{10} 值呈现显著的正相关关系（$p<0.05$），同时通过指数回归模型可以解释不同作物类型的 Q_{10} 值变异系数范围为 45.0%～63.5%（表 3-26）。结果表明，在研究土壤深度（0～60cm）范围内，温度每增加 1℃，不同作物类型的土壤 Q_{10} 会随之增加 0.017～0.069。土壤温度低于 17℃ 时，C/C/R/R、M/M/M/M 和 M/M/R/R 的 Q_{10} 值稳定，其数值没有明显变化。当土壤温度增加 1℃ 时，C/C/M/M 的 Q_{10} 值变化最大，变化幅度达到 0.069。

表 3-26 不同作物类型的土壤温度与 Q_{10} 值关系

作物类型	指数方程	回归系数 R^2	显著相关性 p
C/C/R/R	$y=1.3+0.0533e^{0.0355x}$	0.4502	$p<0.05$
B/B/M/M	$y=1.22+0.0799e^{0.0666x}$	0.5520	$p<0.05$
C/C/M/M	$y=0.75+0.1307e^{0.0801x}$	0.6352	$p<0.05$
M/M/M/M	$y=1.20+0.0603e^{0.0534x}$	0.4733	$p<0.05$
M/M/R/R	$y=0.95+0.2136e^{0.0337x}$	0.5991	$p<0.05$

在作物生长季，B/B/M/M、C/C/R/R、M/M/M/M、M/M/R/R、C/C/M/M 的平均土壤温度分别为 8.2℃（14.4～21.6℃）、17.8℃（14.2～21.6℃）、17.2℃（14.2～20.5℃）、16.5℃（13.7～19.4℃）和 16.2℃（14.5～18.8℃）。研究结果表明，不同作物生长季土壤温度在 13～22℃ 范围变化。有研究发现，Q_{10} 值在较低温度（<5℃）时较高（Jiang et al.，2015），在较高温度（>30℃）时较低

(Janssens et al.，2013)。土壤呼吸作用在 13～22℃ 范围内可以随着温度的升高而增强，这时 Q_{10} 值约为 1.6。该研究结果与 Jiang 等（2015）的结论基本一致，即 Q_{10} 值在 15～30℃ 范围内约为 1.8。另外，也有研究表明土壤呼吸与土壤温度的关系与土壤微生物种类和物种丰富度也有关（Zogg et al.，1997）。4℃ 时的土壤物种丰富度明显低于 22℃ 时，但在 22～40℃ 时仅增加 1 个物种类型（Andrews et al.，2000）。由于这个原因，当研究中土壤温度高于 13℃ 时，不同作物类型 Q_{10} 值逐渐趋于稳定，变化不大。同时，Kirschbaum（1995）也发现当土壤温度高于 15℃ 时 Q_{10} 值变化较小的研究结果。

通过土壤含水量与 Q_{10} 值的二次关系分析，发现 C/C/R/R、B/B/M/M 和 M/M/R/R 的土壤含水量与 Q_{10} 值呈现显著相关关系（$p < 0.05$），但是 C/C/M/M 和 M/M/M/M 没有显著相关关系（$p > 0.05$）（表 3-27）。随着土壤含水量的增加，不同作物类型的 Q_{10} 值而增加，当达到最大值时（C/C/R/R 为 36.22%、B/B/M/M 为 27.27%、C/C/M/M 为 25.68%、M/M/M/M 为 24.17%、M/M/R/R 为 34.27%），再次呈现下降趋势。指数模型可以解释 C/C/R/R、B/B/M/M 和 M/M/R/R 的 Q_{10} 值差异范围约为 50%，而 C/C/M/M 和 M/M/M/M 的差异范围为 15.76% 和 33.64%。

表 3-27　不同作物类型的土壤含水量与 Q_{10} 值关系

作物类型	关系方程	回归系数 R^2	显著相关性 p
C/C/R/R	$y = -0.0007x^2 + 0.0556x + 0.3609$	0.4502	$p < 0.05$
B/B/M/M	$y = -0.0023x^2 + 0.1428x - 0.6496$	0.5975	$p < 0.05$
C/C/M/M	$y = -0.0082x^2 + 0.4463x - 4.7888$	0.1576	$p > 0.05$
M/M/M/M	$y = -0.0095x^2 + 0.4786x - 4.6348$	0.3364	$p > 0.05$
M/M/R/R	$y = -0.0255x^2 + 1.7658x - 29.237$	0.5027	$p < 0.05$

诸多研究发现森林生态系统的 Q_{10} 值与土壤含水量之间存在显著的二次相关关系（Chen et al.，2010；王重阳 等，2006），但很少有研究关注农田土壤的含水量与 Q_{10} 值的关系。本研究结果表明，C/C/R/R、B/B/M/M、M/M/R/R 的 Q_{10} 值与土壤含水量之间呈现显著的二次相关关系（$p < 0.05$），但 C/C/M/M、M/M/M/M 的 Q_{10} 值与土壤含水量关系不显著（$p > 0.05$）。C/C/M/M 和 M/M/M/M 作物的平均土壤含水量分别为 28.21% 和 23.68%，低于其他作物类型。土壤含水量较低时可以抑制微生物活性（Davidson et al.，2006）和根部呼吸作用（Chen et al.，2010），并进而降低土壤呼吸的温度敏感性。土壤含水量增加不仅缓解干旱胁迫，同时也可以使土壤 Q_{10} 值增加（Jiang et al.，2015）。因此，本研究中水稻作物土壤的 Q_{10} 值高于玉米作物。已有研究表明，当土壤含水量超过一定阈值时，反而会抑制微生物活性，降低 Q_{10} 值（Skopp et al.，1990）。本研究中，土壤含水量高于24.1% 时 Q_{10} 值开始降低。这一研究结果高于我国黄土高原阈值（20.3%）和意大利中部林地土壤阈值（20%）（Rey et al.，2002；Jiang et al.，2015）。这可能是因

为除了土壤温度和土壤含水量外,还有其他因素会影响 Q_{10} 值,如生物活性、有机质含量和分解速率等(Curiel et al.,2004;Davidson et al.,2006)。

3.4 土壤硝化作用

3.4.1 实验方法

采用常规分析法测定土壤基本理化性质(鲍土旦,2000)。其中土壤含水量用 24h 烘干法;采用 pH 计测定土壤水土比 1∶1 浸提液的 pH 值;土壤有机质用浓硫酸重铬酸钾法;全碳和总氮含量用元素分析仪测定;土壤铵态氮和硝态氮用 1mol/L 的 KCl 土液比 1∶10 浸提后,分别用纳氏试剂比色法和紫外分光光度法测定。

本研究采用格里斯显色法(程丽娟 等,2000;曹良元 等,2009)测定土壤硝化速率,其具体步骤如下。

(1)NO_2^- 标准曲线绘制

吸取 NO_2^- 标准液(0.01mg/mL)0mL、1mL、2mL、3mL、4mL、5mL,分别放入 50mL 容量瓶,进行定容,与待测样品同法进行比色,以浓度为横坐标,以光密度值为纵坐标绘制标准曲线。

(2)土壤硝化强度测定

称取供试土壤 10g,加无菌水制成 1/10 土壤悬液,于 150mL 锥形瓶中加入硝化菌培养基 30mL,再加入土壤悬液 1mL,置 28℃ 培养箱中培养 15d,过滤备用。取滤液 5mL 于 50mL 容量瓶中,稀释至 40mL,加入 1mL 格里斯试剂 I,放置 10min。再加入 1mL 格里斯试剂 II 和 20g/L 醋酸钠溶液,显色后稀释至刻度,放置 10min 后,用分光光度计(波长 520nm)比色测定。用同一方法测定原始培养液中 NO_2^- 含量。

(3)土壤硝化速率的计算

计算公式如下:

$$NO_2^- \text{-N(mg/30mL)} = VxB \times 10^3 \tag{3-8}$$

式中 V——比色体积;

B——稀释倍数;

x——土壤的 NO_2^- 含量,mg/mL,由标准曲线查知可得。

$$u = \frac{(x_1 - x_2) \times 30 \times 10^6}{W \times 15 \times 24} \tag{3-9}$$

式中 u——土壤硝化速率,$\mu g/(kg \cdot h)$;

x_1,x_2——原始培养基中的 NO_2^- 量,培养后培养基的 NO_2^- 量;

W——土壤质量,10g;

15——培养天数。

3.4.2　土地利用变化下的土壤硝化作用

3.4.2.1　不同土地利用类型的土壤硝化速率

通过采样试验所得的平均值，分析不同土地利用方式下的土壤硝化速率（图 3-27）。在研究区，不同土壤深度的各土地利用类型的硝化速率大小规律相似。在 3 个不同的土壤深度，旱地（DL-DL）的土壤硝化速率均为最大值，而湿地（WL-WL）的硝化速率都为最小值。0～15cm 土壤深度，旱地（DL-DL）和湿地（WL-WL）的土壤硝化速率分别为 442.1μg/(kg·h) 和 244.8μg/(kg·h)。在 15～30cm 土壤深度，土壤硝化速率的最大值为 397.0μg/(kg·h)，低于土壤表层的硝化速率。而在 30～60cm 土壤深度，土壤硝化速率的最大值和最小值分别为 375.3μg/(kg·h) 和 133.4μg/(kg·h)。总体来看，集约化农区各土地利用类型的土壤硝化速率从大到小的顺序为：旱地（DL-DL）、湿转旱地（WL-DL）、旱转水田（DL-PL）、湿转水田（PL-WL）、草地（GL-GL）、林地（FL-FL）、林转旱地（FL-DL）和湿地（WL-WL）。旱地的土壤硝化速率显著高于其他类型（$p<0.05$），总体表现为旱地＞水田＞草地＞林地＞湿地。

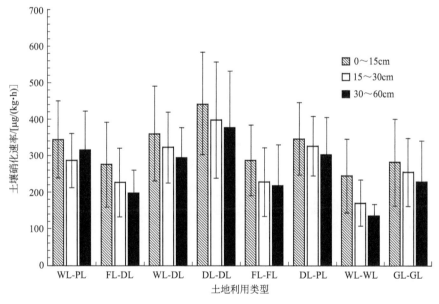

图 3-27　不同土地利用类型的土壤硝化速率

硝化作用是土壤 N_2O 的主要产生源，不同深度的土壤硝化速率差异明显。对于不同深度的土壤硝化速率，0～15cm 土壤深度明显大于其他深度（$p<0.001$），而 15～30cm 土壤深度的土壤硝化速率大于最低层土壤的（$p<0.05$）。由此可以看出，土壤硝化作用以土壤表层（0～15cm）最为明显。有研究表明，麦田土壤表层的硝化作用是土壤产生 N_2O 的主要途径，其贡献率为 88.3%（刘巧辉，2005）。土壤低层的硝化速率低，可能与土壤温度、含水量和有机质含量有关。随着土壤深度

的增加，土壤温度和含水量呈现下降的趋势。在本研究中，除湿地（WL-WL）土壤含水量较高外，其他土地利用类型的土壤含水量变化范围为 17%～40%。根据研究，土壤硝化作用在 17%～40% 含水量条件下受到的抑制作用不明显，而且在这种情况下有利于硝化与反硝化作用的同时进行。因此，在适宜的土壤含水量条件下，反硝化作用成为 N_2O 的另一个主要产生源。另外，有研究表明，硝化作用和反硝化作用在中等含水量条件下，对 N_2O 排放量的贡献率相当，但是含水量较高时，N_2O 的排放主要是反硝化作用的贡献（黄国宏 等，1999）。本研究湿地的含水量在 20%～80% 之间变化，在这种情况下硝化作用受到抑制，其硝化速率与其他土地利用类型相比就小得多（$p < 0.05$）。

不同土地利用类型的土壤硝化速率存在显著性差异（$p < 0.05$）。在本研究中，旱地的土壤硝化速率显著高于其他土地利用类型（$p < 0.05$）；其次是水田和草地，林地和湿地的土壤硝化速率最小。在土地利用变化过程中，大面积的湿地和林地被开垦为耕地，这就表明研究区在土地利用变化过程中，整体硝化速率呈现增加的趋势。本研究中的旱地硝化速率显著高于水田，此结论与许多研究中的结果一致。在土地利用方式对湿润亚热带土壤硝化作用的影响研究中，发现旱作方式对土壤硝化的促进作用最大，水稻种植对硝化作用的促进次之（蔡祖聪 等，2009）。同样，在西藏高原土地利用变化对土壤硝化作用的影响研究中，发现农田土壤的硝化势明显高于草原和森林土壤，其硝化势分别是森林和草原土壤硝化势的 9 倍和 11 倍（杨莉琳 等，2011）。草地、林地和湿地由于人工干扰和农业活动相对较少，环境中的碳氮可以随着季节的变化通过植被生长和枯落逐渐积累下来，并在其土壤中建立起有效的碳氮储备库，从而为稳定生态环境的持续发展和生态系统功能的发挥提供良好的基础。但是，当森林、草地和湿地生态系统被开垦为农田后，开始受到人类频繁的农业扰动（如耕作、灌溉、施肥等），土壤碳氮库及氮素循环将会发生明显的破坏（Yang et al.，2008）。随着土地利用的变化，自然生态系统逐渐转化为农田生态系统，导致土壤氮素循环由封闭式转化为开放式，从而土壤向环境中排放的氮增加，土壤环境风险增大，并威胁区域生态安全。

3.4.2.2 土壤温度的影响

根据研究中所测的土壤硝化速率与土壤温度，分析土壤温度对硝化速率的影响作用。从图 3-28 可以看出，两者呈现极显著的正相关关系（$p < 0.01$）。这说明在集约化农区，土壤温度对硝化速率的影响显著，是重要的影响因子之一。同时，本研究在此基础上，分析不同土地利用类型土壤温度对硝化速率的影响，对比不同土地利用方式下温度变化对氮转化的影响程度，从微生物活性角度为区域可持续发展提供科学基础。

图 3-29 是不同土地利用类型土壤温度与硝化速率之间的关系。通过分析发现，不同土地利用类型的土壤温度与硝化速率之间均呈现极显著正相关性（$p < 0.01$），

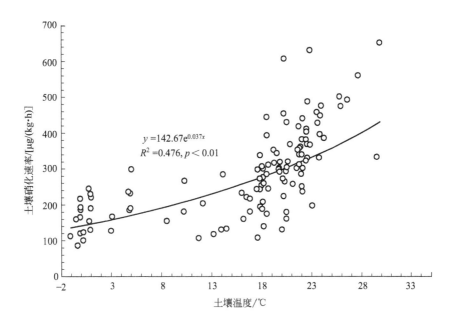

$$y = 142.67e^{0.037x}$$
$$R^2 = 0.476, p < 0.01$$

图 3-28　土壤温度对硝化速率的影响

两者的变化规律一致。从图 3-28 中可以看出，土壤温度较低时，两者之间的拟合效果较好；温度较高时，其拟合效果明显下降，且硝化速率的散点以拟合曲线为中心逐渐分散开来。尤其是对于旱地（DL-DL），其分散度更为明显。这说明温度低时，土壤硝化作用受温度变化的影响作用较大，但温度超过 18℃后土壤温度对其作用逐渐减小。拟合方程式(3-6)中系数 α 为 0℃时的土壤硝化速率，0℃时各土地利用类型的硝化速率大小顺序为旱地（DL-DL）＞旱转水田（DL-PL）＞湿转旱地（WL-DL）＞湿转水田（WL-PL）＞草地（GL-GL）＞林转旱地（FL-DL）＞林地（FL-FL）＞湿地（WL-WL）。

表 3-28 为各土地利用类型在不同深度的土壤温度与硝化速率的关系。从表 3-28 中可以看出，不同深度的土壤温度与硝化速率呈正相关关系。同时发现，对于湿转水田（WL-PL）、林转旱地（FL-DL）、湿转旱地（WL-DL）和林地（FL-FL），随着深度的增加，土壤温度对土壤硝化速率的解释能力增强。以林转旱地（FL-DL）为例，不同土壤深度（0～15cm、15～30cm 和 30～60cm）土壤温度与硝化速率之间的相关系数依次为 0.503、0.738 和 0.815，因而其土壤温度在不同深度对硝化速率的解释能力为 50.3％、73.8％和 81.5％。相反，对于旱地（DL-DL）、旱转水田（DL-PL）、湿地（WL-WL）和草地（GL-GL）四种土地利用类型，土壤温度对硝化速率的解释能力随着土壤深度的增加逐渐减弱。以旱地（DL-DL）为例，0～15cm、15～30cm 和 30～60cm 土壤深度的土壤温度与硝化速率的相关系数依次为 0.850、0.704 和 0.653，这表明 3 个土壤深度的解释能力分别为 85.0％、70.4％和 65.3％。

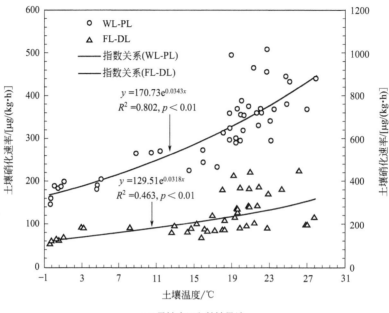

(a) 旱转水田和林转旱地

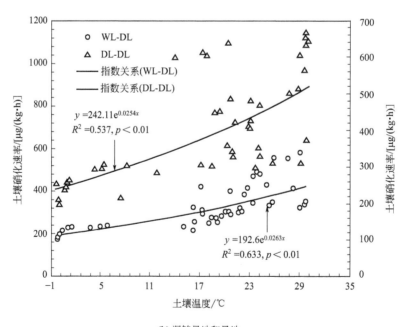

(b) 湿转旱地和旱地

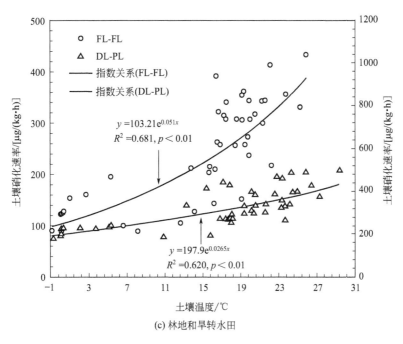

(c) 林地和旱转水田

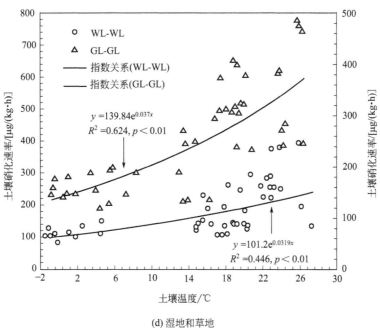

(d) 湿地和草地

图 3-29　不同土地利用类型土壤温度与壤硝化速率的关系

表 3-28　不同土地利用类型在不同深度的土壤温度与硝化速率的关系

土地利用类型	土壤深度/cm	方程	回归系数 R^2	显著相关性 p
湿转水田 （WL-PL）	0～15	$y=160.1\mathrm{e}^{0.038x}$	0.848	$p<0.01$
	15～30	$y=177.6\mathrm{e}^{0.027x}$	0.828	$p<0.01$
	30～60	$y=169.6\mathrm{e}^{0.042x}$	0.852	$p<0.01$
林转旱地 （FL-DL）	0～15	$y=171.1\mathrm{e}^{0.022x}$	0.253	$p>0.05$
	15～30	$y=123.0\mathrm{e}^{0.034x}$	0.545	$p<0.01$
	30～60	$y=113.9\mathrm{e}^{0.033x}$	0.664	$p<0.01$
湿转旱地 （WL-DL）	0～15	$y=199.7\mathrm{e}^{0.026x}$	0.582	$p<0.01$
	15～30	$y=206.7\mathrm{e}^{0.023x}$	0.591	$p<0.01$
	30～60	$y=186.3\mathrm{e}^{0.025x}$	0.663	$p<0.01$
旱地 （DL-DL）	0～15	$y=254.4\mathrm{e}^{0.025x}$	0.723	$p<0.01$
	15～30	$y=233.9\mathrm{e}^{0.026x}$	0.496	$p<0.01$
	30～60	$y=244.1\mathrm{e}^{0.023x}$	0.426	$p<0.05$
林地 （FL-FL）	0～15	$y=149.3\mathrm{e}^{0.035x}$	0.643	$p<0.01$
	15～30	$y=109.7\mathrm{e}^{0.045x}$	0.664	$p<0.01$
	30～60	$y=76.84\mathrm{e}^{0.067x}$	0.778	$p<0.01$
旱转水田 （DL-PL）	0～15	$y=194.0\mathrm{e}^{0.028x}$	0.759	$p<0.01$
	15～30	$y=217.6\mathrm{e}^{0.022x}$	0.608	$p<0.01$
	30～60	$y=185.9\mathrm{e}^{0.028x}$	0.529	$p<0.01$
湿地 （WL-WL）	0～15	$y=107.7\mathrm{e}^{0.040x}$	0.630	$p<0.01$
	15～30	$y=102.0\mathrm{e}^{0.028x}$	0.487	$p<0.05$
	30～60	$y=110.2\mathrm{e}^{0.012x}$	0.215	$p>0.05$
草地 （GL-GL）	0～15	$y=151.6\mathrm{e}^{0.033x}$	0.667	$p<0.01$
	15～30	$y=141.4\mathrm{e}^{0.037x}$	0.790	$p<0.01$
	30～60	$y=132.8\mathrm{e}^{0.037x}$	0.415	$p<0.01$

3.4.2.3　土壤含水量的影响

本研究中，不同土地利用类型土壤含水量的变化范围为 16%～70%。其中湿地和水田的土壤相对湿润，土壤含水量范围为 30%～70%；草地和林地次之；旱地土壤相对干燥，含水量范围为 17%～37%。图 3-30 为不同土地利用类型的土壤含水量与土壤硝化速率间的关系。由图 3-30 可以看出，土壤含水量与土壤硝化速率之间呈负相关关系，但相关关系不显著（$p>0.05$）。

通过分析不同土地利用方式下的土壤含水量与土壤硝化速率关系的研究（表 3-29），发现在研究区，不同土地利用类型的土壤含水量与硝化速率均没有显著的相关关系（$p>0.05$）。另外，林转旱地（FL-DL）、湿转旱地（WL-DL）、旱地（DL-DL）和林地（FL-FL）的土壤含水量与硝化速率呈正相关关系；而湿转水田（WL-PL）、

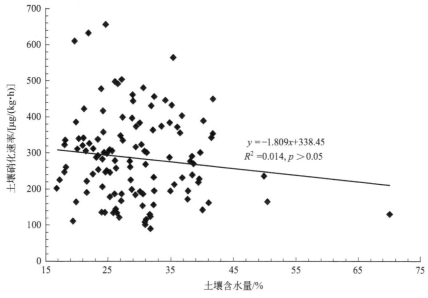

图 3-30　土壤含水量对硝化速率的影响

旱转水田（DL-PL）、湿地（WL-WL）和草地（GL-GL）的土壤含水量与硝化速率呈负相关关系。对于旱地（DL-DL）和林地（FL-FL），其含水量较小，研究表明，土壤水分含量较小的情况下，可以促进硝化作用（施振香 等，2009）。与旱地（DL-DL）相比，湿地和水田的土壤水分含量较高，随着水分的增加，土壤中的厌氧条件逐渐形成，硝化作用减弱。因此，在集约化农区不同土地利用类型的土壤含水量对硝化作用的影响较小。

表 3-29　不同土地利用类型土壤含水量与土壤硝化速率的关系

土地利用类型	方程	回归系数 R^2	显著相关性 p
湿转水田（WL-PL）	$y = -1.099x + 354.8$	0.004	$p > 0.05$
林转旱地（FL-DL）	$y = 8.321x + 14.37$	0.108	$p > 0.05$
湿转旱地（WL-DL）	$y = 2.842x + 250$	0.024	$p > 0.05$
旱地（DL-DL）	$y = 3.696x + 315.8$	0.004	$p > 0.05$
林地（FL-FL）	$y = 0.388x + 232.3$	0.001	$p > 0.05$
旱转水田（DL-PL）	$y = -4.226x + 467.8$	0.042	$p > 0.05$
湿地（WL-WL）	$y = -2.404x + 261.8$	0.147	$p > 0.05$
草地（GL-GL）	$y = -7.617x + 468.3$	0.018	$p > 0.05$

3.4.2.4　土壤理化性质的影响

硝化作用是一个复杂的微生物化学过程，它不仅受温度、土壤含水量的影响，而且受土壤总氮、硝态氮、pH 值等理化性质的影响。如图 3-31 所示，通过研究发现，土壤 pH 值、氮素含量和总碳含量均与土壤硝化作用呈显著的相关关系（$p < 0.01$）；同时，土壤硝化速率与 pH 值之间呈负相关关系，与其他理化性质呈正相关关系。

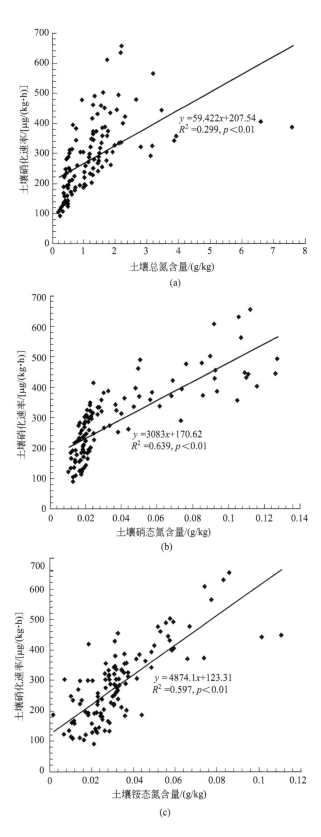

(a)

(b)

(c)

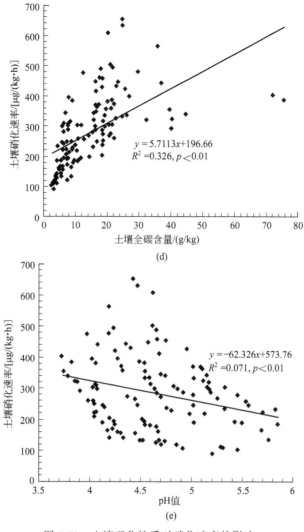

图 3-31　土壤理化性质对硝化速率的影响

　　土壤 pH 值对硝化作用具有重要的影响。在本研究中，研究区土壤 pH 值在 3.73～5.76 范围内变化，土壤呈酸性。之前许多研究表明，由于硝化细菌对酸性环境的适应，酸性条件有利于硝化作用（高永恒 等，2008）。硝态氮和铵态氮是两种主要的土壤速效氮，在衡量土壤氮素含量时，经常选用硝态氮和铵态氮进行表征。经过研究发现，很多大气中温室气体的排放和水环境富营养化等问题都是由于土壤硝态氮和铵态氮含量过多引起的（贾月慧 等，2005）。本研究中土壤总氮、硝态氮和铵态氮与土壤硝化作用均呈极显著的正相关关系（$p < 0.01$）（图 3-31）。特别是在集约化农区，大量施用化肥，以施入氮肥为主，从而导致有效氮特别是铵态氮含量升高，并引起硝化速率的增加。

　　表 3-30 为各土地利用类型硝化速率与土壤理化性质的相关系数。从表 3-30 中可以看出，各土地利用类型的硝化速率与各项理化性质指标均呈显著相关性（$p <$

0.05)。这说明在集约化农区，土壤理化性质对硝化速率的影响显著。尤其是在农业开发过程中，耕地面积显著增加，氮肥的施入对土壤硝化作用的影响更为强烈。

表 3-30　不同土地利用类型土壤硝化速率与土壤理化性质的相关关系

土地利用类型	全氮	硝态氮	铵态氮	总碳	pH 值
湿转水田(WL-PL)	0.928[①]	0.902[①]	0.665[①]	0.857[①]	−0.951[①]
林转旱地(FL-DL)	0.931[①]	0.946[①]	0.838[①]	0.933[①]	−0.972[①]
湿转旱地(WL-DL)	0.928[①]	0.950[①]	0.858[①]	0.919[①]	−0.930[①]
旱地(DL-DL)	0.973[①]	0.948[①]	0.974[①]	0.943[①]	−0.926[①]
林地(FL-FL)	0.820[①]	0.728[①]	0.744[①]	0.828[①]	−0.914[①]
旱转水田(DL-PL)	0.898[①]	0.841[①]	0.811[①]	0.826[①]	−0.965[①]
湿地(WL-WL)	0.909[①]	0.934[①]	0.915[①]	0.918[①]	−0.787[①]
草地(GL-GL)	0.928[①]	0.920[①]	0.870[①]	0.874[①]	−0.561[②]

① 相关性达到极显著水平（$p < 0.01$）。

② 相关性达到显著水平（$p < 0.05$）。

本研究通过土壤温度、含水量以及理化性质对硝化作用的影响，发现土壤温度、土壤理化性质和硝化速率呈现显著的相关关系。研究期间土壤温度的变化范围为 $-1.3 \sim 29.8℃$，结果显示在此阶段，随着土壤温度的上升，土壤硝化作用增强。国内有研究表明，土壤硝化作用的适宜温度范围为 $25 \sim 35℃$（刘巧辉，2005），国外研究表明在土壤水分为最大持水量的 60% 和温度为 30℃ 的条件下，最有利于土壤进行硝化作用（Dalias et al.，2002）。本研究区域由于常年气温偏低，年最高气温在 30℃ 左右，因此没有分析高于理论适宜温度后的硝化速率，无法确定研究区土壤硝化速率的最适宜温度。但本研究中的最大土壤硝化速率为 $652.0 \mu g/(kg \cdot h)$，出现在旱地土壤温度为 29.8℃ 的时候，这与上述学者研究结论一致。根据研究表明，在土壤中施加氮肥可以促进铵的释放（Mendum et al.，1999）。作为硝化作用的基质（施振香，2009），铵态氮对微生物活性和硝化作用均会产生刺激。因此，对于长期施肥的土壤，其硝化活性处于较高的状态，这也是农田比其他土地利用类型的土壤硝化作用强的重要原因之一。

3.4.3　农作物类型变化下的土壤硝化作用

3.4.3.1　样品采集

东北三江平原自 20 世纪 50 年代经历了多次农业开发，农业土地面积由 1949 年以前的 7870km² 增加到 2000 年的 47330km²，且每次农业开发均以增加粮食产量为目的。因此，三江平原已经成为我国重要的粮食生产基地，也成为我国的集约化农业区。为了满足粮食生产的需要，大量的自然植被逐渐由农业作物代替。本研究根据八五九农场 1979 年、1992 年、1999 年和 2012 年的遥感影像图进行不同农作物类型土壤样品的采集。根据植被类型结构的改变，最终选取 5 种农作物类型的土壤进行分析，分别为小叶章草甸/小叶章草甸/水稻/水稻（C/C/R/R）、落叶阔叶林/落叶阔叶林/玉米/玉米（B/B/M/M）、小叶章草甸/小叶章草甸/玉米/玉米（C/C/M/M）、玉米/玉米/玉米/玉米（M/M/M/M）和玉米/玉米/水稻/水稻（M/M/R/R）。详细的样品采样点信息见表 3-31。

表 3-31　土壤样品采样点信息描述

采样点	地理坐标	作物类型	土壤 TOC /(g/kg)	土壤 TN /(g/kg)	C/N 比	pH 值
1	47°33.093′N 134°22.574′E	C/C/R/R	1.57±0.65	1.72±0.73	9.52±0.64	6.07±0.22
2	47°24.069′N 133°58.267′E	B/B/M/M	1.63±0.83	1.90±0.99	10.12±0.27	5.60±0.21
3	47°27.769′N 133°59.075′E	C/C/M/M	1.91±0.62	2.04±0.69	10.96±0.48	5.97±0.19
4	47°30.136′N 134°01.157′E	M/M/M/M	1.70±0.99	1.91±0.88	10.32±1.36	5.71±0.40
5	47°28.697′N 134°09.719′E	M/M/R/R	1.54±0.57	1.81±0.61	9.77±1.09	6.02±0.22

研究中对不同农作物类型的土壤，进行不同深度的采样，分别选择 0～15cm、15～30cm 和 30～60cm 土壤深度。在每个采样点，于 2012 年 4 月 29 日、5 月 24 日、6 月 2 日、6 月 19 日和 7 月 2 日进行采样。每个样地均选择 3 个 1m×1m 采样样方，按 0～15cm、15～30cm 和 30～60cm 土壤深度分别走"S"形用土钻取 5 点土样混合；混合土样采用"四分法"，用无菌塑料袋保存，带回实验室后立即置于 4℃冰箱保存。因此，每种农作物类型的土壤硝化速率为 3 个平行样数据的平均值。

3.4.3.2　不同农作物类型的土壤硝化速率

通过采样试验所得的平均值，分析不同农作物类型的土壤硝化速率（图 3-32）。在研究区，不同土壤深度的各农作物类型的硝化速率大小变化规律相似（来雪慧等，2016）。在 3 个不同的土壤深度，玉米/玉米/玉米/玉米（M/M/M/M）的土壤硝化速率均为最大值，而落叶阔叶林/落叶阔叶林/玉米/玉米（B/B/M/M）土壤的硝化速率都为最小值。0～15cm 土壤深度，玉米/玉米/玉米/玉米（M/M/M/M）和落叶阔叶林/落叶阔叶林/玉米/玉米（B/B/M/M）的土壤硝化速率分别为 442.1μg/(kg·h) 和 275.4μg/(kg·h)。在 15～30cm 土壤深度中，土壤硝化速率的最大值为 397.0μg/(kg·h)，低于土壤表层的硝化速率；而在 30～60cm 土壤深度，土壤硝化速率的最大值和最小值为 375.3μg/(kg·h) 和 195.4μg/(kg·h)。总体来看，研究区各作物类型的土壤硝化速率从大到小的顺序为玉米/玉米/玉米/

玉米（M/M/M/M）、小叶章草甸/小叶章草甸/玉米/玉米（C/C/M/M）、玉米/玉米/水稻/水稻（M/M/R/R）、小叶章草甸/小叶章草甸/水稻/水稻（C/C/R/R）和落叶阔叶林/落叶阔叶林/玉米/玉米（B/B/M/M），同时玉米/玉米/玉米/玉米（M/M/M/M）的土壤硝化速率显著高于其他农作物类型土壤（$p < 0.05$）。

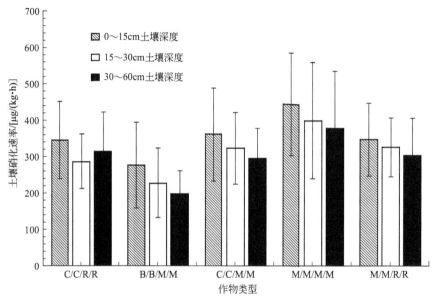

图 3-32　不同农作物类型在不同土壤深度的土壤硝化速率

不同农作物类型的土壤硝化速率之间存在显著性差异（$p < 0.05$）。在本研究中，玉米/玉米/玉米/玉米（M/M/M/M）的土壤硝化速率显著高于其他农作物类型（$p < 0.05$），其次是小叶章草甸/小叶章草甸/玉米/玉米（C/C/M/M）、玉米/玉米/水稻/水稻（M/M/R/R）、小叶章草甸/小叶章草甸/水稻/水稻（C/C/R/R），落叶阔叶林/落叶阔叶林/玉米/玉米（B/B/M/M）的土壤硝化速率最小。在农业开发过程中，大面积的湿地和林地被开垦为耕地，这就表明研究区在土地利用变化过程中，整体硝化速率呈现增加的趋势。本研究中的玉米土壤硝化速率显著高于水稻，此结论与许多研究中的结果一致。在土地利用方式对湿润亚热带土壤硝化作用的影响研究中，发现旱作方式对土壤硝化的促进作用最大，水稻种植对硝化作用的促进次之（蔡祖聪 等，2009）。农业开发前，小叶章草甸和落叶阔叶林由于人工干扰和农业活动相对较少，环境中的碳氮可以随着季节的变化通过植被生长和枯落逐渐积累下来，并在其土壤中建立起有效的碳氮储备库，从而为稳定生态环境的持续发展和生态系统功能的发挥提供良好的基础。但是，当森林、草地和湿地生态系统被开垦为农田后，开始受到人类频繁的农业扰动（如耕作、灌溉、施肥等），土壤碳氮库及氮素循环会发生明显的破坏（Yang et al.，2008）。

3.4.3.3　土壤温度和含水量的影响

图 3-33 是不同农作物类型土壤温度与硝化速率之间的关系。通过分析发现，

不同农作物类型的土壤温度与硝化速率之间均呈极显著正相关性（$p < 0.01$），两者的变化规律一致。从图 3-23 中可以看出，土壤温度较低时，两者之间的拟合效果较好；温度较高时，其拟合效果明显下降，且硝化速率的散点以拟合曲线为中心逐渐分散开来。尤其是对于玉米/玉米/玉米/玉米（M/M/M/M），其分散度更为明显。这说明温度低时，土壤硝化作用受温度变化的影响作用较大，但温度超过 18℃后，土壤温度对其作用逐渐减小。

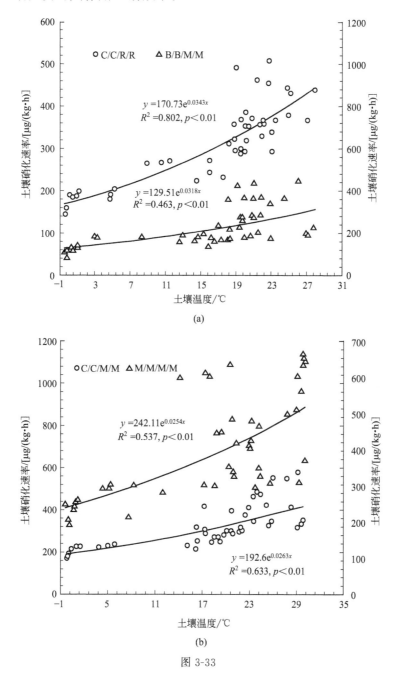

图 3-33

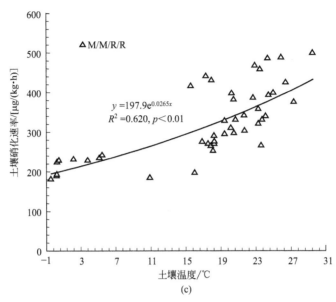

图 3-33 不同农作物类型土壤温度与硝化速率的相关关系

表 3-32 为农作物类型在不同深度土壤温度与硝化速率的关系。从中可以看出，不同深度的土壤温度与硝化速率呈正相关关系。同时发现，对于小叶章草甸/小叶章草甸/水稻/水稻（C/C/R/R）、落叶阔叶林/落叶阔叶林/玉米/玉米（B/B/M/M）和小叶章草甸/小叶章草甸/玉米/玉米（C/C/M/M），随着深度的增加，土壤温度对土壤硝化速率的解释能力增强。以落叶阔叶林/落叶阔叶林/玉米/玉米（B/B/M/M）为例，不同土壤深度（0～15cm、15～30cm 和 30～60cm）土壤温度与硝化速率之间的相关系数依次为 0.503、0.738 和 0.815，因而其土壤温度在不同深度对硝化速率的解释能力为 50.3%、73.8% 和 81.5%。相反，对于玉米/玉米/玉米/玉米（M/M/M/M）和玉米/玉米/水稻/水稻（M/M/R/R）两种类型，土壤温度对硝化速率的解释能力随着土壤深度的增加逐渐减弱。以玉米/玉米/玉米/玉米（M/M/M/M）为例，0～15cm、15～30cm 和 30～60cm 深度的土壤温度与硝化速率的相关系数依次为 0.850、0.704 和 0.653，这表明三个土壤深度的解释能力分别为 85.0%、70.4% 和 65.3%。

表 3-32 不同土壤深度的土壤温度与硝化速率的关系

作物类型	土壤深度/cm	方程	回归系数 R^2	显著相关性 p
C/C/R/R	0～15	$y = 160.1e^{0.038x}$	0.848	$p < 0.01$
	15～30	$y = 177.6e^{0.027x}$	0.828	$p < 0.01$
	30～60	$y = 169.6e^{0.042x}$	0.852	$p < 0.01$
B/B/M/M	0～15	$y = 171.1e^{0.022x}$	0.253	$p > 0.05$
	15～30	$y = 123.0e^{0.034x}$	0.545	$p < 0.01$
	30～60	$y = 113.9e^{0.033x}$	0.664	$p < 0.01$

续表

作物类型	土壤深度/cm	方程	回归系数 R^2	显著相关性 p
	0～15	$y=199.7\mathrm{e}^{0.026x}$	0.582	$p<0.01$
C/C/M/M	15～30	$y=206.7\mathrm{e}^{0.023x}$	0.591	$p<0.01$
	30～60	$y=186.3\mathrm{e}^{0.025x}$	0.663	$p<0.01$
	0～15	$y=254.4\mathrm{e}^{0.025x}$	0.723	$p<0.01$
M/M/M/M	15～30	$y=233.9\mathrm{e}^{0.026x}$	0.496	$p<0.01$
	30～60	$y=244.1\mathrm{e}^{0.023x}$	0.426	$p<0.05$
	0～15	$y=194.0\mathrm{e}^{0.028x}$	0.759	$p<0.01$
M/M/R/R	15～30	$y=217.6\mathrm{e}^{0.022x}$	0.608	$p<0.01$
	30～60	$y=185.9\mathrm{e}^{0.028x}$	0.529	$p<0.01$

通过分析不同农作物类型的土壤含水量与土壤硝化速率关系的研究（表3-33），发现在研究区，不同作物类型的土壤含水量与硝化速率均没有显著的相关关系（$p>0.05$）。另外，落叶阔叶林/落叶阔叶林/玉米/玉米（B/B/M/M）、小叶章草甸/小叶章草甸/玉米/玉米（C/C/M/M）和玉米/玉米/玉米/玉米（M/M/M/M）的土壤含水量与硝化速率呈正相关关系；而小叶章草甸/小叶章草甸/水稻/水稻（C/C/R/R）和玉米/玉米/水稻/水稻（M/M/R/R）的土壤含水量与硝化速率呈负相关关系。对于玉米/玉米/玉米/玉米（M/M/M/M），其含水量较小，通过研究表明，土壤水分含量较小的情况下，可以促进硝化作用（施振香 等，2009）。与玉米/玉米/玉米/玉米（M/M/M/M）相比，小叶章草甸/小叶章草甸/水稻/水稻（C/C/R/R）和玉米/玉米/水稻/水稻（M/M/R/R）的土壤水分含量较高，随着水分的增加，土壤中的厌氧条件逐渐形成，硝化作用减弱。因此，在集约化农区不同农作物类型的土壤含水量对硝化作用的影响较小（表3-33）。

表 3-33　土壤含水量与土壤硝化速率的关系

作物类型	方程	回归系数 R^2	显著相关性 p
C/C/R/R	$y=-1.099x+354.8$	0.004	$p>0.05$
B/B/M/M	$y=8.321x+14.37$	0.108	$p>0.05$
C/C/M/M	$y=2.842x+250$	0.024	$p>0.05$
M/M/M/M	$y=3.696x+315.8$	0.004	$p>0.05$
M/M/R/R	$y=-4.226x+467.8$	0.042	$p>0.05$

3.4.3.4　土壤理化性质的影响

硝化作用是一个复杂的微生物化学过程，它不仅受温度、土壤含水量的影响，而且受土壤总氮、硝态氮、pH 值等理化性质的影响。如图 3-34 所示，通过研究发现，土壤 pH 值、氮素含量和总碳含量均与土壤硝化作用呈显著的相关关系（$p<0.01$）。同时，土壤硝化速率与 pH 值呈负相关关系，与其他理化性质呈正相关关系。

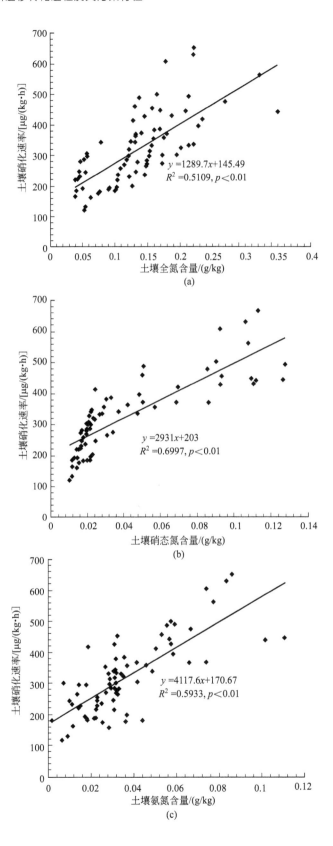

(a)

(b)

(c)

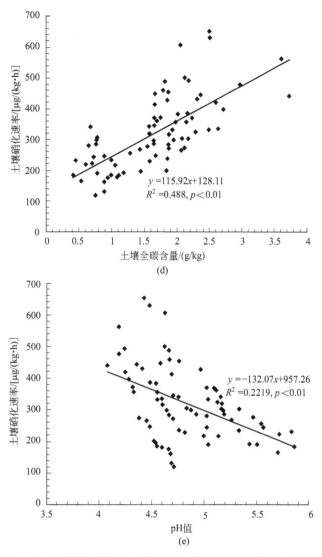

图 3-34　不同农作物类型土壤理化性质对土壤硝化作用的影响

　　土壤 pH 值对硝化作用具有重要的影响。在本研究中，研究区土壤 pH 值在 3.73～5.76 范围内变化，土壤呈酸性。之前许多研究表明，由于硝化细菌对酸性环境的适应，酸性条件有利于硝化作用（高永恒 等，2008）。硝态氮和铵态氮是两种主要的土壤速效氮，在衡量土壤氮素含量时经常选用硝态氮和铵态氮进行表征。经过研究发现，很多大气中温室气体的排放和水环境富营养化等问题都是由于土壤硝态氮和铵态氮含量过多引起的（贾月慧 等，2005）。本研究中土壤总氮、硝态氮和铵态氮与土壤硝化作用均呈极显著的正相关关系（$p < 0.01$）（图 3-34）。特别是在集约化农区，大量施用化肥，以施入氮肥为主，从而导致有效氮特别是铵态氮含量升高，并引起硝化速率的增加。

　　表 3-34 为不同农作物类型硝化速率与土壤理化性质的相关系数。从中可以看

出，各作物类型的硝化速率与各项理化性质指标均呈显著相关性（$p < 0.01$）。这说明在研究区，土壤理化性质对硝化速率的影响显著。尤其是在农业开发过程中，耕地面积显著增加，氮肥的施入对土壤硝化作用的影响更为强烈。

表 3-34　土壤硝化速率与土壤 TN、$NO_3^- -N$、$NH_4^+ -N$、TOC 和 pH 值的相关关系

作物类型	TN	$NO_3^- -N$	$NH_4^+ -N$	TOC	pH 值
C/C/R/R	0.928[①]	0.902[①]	0.665[①]	0.857[①]	−0.951[①]
B/B/M/M	0.931[①]	0.946[①]	0.838[①]	0.933[①]	−0.972[①]
C/C/M/M	0.928[①]	0.950[①]	0.858[①]	0.919[①]	−0.930[①]
M/M/M/M	0.973[①]	0.948[①]	0.974[①]	0.943[①]	−0.926[①]
M/M/R/R	0.898[①]	0.841[①]	0.811[①]	0.826[①]	−0.965[①]

① 相关性达到显著水平（$p < 0.01$）。

第4章 土水界面的氮磷迁移研究

4.1 不同下垫面降雨径流污染特征研究

4.1.1 样品采集和实验方法

根据三江平原区域下垫面的特点和雨水样品的采集原则，本研究选择了两类不同下垫面的集水口作为样品采集点，分别为硬质屋面雨水竖排管口和沥青路面集水井口。由于考虑到实验的方便性，10 个采样点分布在以八五九农场实验室为中心的 100m 范围内。

研究区每年 6～8 月为降雨高峰期，本研究在此期间对日间降雨产生的地表径流共进行 4 次集中采样，两类不同下垫面的雨水样品分别为 140 个，每个样品测试 3 次，取平均值进行分析。采样时间从径流形成开始计为 0min，之后分别在 10min、20min、30min、40min、50min、70min、100min 时采集 1 个样品，将所采集的水样保存于聚乙烯瓶。在采样时，如果降雨暂停或所形成的径流很小而难以收集水样，则采样暂停，待降雨及其形成的径流增大再接着采样。降雨暂停或所形成的径流很小的时间不计入降雨或产流时间，在取样累计时间时应该将这段时间予以扣除，并准确记录降雨间隙的开始时间与结束时间。

采集的径流水样及时送至实验室并于 24h 内进行水质指标分析。监测指标主要有 COD_{Cr}、$NH_3\text{-}N$、TN、$NO_3^-\text{-}N$、TP 和重金属（Zn 和 Cu），具体的水质指标分析方法见表 4-1。

表 4-1 径流水样中水质指标分析方法

水质指标	测定方法
COD_{Cr}	《快速消解分光光度法》（HJ/T 399—2007）
$NH_3\text{-}N$	《纳氏试剂分光光度法》（HJ 535—2009）
$NO_3^-\text{-}N$	《紫外分光光度法》（HJ/T 346—2007）

水质指标	测定方法
TN	《碱性过硫酸钾消解紫外分光光度法》(HJ 636—2012)
TP	《钼酸铵分光光度法》(GB/T 11893—89)
Zn、Cu	《原子吸收分光光度法》(GB 7475—87)

根据国内外文献查阅，在场次降雨径流中所产生的污染物负荷通常采用 EMC 指标（US EPA，1983）进行量化。EMC 指一场降雨径流事件全过程中排放的污染物平均浓度，其计算方法如下（Kim et al.，2007；欧阳威 等，2010）：

$$EMC = \frac{M}{V} = \frac{\int_0^t C_t Q_t \, dt}{\int_0^t Q_t \, dt} = \frac{\sum C_t Q_t \Delta t}{\sum Q_t \Delta t} \tag{4-1}$$

式中　M——整个降雨过程中某种污染物的总含量，g；

　　　V——相对应的总径流量，m^3；

　　　t——总的径流时间，min；

　　　C_t——随时间变化的污染物含量，mg/L；

　　　Q_t——随时间变化的径流速率，m^3/min；

　　　Δt——不连续的时间间隔。

由于实测中无法监测污染物的连续浓度数据，所以在实际计算过程中用某一时刻的污染物质浓度来代替其所在时间段的浓度。

4.1.2　不同下垫面降雨径流污染负荷

4.1.2.1　不同下垫面径流污染输出规律

通过对两类不同下垫面条件下的降雨径流水质监测，对 7 个指标的污染物平均浓度历时变化进行分析，见图 4-1。

由图 4-1 可以看出，两种下垫面条件下不同污染物的浓度均具有随着时间的变化逐渐减小的规律。降雨初期污染物浓度较高，但由于冲刷效应，污染物浓度明显下降。硬质屋面和沥青路面的 COD_{Cr} 平均浓度在降雨初期为 293.5mg/L，超出国家《地表水环境质量标准》（GB 3838—2002）中的 V 类标准 7 倍多，在经历 50min 后浓度下降为初期的 26% 左右，经历 100min 后浓度已经下降至 43.5mg/L，但仍超出 V 类标准中的 40mg/L。两种下垫面条件下 TN 的平均浓度为 9.8mg/L，超过国家标准中的 V 类标准将近 5 倍，在经历 100min 的冲刷后浓度下降为初期的 33.7%。NH_3-N、NO_3^--N 和 TP 浓度略超出 V 类标准，经过雨水冲刷后达到 III 类标准。Cu 和 Zn 的平均浓度在降雨初期达到国家 II 类标准。

另外，硬质屋顶径流中除 COD_{Cr} 和 Cu 外，其他 5 类污染物的初始浓度都要低于其在沥青路面径流中的浓度，这说明硬质屋顶对这些污染物质的削减作用强于沥

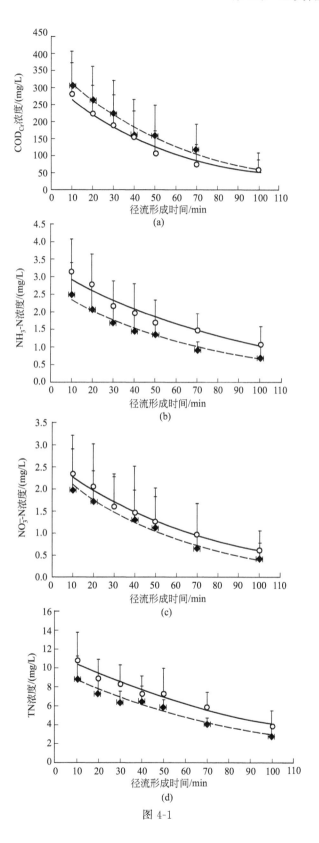

图 4-1

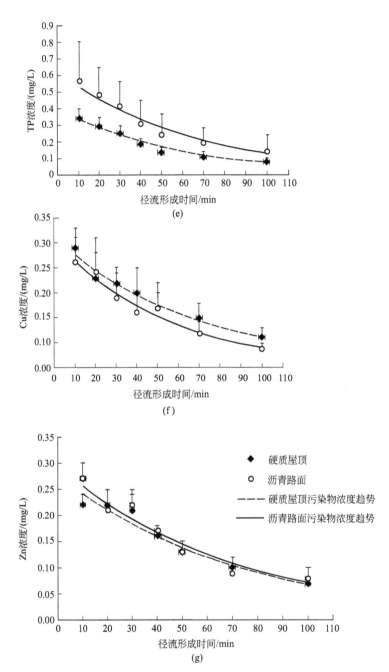

图 4-1 降雨径流中各污染物平均浓度的历时变化规律

青路面。硬质屋顶 COD_{Cr} 浓度高于沥青路面，这与降雨对路面的冲刷、地表的清洁状况以及污染物的化学特性等有关。

4.1.2.2 降雨径流污染负荷分析

根据降雨径流污染负荷的计算方法，表 4-2 为实测不同下垫面条件下的径流污染物 EMC 值。

表 4-2　太原工业区实测不同下垫面条件下的降雨径流 *EMC* 值　单位：mg/L

日期	下垫面条件	COD$_{Cr}$	NH$_3$-N	NO$_3^-$-N	TN	TP	Cu	Zn
2014.6.18	硬质屋面	238.2	0.95	0.50	4.61	0.17	0.13	0.13
	沥青路面	219.0	2.05	0.77	6.78	0.44	0.06	0.16
2014.7.4	硬质屋面	144.3	1.84	1.62	6.14	0.19	0.14	0.15
	沥青路面	107.8	2.44	2.18	8.50	0.31	0.13	0.14
2014.7.23	硬质屋面	162.2	1.49	1.29	5.93	0.18	0.12	0.11
	沥青路面	128.1	1.68	1.36	7.01	0.21	0.11	0.14
2014.8.28	硬质屋面	65.0	0.9	0.69	3.86	0.13	0.09	0.15
	沥青路面	58.1	1.0	0.70	4.17	0.17	0.10	0.12

由表 4-2 可以看出，硬质屋面和沥青路面条件下的 COD$_{Cr}$ 和 TN 具有较高的污染强度。COD$_{Cr}$ 在本文监测到的第 1 次降雨事件中的径流污染最为严重，硬质屋面和沥青路面径流中的 COD$_{Cr}$ 浓度 *EMC* 值分别为 238.2mg/L 和 219.0mg/L，与《地表水环境质量标准》中的 V 类标准相比，分别超标 6 倍和 5.5 倍。而 TN 在表 4-2 中的第 2 次降雨中径流污染最为严重，两种下垫面条件下的浓度 *EMC* 值分别高达 6.14mg/L 和 8.50mg/L，超出国家 V 类标准的 3～5 倍，同时沥青路面的浓度高于硬质屋面。TP、Cu 和 Zn 的污染浓度 *EMC* 值较低，均符合 IV 类标准以下。

4.1.2.3　降雨径流对污染物质的冲刷效应

通过对 4 场降雨时间在两类不同下垫面条件下的径流污染物流出规律进行综合分析得知，对于硬质屋面和沥青路面，降雨径流对其污染物的冲刷效应相近，这可能是由于两者的透水率类似，导致雨水下渗能力和产生的径流量也差不多，从而对累积污染物质的冲刷力也相似。另外，硬质屋面和沥青路面下垫面上污染物质的初始冲刷效应较为明显，随着降雨历时的延长，污染物浓度逐渐降低，整个 100min 的径流时间运移 50% 的污染负荷，这与其他区域的研究结果（李春荣 等，2013）基本一致。与硬质屋面相比，沥青路面的径流冲刷效应更为显著。通过径流可以去除超过 50% 以上的污染物，尤其是对于 COD$_{Cr}$ 和重金属的去除。表 4-3 为利用 4 次实验样品的 *EMC* 与径流时间所得的相关关系，通过分析发现 7 类污染物随着径流时间均具有相似的变化规律，且均符合指数回归方程，相关系数均在 0.98 以上。降雨前的干期污染物进行积累，降雨初期由于雨水冲刷使得污染物进行汇聚，随着降雨历时的延续，下垫面经过冲刷，污染物浓度逐渐降低并趋于平稳。

4.1.3　径流污染与其他区域的比较

根据已有的研究，以八五九农场硬质屋面和沥青路面降雨径流水质的平均 *EMC* 值与杭州、福州、东莞以及厦门 4 个城市的降雨径流水质加以比较，如表 4-4 所列。

表 4-3　太原工业区不同下垫面条件下降雨径流对污染物（EMC）的冲刷作用

污染物	硬质屋面		沥青路面	
	方程	R^2	方程	R^2
COD_{Cr}	$y=328.98e^{-0.008x}$	0.9987	$y=304.6e^{-0.009x}$	0.9955
$NH_3\text{-}N$	$y=2.6294e^{-0.007x}$	0.9939	$y=3.2907e^{-0.006x}$	0.9884
$NO_3^-\text{-}N$	$y=2.1726e^{-0.007x}$	0.9930	$y=2.4974e^{-0.007x}$	0.9975
TN	$y=9.1787e^{-0.006x}$	0.9938	$y=11.075e^{-0.005x}$	0.9910
TP	$y=0.3773e^{-0.008x}$	0.9964	$y=0.6074e^{-0.008x}$	0.9954
Cu	$y=0.2512e^{-0.007x}$	0.9922	$y=0.23e^{-0.008x}$	0.9951
Zn	$y=0.2429e^{-0.005x}$	0.9719	$\cdot y=0.2987e^{-0.009x}$	0.9798

表 4-4　研究区与其他区域降雨径流污染物负荷 EMC 的对比　　　　单位：mg/L

地点	污染物 EMC 值						
	COD_{Cr}	$NH_3\text{-}N$	$NO_3^-\text{-}N$	TN	TP	Cu	Zn
研究区	140.4	1.55	1.14	5.88	0.23	0.11	0.14
杭州	239.8	1.36	—	—	0.79	—	—
福州	119.349	3.865	—	6.415	0.189	—	—
东莞	221.45	5.51	—	12.19	2.99	0.32	3.45
厦门	—	0.73	2.38	4.58	0.39	—	—

注："—"表示无数据。

　　根据表 4-4 可知，研究区降雨径流中各污染物的浓度均低于东莞。主要原因可能是研究区与东莞在经济发展方面的侧重点不同，研究区以农业为主，东莞主要发展工业，导致区域受到的降雨径流污染较小。同时，与福州相比，研究区的 COD_{Cr} 和 TP 浓度偏高，而各种形态氮浓度偏低。相反，区域内各种形态的氮浓度却高于杭州和厦门，这说明八五九农场降雨径流中主要受到氮污染。另外，相对于杭州和厦门沿海城市，年降雨量大，雨季降水丰富，即使大量的氮污染物沉积于城市下垫面，但仍然能够通过雨水的冲刷而不至于大量积累。值得注意的是，对于大多数城市来说，在降雨径流水质监测中重金属污染小，甚至低于检测限。本书中，除东莞市 Zn 的浓度超过国家《地表水环境质量标准》（GB 3838—2002）中Ⅴ类标准的 1 倍多，其他均符合Ⅱ类标准。

4.2　流域降雨地表径流的氮磷流失研究

4.2.1　流域概况

　　研究小流域选取位于三江平原八五九农场的阿布胶河流域（47.25°N，134.02°E），流域面积为 142.5km²，属于季节性河流。流域多年来，湿地和林地被开垦为旱地和水田（Wang et al.，2010）。阿布胶河海拔由西向东从 129m 下降至 38m。年平均降水量为 583.18mm，降水主要集中在 5～9 月（Ouyang et al.，2012），期间降水量占多年平均年降水量的 75% 多。

4.2.2　采样点选择

根据流域内土地利用数据选择降雨径流采样点（表 4-5）（Lai et al.，2015）。土地利用的空间分布图是根据 2009 年 5 月 20 日的 LANDSAT TM 影像解释获得的。阿布胶河流域的土地利用类型主要由旱地、水田、湿地和林地组成，分别为总流域面积的 24.14%、32.04%、11.79% 和 25.35%（Ouyang et al.，2012）。在不同的土地利用类型选择 7 个采样点，流域内土壤类型以白浆土为主。

表 4-5　采样点的基本概况

样点编号	地理坐标	土地利用类型	植被类型
1	47°24.317′N,134°02.219′E	林地	阔叶林
2	47°24.676′N,134°02.569′E	旱地	玉米
3	47°25.037′N,134°03.567′E	林地	阔叶林
4	47°25.326′N,134°03.688′E	旱地	玉米
5	47°25.800′N,134°05.672′E	水田	水稻
6	47°26.242′N,134°09.619′E	水田	水稻
7	47°26.561′N,134°19.953′E	湿地	草甸

表 4-6 为流域的土地利用类型、面积和土壤理化性质。从表 4-6 中可以看出，TN、AN 和 TP 含量以湿地中最高，有效磷含量以旱地中最高。

表 4-6　农业区小流域土地利用类型、面积及土壤理化指标

土地利用类型	面积/km²	比例/%	土壤理化性质值				
			pH 值	TN 含量/(g/kg)	AN 含量/(mg/kg)	TP 含量/(g/kg)	AP 含量/(mg/kg)
旱地	34.38	24.13	5.73±0.26	2.58±0.60	247.22±60.30	0.91±0.27	28.77±14.03
水田	45.58	31.99	6.00±0.22	2.15±0.49	223.39±42.43	0.88±0.10	12.01±4.29
林地	36.21	25.41	5.72±0.20	3.18±0.50	274.52±26.49	0.84±0.37	9.08±2.39
湿地	16.78	11.78	5.76±0.67	6.54±4.98	381.72±205.27	1.36±0.78	17.00±9.06
水体及其他	9.53	6.69	—	—	—	—	—
合计	142.48	100.00	—	—	—	—	—

注："—"表示无数据。

4.2.3　径流样品采集和实验分析

图 4-2 为流域自 1964～2012 年年降水量，图 4-3 为 2012 年日降水量，可以看

出降雨主要集中在 7～9 月，2012 年 6 月降水也较多。研究中考虑到作物生长情况，选择在 4～8 月收集 6 次降雨事件的径流样品。

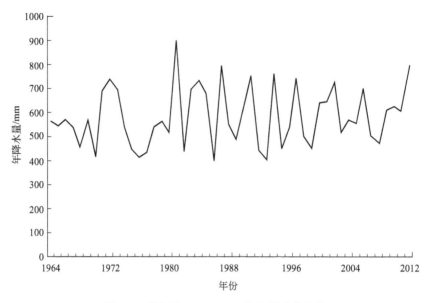

图 4-2　研究区 1964～2012 年年降水量变化

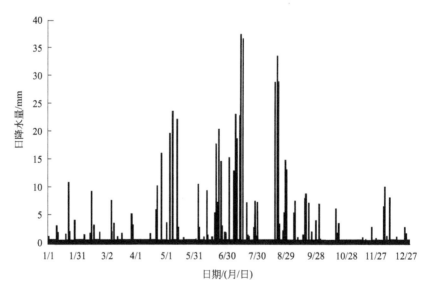

图 4-3　研究区 2012 年日降水量

　　表 4-7 为采样日期和降水情况。降雨产生地表径流后，按照表 4-5 中所示 7 个采样点采集旱地、水田、林地和湿地的地表径流样品。在每个采样点降雨期内按照一定时间间隔进行径流样品采集，地表径流形成后 30min 内，每隔 5min 采集一次；30～60min 内每 10min 采集一次，60min 后每 30min 采集一次，直至径流消失或所形成的径流很小而难以收集水样。

表 4-7　采样日期的降雨基本数据

日期/(月/日)	降水量/mm	降雨强度
04/26	16.0	大雨
05/05	19.6	大雨
05/08	23.6	大雨
06/11	9.4	中雨
07/11	18.5	大雨
08/29	13.0	中雨

采集水样后，在室内将各时段的水样混合后取 250mL，在 4℃条件下保存 8～24h，水样中的 TN 通过碱性过硫酸钾消解紫外分光光度法测定；通过水杨酸-次氯酸盐光度法和酚二磺酸分光光度法测定水样的 NH_4^+-N 和 NO_3^--N 含量；通过钼锑抗分光光度法测定 TP 含量。利用 Excel 和 SPSS 等工具进行绘图以及布尔森相关系数（Pearson correlation coefficients）分析。

4.2.4　模型方法

4.2.4.1　降雨径流估算

SCS-CN（降雨径流）模型是由美国水土保持局在 1956 年提出的估算农业小流域地表径流量最常用的模型。该模型根据不同土壤和植被条件下的降雨量，对流域降雨、土壤类型和土地利用方式等因素综合考虑后，针对不同土地利用条件下的下垫面径流量进行计算（Boughton et al.，2003）。其模型计算如下：

$$P = I_a + F + Q \tag{4-2}$$

$$\frac{Q}{P - I_a} = \frac{F}{S} \tag{4-3}$$

$$I_a = \lambda S \tag{4-4}$$

式中　P——降雨量，mm；

　　　I_a——初损量，mm；

　　　F——实际保持量，mm；

　　　Q——实际径流深度，mm；

　　　S——潜在最大保持量，mm；

　　　λ——初损率。

式(4-2)～式(4-4)结合得到 Q 的表达式：

$$\begin{cases} Q = \dfrac{(P - 0.2S)^2}{(P + 0.8S)} & (P \geqslant 0.2S) \\ Q = 0 & (P < 0.2S) \end{cases} \tag{4-5}$$

由于流域潜在最大保持量 S 与土地利用方式、土壤类型等下垫面的诸多因素具有密切的关系，为了更好地确定 S，在降雨径流模型中引入了 CN 值，其计算公式如下：

$$S = \frac{25400}{CN} - 254 \qquad (4\text{-}6)$$

众多研究表明，SCS 模型中的 CN 值在理论上的取值范围为 $0\sim100$（Ponce et al.，1996）。但由于确定 CN 值时需要考虑水文土壤、土壤类型以及管理方式等因素，因此，根据之前研究表明，CN 值在实际情况中的取值范围为 $30\sim100$。

4.2.4.2 CN 值的确定

CN 值可以由经验公式确定，SCS-CN 模型统计了小流域不同土地利用类型 CN 曲线的标准值和 HSG 值。HSG 值反映了不同土壤类别土壤的渗透性和地表径流潜力，其中指出土壤分类的标准范围从 A（对应于高入渗率的砂土和聚集的粉砂）到 D（对应于低入渗率的湿胀土）类，具体见表 4-8。

表 4-8 HSG 指标特征

HSG	地表径流潜力	最终渗入速率/(mm/h)	渗透率/(mm/h)	土壤质地
A	低	25	>7.6	砂土，壤砂土，砂壤土
B	适度低	13	3.8~7.6	粉砂，亚黏土
C	适度高	6	1.3~3.8	砂质黏壤土
D	高	3	<1.3	黏壤土，粉砂黏壤土，砂质黏土，粉砂黏土，黏土

三个 AMCs 分别定义土壤水分状况为干度（水分下限）、中度（正常或平均土壤水分状况）和湿度（水分上限），标记为 AMC Ⅰ、AMC Ⅱ 和 AMC Ⅲ（Xu et al.，2006）。

表 4-9 为土壤前期水分状况的分级标准。

表 4-9 土壤前期水分分级类别

前期水分条件	前 5 天降水量/mm	
	生长季	休止期
AMC Ⅰ	<13	>28
AMC Ⅱ	13~28	36~53
AMC Ⅲ	>28	>53

AMC Ⅱ（$CN_{\text{Ⅱ}}$）的 CN 值由 SCS-CN 手册提供，AMC Ⅰ（$CN_{\text{Ⅰ}}$）的 CN 值和 AMC Ⅲ（$CN_{\text{Ⅲ}}$）的 CN 值可由下列公式计算（Bhaduri et al.，2000）：

$$CN_{\text{Ⅰ}} = 4.2CN_{\text{Ⅱ}} / (10 - 0.058CN_{\text{Ⅱ}}) \qquad (4\text{-}7)$$

$$CN_{\text{Ⅲ}} = 23CN_{\text{Ⅱ}} / (10 + 0.13CN_{\text{Ⅱ}}) \qquad (4\text{-}8)$$

本研究根据 SCS-CN 模型，确定阿布胶河流域不同土地利用类型和土壤质地类型的 CN 值。阿布胶河流域的土壤类型以轻黏土或重黏土为主，因此其 HSG 归为

D 类土壤。在前期研究的基础上（Liu et al.，2005），确定阿布胶河流域旱地、水田、林地和湿地的 CN_{II} 分别为 90、86、79 和 89。由于 6 次降雨事件中前 5 天降雨量不同，因此通过式(4-7) 和式(4-8) 确定 CN_I 和 CN_{III}。

表 4-10 为阿布胶河流域不同土地利用类型的 CN 值。

表 4-10　阿布胶河流域不同土地利用类型的 CN 值

CN	旱地	水田	林地	湿地
CN_I	79	72	61	77
CN_{II}	90	86	79	89
CN_{III}	95	93	90	95

4.2.4.3　流域氮磷径流负荷的计算

在一场降雨或者一年中的多场降雨中，由于地表径流引起的污染物排放总量为地表径流污染负荷。按照污染负荷的概念和计算方法，计算降雨污染负荷的表达式如下（赵剑强，2002）：

$$L_i = \int_0^{T_i} C_{t,i} Q_{t,i} \mathrm{d}t \tag{4-9}$$

式中　L_i——第 i 场降雨的污染负荷，g；

　　　$C_{t,i}$——降雨过程中地表径流污染物的瞬时浓度，mg/L；

　　　$Q_{t,i}$——径流量，m³/s；

　　　T_i——降雨时间，s。

在实际的地表径流监测时，很难做到连续监测，所以污染物负荷也可以通过式(4-10) 计算，其表达式为：

$$L_i = \sum_{j=1}^n C_{j,i} V_{j,i} \tag{4-10}$$

式中　$C_{j,i}$——第 i 场降雨第 j 时间段污染物浓度，mg/L；

　　　$V_{j,i}$——第 i 场降雨第 j 时间段污染物径流体积，m³；

　　　n——降雨时间内的分段数。

4.2.5　结果分析

4.2.5.1　总氮流失特征

2012 年 4~8 月 6 次自然降水期间，不同土地利用类型地表径流样品中的 TN 浓度见图 4-4。

由图 4-4 可见，6 次降水径流中，水田地表径流的 TN 浓度高于其他土地利用类型。四种土地利用类型的平均地表径流 TN 浓度由高到低依次为：水田（18.39mg/L）＞湿地（15.05mg/L）＞旱地（12.61mg/L）＞林地（11.45mg/L）。水田降水径流中的 TN 浓度分别与旱地和林地中的径流 TN 浓度存在显著性差异

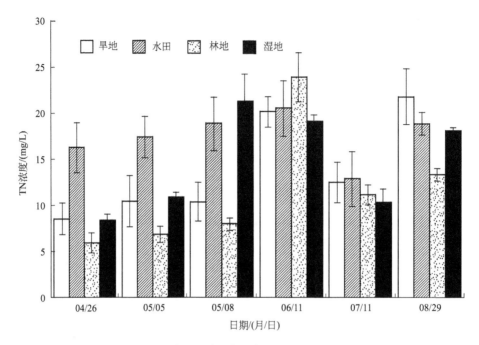

图 4-4　不同土地利用类型降雨地表径流 TN 浓度

（$p<0.05$）。在 8 月 29 日的降雨事件中，水田径流中 TN 浓度达到最大值，为
24.23mg/L，是 4 月 26 日径流 TN 浓度（16.3mg/L）的 1.5 倍。6 月 16 日降雨
中，林地降雨地表径流种 TN 浓度为 23.93mg/L，是研究期林地径流最大值，最
小值出现在 4 月 26 日，为 5.93mg/L。同时，对水田、旱地、林地和湿地的降雨径
流 TN 浓度进行统计分析，发现其标准偏差分别为 2.51mg/L、2.26mg/L、
1.18mg/L 和 1.13mg/L，说明不同降雨事件中的地表径流 TN 浓度存在显著
差异。

4.2.5.2　铵态氮流失特征

图 4-5 为 6 次降雨事件中不同土地利用类型径流样品中的铵态氮（NH_4^+-N）
浓度。可以看出，本研究中不同土地利用类型降雨地表径流 NH_4^+-N 浓度变化规律与
TN 一致。6 次降雨事件中，NH_4^+-N 浓度最大值出现在 6 月 11 日，为 3.71mg/L，其
他 5 次降雨事件 NH_4^+-N 浓度变化范围为 2.39~3.04mg/L，变化比较平缓。水田、
旱地、林地和湿地的 NH_4^+-N 浓度标准偏差分别为 0.37mg/L、0.64mg/L、
0.25mg/L 和 0.03mg/L。其中，湿地的浓度变异系数较低，说明不同降雨事件中
NH_4^+-N 流失没有显著差异。林地降雨地表径流种 NH_4^+-N 浓度低于其他土地利用
类型，浓度变化范围为 0.44~4.14mg/L，中位值为 1.64mg/L。同时研究发现，
水田和林地地表径流 NH_4^+-N 流失存在显著差异（$p<0.05$）。研究表明，地表径流
中的 NH_4^+-N 浓度与植被覆盖率呈现正相关关系。由于植被覆盖率较高，因此林地
和旱地的铵态氮浓度随径流流失较小（Kwong et al.，2002）。本书的研究结果验

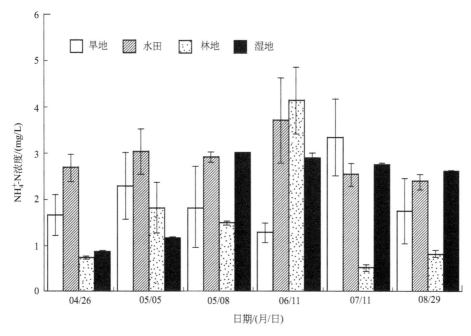

图 4-5　不同土地利用类型降雨地表径流中 NH_4^+-N 浓度变化

证了这一结论。地表径流中 NH_4^+-N 流失量由降雨地表径流量和土壤中氮含量决定（Xia et al.，2013），由于林地植被覆盖度高，林冠和凋落物可以缓解地面降水强度，从而减少降雨对地表的飞溅效应，使径流深度减小（Song et al.，2008）。因此，林地地表径流量较小，NH_4^+-N 输出也相应较低（表 4-11）。研究区农田植被覆盖率明显低于林地，耕作时间较晚，4～5 月耕地作物的覆盖率小，导致水田和旱地铵态氮随径流流失浓度较大。另外，耕地径流中铵态氮质量浓度较高，不仅是因为土壤解冻期植被覆盖率低的原因，另一个重要的原因是研究区农业高度发展、环境治理条件薄弱，使得零散的畜禽养殖废物和生活污水直接进入地表径流（Yoon et al.，2010）。

4.2.5.3　硝态氮流失特征

图 4-6 为流域不同土地利用类型地表径流的硝态氮（NO_3^--N）浓度。在 6 次降雨事件中，不同土地利用类型径流中 NO_3^--N 的平均浓度由高到低依次为湿地（8.89mg/L）＞水田（8.64mg/L）＞旱地（5.26mg/L）＞林地（4.04mg/L）。水田和旱地地表径流中的 NO_3^--N 浓度较高，其主要原因是由于耕地的化肥施用量大，在土壤肥料的转化过程中，大部分氮素转化为 NO_3^--N，在植物未来得及吸收的情况下，NO_3^--N 随雨水冲刷而流失（Zeng et al.，2008）。同时，地表径流中 NO_3^--N 浓度高于其他土地利用类型，这主要因为流域湿地类型位于阿布胶河下游，同时该土壤坡度较大。除土壤特性外，地形也会影响降雨地表径流中氮的流失，诸多研究表明具有坡度的耕地中地表径流氮流失高于平地径流（Zhao et al.，2011）。为

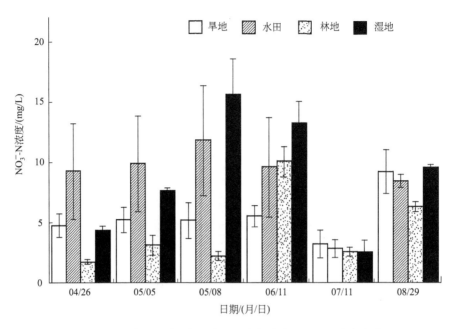

图 4-6　不同土地利用类型降雨地表径流中 NO_3^--N 浓度变化

了确定四种土地利用类型地表径流中 NO_3^--N 浓度是否存在显著差异，进行方差分析。可以发现，水田、旱地和林地降雨地表径流中的 NO_3^--N 浓度具有显著差异（$p < 0.05$）。湿地径流中 NO_3^--N 流失最大值出现在 5 月 8 日，为 15.58mg/L，是 7 月 11 日最小值（2.57mg/L）的 6.06 倍。水田、旱地、林地和湿地降雨地表径流中 NO_3^--N 浓度的标准偏差分别为 2.98mg/L、1.22mg/L、0.57mg/L 和 1.12mg/L，这说明 6 次降雨事件中，地表径流的 NO_3^--N 流失比 NH_4^+-N 情况复杂。降雨中 NO_3^--N 是氮损失的主要形式，旱地、水田、林地和湿地降雨地表径流的 NO_3^--N 浓度分别是 NH_4^+-N 的 2.11 倍、3.07 倍、2.46 倍和 3.45 倍。该研究结果与美国密苏里州诺克斯县 3 个相邻农业流域的研究结果相似（Udawatta et al.，2006）。但也有研究表明，在不同的生态环境下悬浮颗粒态氮素（SN）是我国氮素流失的主要形式，这可能是由于降雨强度、土壤可蚀性以及营养元素行为变化影响氮素流失发生显著变化引起的。

4.2.5.4　总磷流失特征

在不同降雨事件中，不同土地利用类型地表径流 TN 和 TP 浓度流失规律基本相同。例如，水田径流 TN 和 TP 浓度最高，旱地和湿地次之，林地氮磷流失浓度最低（图 4-7）。不同土地利用类型的降雨地表径流平均 TP 浓度表现为：水田（0.35mg/L）＞旱地（0.27mg/L）＞湿地（0.26mg/L）＞林地（0.08mg/L）。在 6 月 11 日降雨中，水田径流 TP 的最大浓度为 0.81mg/L，是 5 月 5 日（0.03mg/L）的 27 倍。同时，5 月 8 日林地降雨地表径流 TP 最大浓度为 0.15mg/L，7 月 11 日

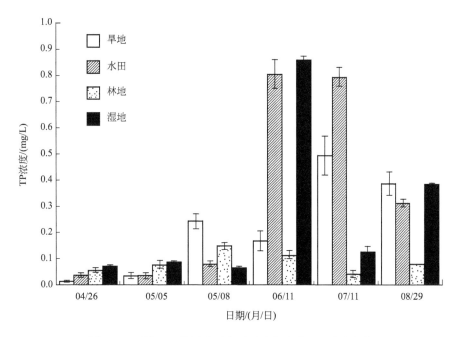

图 4-7　不同土地利用类型降雨地表径流中 TP 浓度变化

和 8 月 29 日出现了最小值，均为 0.04mg/L。通过方差分析发现，四种土地利用类型之间无显著差异（$p>0.05$），同时不同土地利用类型的径流 TP 浓度标准偏差均小于 0.03mg/L，这说明在 6 次降雨事件中，TP 流失浓度变化不明显。

本研究中，地表径流中 TN 浓度高于 TP，这可能是由于农田中施加磷肥较少的原因。研究区每年水田施肥量为 236.5kg/hm²（N：P：K＝2：1：1.5），旱地施肥量为 279.0kg/hm²（N：P：K＝2：1：0.5）。磷肥施于土壤后，磷元素很快与土壤有机质和铝、铁等金属发生沉淀吸附，形成磷酸盐离子（Nyakatawa et al.，2006）。在长期研究中，应同时考虑地表土壤氮磷含量和土壤理化性质的差异。本研究结果表明，不同土地利用类型的土壤 TP 含量与地表径流中 TP 浓度呈正比关系（图 4-7）。土壤性质和土壤吸附也可能导致不同土地利用类型地表径流氮磷流失存在差异。阿布胶河流域土壤类型以黑褐色土、白浆土、草甸白浆土、潜育白浆土、草甸土和沼泽土为主，同时旱地、水田、林地和湿地土壤中，颗粒粒径＜0.02mm 的黏土分别占总量的 48.8%、43.6%、51.0% 和 42.0%。磷元素主要通过黏土和细颗粒的运移作用进入径流和水体中（Yang et al.，2009）。有研究表明，磷更容易被微团胶体（0.02~0.002mm）和粒径小于 0.002mm 的颗粒吸收（Cai et al.，1998）。

通常情况下，淡水生态系统的主要生长限制因子不是 N 而是 P（Conley，2000），因此大多数富营养化管理框架研究集中在对 P 浓度的控制方面（Smith et al.，1999）。尽管降雨径流 P 浓度大小对农业生产区富营养化的影响研究较少，但诸多研究表明径流中 P 浓度一旦超过 0.1mg/L，水环境质量就会下降（Yang et al.，2009）。本研究中，50%的地表径流样品 TP 浓度超过 0.1mg/L（图 4-7），这说明降雨地表径流中氮磷浓度较高，流域降雨径流流失可能会加剧生态系统的富营养化，进一步加重阿布胶河流域污染。

4.2.5.5 氮磷径流负荷与流失量估算

降雨径流中氮磷负荷［kg/(hm² · a)］由浓度和径流量决定。本研究中，6 次降雨事件特征情况如表 4-11 所列。5 月 8 日前 5 天降雨量大于 28mm，其他降雨事件前 5 天降雨量小于 13mm，6 次降雨事件均处于干旱状态（表 4-9）。因此，通过 AMC I 的 CN_I 和 AMC III 的 CN_{III}（表 4-10）估算 6 次降雨事件的径流深度，结果如表 4-11 所列。

表 4-11 SCS-CN 模型估算 6 次降雨事件的径流深度结果

日期（月/日）	降雨量/mm	前 5 天降雨总量/mm	地表径流深度/mm				估算平均径流深度/mm
			旱地	水田	林地	湿地	
4/26	16.0	11.1	2.8	1.2	0.1	2.3	1.5
5/05	19.6	9.9	9.5	7.1	4.6	9.4	7.3
5/08	23.6	41.1	12.8	10.1	7.0	12.8	9.6
6/11	9.4	0	0.4	0.1	0	0.3	0.2
7/11	18.5	7.3	4.0	2.0	0.3	3.4	2.3
8/29	13.0	9.0	1.5	0.5	0	1.2	0.7

从产生地表径流开始，在 7 个采样点（2 个旱地、2 个水田、2 个林地和 1 个湿地）采集地表径流样品。将不同时间采集的样品混合，分为 3 个平行样储存于聚氯乙烯瓶中。因此，降雨期间旱地、水田、林地降雨地表径流的氮磷浓度分别为 2 个采样点共 6 个平行样品的平均值，湿地的氮磷浓度为 1 个采样点共 3 个平行样的平均值。

表 4-12 为不同土地利用类型降雨地表径流的氮磷浓度平均值和标准偏差。

表 4-12 不同土地利用类型地表径流氮磷浓度统计结果

类型	指标	不同采样日期的氮磷浓度/(mg/L)					
		2012-4-26	2012-5-5	2012-5-8	2012-6-11	2012-7-11	2012-8-29
旱地	TN	8.60±1.76	10.50±2.83	11.58±2.06	20.17±1.67	12.57±2.21	12.25±2.96
	NH_4^+-N	1.66±0.44	2.29±0.73	1.83±0.88	1.28±0.22	3.35±0.83	4.46±1.53
	NO_3^--N	4.80±0.95	5.27±1.03	5.21±1.50	5.57±0.88	3.25±1.13	7.43±3.21
	TP	0.011±0.002	0.032±0.012	0.240±0.029	0.166±0.038	0.492±0.074	0.698±0.064
水田	TN	16.30±2.71	17.45±2.24	18.85±2.88	20.57±3.03	12.92±2.95	24.23±5.05
	NH_4^+-N	2.68±0.30	3.04±0.49	2.52±0.11	3.71±0.91	2.54±0.24	2.39±1.13
	NO_3^--N	9.27±3.97	9.87±3.94	11.83±4.57	9.63±4.12	2.86±0.75	8.35±2.05
	TP	0.035±0.008	0.032±0.012	0.078±0.010	0.806±0.055	0.795±0.035	0.343±0.025

续表

类型	指标	不同采样日期的氮磷浓度/(mg/L)					
		2012-4-26	2012-5-5	2012-5-8	2012-6-11	2012-7-11	2012-8-29
林地	TN	5.93±1.07	6.88±0.87	8.03±0.66	23.93±2.71	11.23±1.08	12.71±1.54
	NH_4^+-N	0.44±0.34	1.82±0.55	1.49±0.04	4.14±0.72	0.53±0.07	1.39±0.09
	NO_3^--N	1.77±0.21	3.16±0.83	1.93±0.93	10.07±1.26	2.59±0.36	4.72±0.25
	TP	0.055±0.008	0.076±0.016	0.147±0.013	0.114±0.015	0.040±0.014	0.038±0.007
湿地	TN	8.40±0.66	10.90±0.56	21.30±3.00	19.17±0.68	10.43±1.37	20.10±2.72
	NH_4^+-N	0.87±0.01	1.16±0.02	3.02±0.01	2.88±0.12	2.76±0.01	4.80±0.10
	NO_3^--N	4.40±0.32	7.63±0.24	15.58±2.99	13.20±1.83	2.57±1.03	9.93±1.42
	TP	0.070±0.002	0.085±0.002	0.062±0.005	0.856±0.017	0.123±0.020	0.364±0.011

　　根据所测的降水地表径流氮磷浓度和不同土地利用类型面积进行加权平均，估算不同土地利用类型在单位面积的年均径流负荷和年流失量结果（表 4-13）。

表 4-13　阿布胶河流域不同土地利用类型的氮磷流失负荷和流失量

土地利用类型	径流负荷/[kg/(hm²·a)]				流失量/(t/a)			
	TN	NH_4^+-N	NO_3^--N	TP	TN	NH_4^+-N	NO_3^--N	TP
旱地	20.32	4.10	9.12	0.38	69.86	14.10	31.35	1.31
水田	21.78	3.31	12.32	0.17	99.27	15.09	56.15	0.77
林地	5.35	1.11	1.69	0.08	19.37	4.02	6.12	0.29
湿地	26.79	3.94	17.82	0.17	44.95	6.61	29.90	0.29

　　由表 4-13 可以看出，四种土地利用类型的降雨地表径流氮负荷高于磷负荷，而 NO_3^--N 负荷在阿布胶河流域氮负荷占有较高比重。水田地表径流 TN 负荷最大，为 21.78kg/(hm²·a)，湿地径流 NO_3^--N 负荷最大，为 17.82kg/(hm²·a)。这是因为在径流量较小的情况下，NO_3^--N 易溶于水，不易被泥沙吸附的特点更明显（Luo et al.，2013）。NH_4^+-N 很难通过径流释放或转运，但可以被土壤颗粒强吸附（Zhu et al.，1992）。土壤物理特性可以影响氮素流失，包括土壤类型、土壤饱和含水量、有机质含量和颗粒分布等（Liu et al.，2014）。在典型降雨条件下，地表径流携带颗粒态氮是干旱区域氮素流失的主要原因（Qian et al.，2010）。除土壤特性外，流域地形也是影响水文过程和侵蚀程度的重要因素（Scanlon et al.，2004）。有研究表明，坡地径流引起的 TN 流失高于平地径流，降雨强度、植被类型和土壤含水量是影响径流深度的 3 个主要因素（Bouldin et al.，2004）。此外，降雨强度、植被覆盖度和土壤水分对氮素损失也有显著影响。降雨强度越大，土壤含水量越高，越有利于地表径流的形成和氮素输出（Shigaki et al.，2007）。此外，施肥也影响氮磷的流失，施用化肥可明显增加氮磷流失量（Wang et al.，2012）。在本研究中，降雨径流中的氮、磷负荷在 6~7 月间显著增加。研究中湿地主要位

于阿布胶河流域下游，同时在湿地向水田转化过程中，湿地受到农田施肥的污染也较大。在农业污染中，溶态氮是氮损失的主要形式，而对于磷来说，由于磷的流动性小于氮，可溶性较差，所以其流失形式受降雨强度和植被覆盖的影响（De Jager et al.，2012）。因此，减少氮肥的施用从而减少径流中氮素流失是控制流域氮磷污染的有效措施。

不同土地利用类型地表径流中氮流失量由浓度、径流深度和土地面积决定。本研究中，水田降雨地表径流 TN、NH_4^+-N 和 NO_3^--N 流失量均高于旱地、湿地和林地。水田径流中 TN、NH_4^+-N 和 NO_3^--N 的最大值分别为 99.27t/a、15.09t/a 和 56.15t/a（表 4-13）。不同土地利用类型的地表径流 TP 流失量为旱地（1.31t/a）＞水田（0.77t/a）＞林地和湿地（0.29t/a）。研究中旱地占流域面积的 24.1%，TN 流失量占流域总流失量的 29.9%，TP 流失量占 49.2%。而水田占流域总面积的 32%，TN 和 TP 流失量占总流失量的 42.5% 和 28.95%。通过估算结果，可以发现在降雨地表径流过程中农业生产对氮磷流失有显著影响，甚至对整个农业区也有显著影响。

4.2.5.6 流域氮磷径流负荷的空间分布

基于 ArcGIS 软件（9.3 版）对土地利用类型分布结果，探讨了流域地表径流中氮磷负荷的空间分布。由图 4-8 可以看出，TN 和 NO_3^--N 径流负荷由流域的西部向东部逐渐增大，两者之间的分布规律具有较为明显的一致性；NH_4^+-N 径流负荷在流域偏东部最大，主要是由于水田的 NH_4^+-N 径流负荷最大，为 15.02kg/（hm^2·a）；TP 的径流负荷总体偏小，旱田的 TP 径流负荷最大，主要分布在流域的中部。研究中，林地地表径流采样点为阿布胶河源头，其氮磷径流负荷小，湿地径流采样点为阿布胶河与乌苏里江的汇合处，由图中可以看出，进入乌苏里江的氮磷负荷较大。

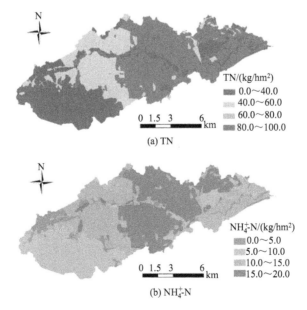

(a) TN

(b) NH_4^+-N

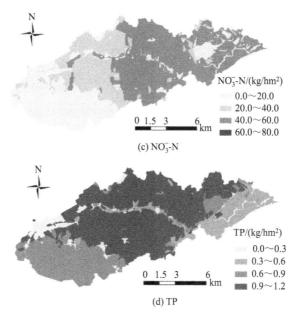

图 4-8　阿布胶河流域氮磷径流负荷的空间分布（彩色版见书后彩图 1）

4.3　田间水文特征影响下的氮磷流失研究

4.3.1　作物生长季土壤氮磷迁移特征研究

4.3.1.1　样品采集与实验方法

利用在农田中安装好的 PRENART 土壤水采集器采集旱地和水田不同土壤深度的土壤水（15cm、30cm、60cm、90cm），采集时用便携式手动泵给集水瓶抽真空（0.05MPa）。不同深度土壤水至少每周采集一次，遇到降雨、灌水、农田排水事件，土壤水采集时间为第 1 天、第 2 天、第 3 天、第 5 天。每次降雨、灌溉采集雨水样和灌水样；水田排水后，每天在排水渠采集退水样；水田泡田期，每天采集水样。田面水、灌溉水、农田排水、雨水水样的采集分别设置 3 个重复样，其中田面水的采集采用 S 形五点法。水样测定 TN、NO_3^--N、NH_4^+-N、TP、溶解性磷酸盐（SP）。TN 的测定采用《碱性过硫酸钾消解紫外分光光度法》（GB 11894—1989），用压力锅进行消解；NO_3^--N 用紫外分光光度法测定；NH_4^+-N 用水杨酸-次氯酸盐光度法测定；TP 用钼锑抗分光光度法测定；SP 是在水样经 0.45μm 微孔滤膜过滤后用钼锑抗分光光度法测定。

4.3.1.2　田面水氮磷动态变化特征

每次灌水和降雨时测定灌溉和降雨带入田间的氮浓度，结果如图 4-9 所示。TN 浓度在整个研究期变化不大，灌溉水和雨水中 TN 含量的平均值分别为

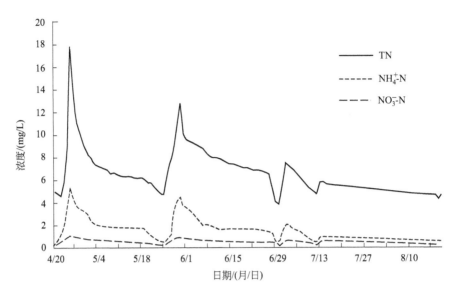

图 4-9 水田田面水中不同形态氮含量变化

3.376mg/L 和 4.00mg/L。TN 和 NH_4^+-N 在研究期的浓度变化规律相似，施入肥料后氮含量逐渐增加，几天后开始减少。田面水中 TN 含量在施入尿素后先于 NH_4^+-N 含量达到最大值，之后急剧减少；田面水中 NH_4^+-N 含量在施入尿素 1～2d 后达到峰值，然后急剧减少。随后田面水中的 NO_3^--N 含量有所增加，3～4d 后趋于稳定。相比于 TN 和 NH_4^+-N 的含量变化，NO_3^--N 含量的变化较平稳，含量也较低，只有 0.97mg/L。NO_3^--N 和 NH_4^+-N 含量分别占 TN 含量的 28% 和 62%，可见水田田面水中的无机氮形态主要以 NH_4^+-N 为主。

如图 4-10 所示，灌溉水、退水和雨水的平均 TP 浓度分别为 0.19mg/L、0.18mg/L 和 0.17mg/L。从 2010 年采集到的 7 次田面水中的 TP 含量动态变化和 2012 年采集到的 8 次田面水中的 TP 含量动态变化可得，水田田面水中 TP 含量低，含量最高值分别为 0.40mg/L 和 0.58mg/L。同一时间点相比，2012 年的 TP 含量低于 2010 年的 TP 含量（如 7 月）。但是可以看出，田面水 TP 含量都随作物生长时间的增加呈现降低的趋势。SP 含量随时间变化的动态趋势与 TP 相似；8 月中旬，SP 含量的减少量高于 TP。

为了更好地诠释从施肥到农田排水期水田田面水中氮磷含量变化特征，进行了以时间为变量的氮磷各形态浓度变化的非线性回归分析，如表 4-14 所列。可以看出，田面水中不同形态的氮均表现出非线性相关性，TN、NH_4^+-N 和 NO_3^--N 浓度的衰减均符合指数方程（表 4-14），田面水中 TN（$p<0.01$）和 NH_4^+-N（$p<0.05$）含量及负荷的指数衰减趋势比 NO_3^--N 含量显著。氮浓度随时间的变化说明随着泡田施肥，田面水中各形态氮含量增加，增加的时间点不一，这与肥料施入后在水体中的分解等变化有关；随后氮含量逐渐降低。TP、SP 含量和 TP、SP 负荷

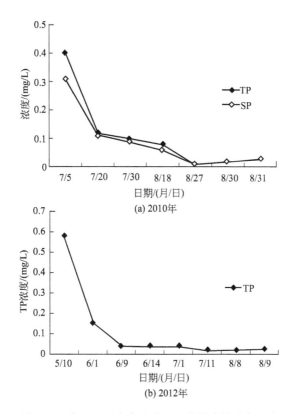

图 4-10 水田田面水中总磷和可溶性磷的动态变化

随时间的变化与 S 曲线的拟合效果最好，R^2 都在 0.600 以上（表 4-14）。说明田面水中 TP 和 SP 含量的变化是在一段时间内迅速下降，然后平稳降低。

表 4-14 施肥到农田排水期间田面水中氮浓度及氮负荷随时间的衰减方程

形态	浓度(y)/(mg/L)		负荷(y)/(kg N/hm²)	
	回归方程	R^2	回归方程	R^2
TN	$y = 23.868t^{-0.467}$	0.924[②]	$y = 12.460t^{-0.655}$	0.877[②]
$NO_3^- \text{-N}$	$y = 1.248t^{-0.010}$	0.003[ns]	$y = 0.652t^{-0.199}$	0.310[ns]
$NH_4^+ \text{-N}$	$y = 8.630t^{-0.459}$	0.425[①]	$y = 8.731t^{-0.810}$	0.525[①]
TP(2010 年)	$y = e^{(-0.005 + 6.1 \times 10 - 13/t)}$	0.757[②]	$y = e^{(-0.004 + 5.8 \times 10 - 13/t)}$	0.786[②]
SP(2010 年)	$y = e^{(-0.006 + 7.9 \times 10 - 13/t)}$	0.730[②]	$y = e^{(-0.006 + 8.1 \times 10 - 13/t)}$	0.622[①]
TP(2012 年)	$y = e^{(-0.005 + 7.0 \times 10 - 13/t)}$	0.651[②]	$y = e^{(-0.007 + 9.6 \times 10 - 13/t)}$	0.852[③]

① 相关性达到 0.05 水平。

② 相关性达到 0.01 水平。

③ 相关性达到 0.001 水平。

注：ns 表示相关性不显著；t 为时间，min。

纵观整个作物生长季，土壤水中的 NO_3^--N 含量较低，没有出现随着氮肥的施入呈现明显变化的现象。在灌溉和降雨事件后，15cm 处土壤水的 NO_3^--N 含量增加，峰值分别出现在 5 月 30 日、7 月 2 日和 7 月 28 日，随后立即减少；7 月 15 日左右，NO_3^--N 含量降低，这个时期没有降雨且处于高温环境，所以 NO_3^--N 含量的降低可能是由于根际的缺氧环境加速了反硝化过程。深层土壤水 NH_4^+-N 含量较低，可能是由于犁底层的渍水性造成下层土壤具有弱氧化性，故下层土壤水中 NH_4^+-N 易发生硝化反应。7 月中旬无雨使得土壤处于低湿环境，NH_4^+-N 含量减少，随之而来的降雨、追肥使 NH_4^+-N 浓度小幅度增长。与各层土壤水 NO_3^--N 浓度变化的标准差和变异系数相比，NH_4^+-N 具有较小的标准差和变异系数（表 4-15），说明 NH_4^+-N 在整个作物生长期没有剧烈波动。但是与 NO_3^--N 相比，NH_4^+-N 浓度很低，均在 0.5mg/L 左右波动变化，所以也有可能是由于 NH_4^+-N 浓度级数低造成的统计分析变化小；NO_3^--N 浓度也只有约 1mg/L。土壤水中 TP 含量处于较低水平，但对于水体富营养化磷含量最高上限 0.02mg/L 的标准已经很高了，说明对于成为农业水体环境的潜在污染源还是很有可能的。7 月 12～26 日，30～60cm 土壤深度土壤水的 TP 含量比 0～15cm、15～30cm 和 60～90cm 土壤深度土壤水的 TP 含量高，这可能与作物生长过程中根系对磷的累积有关。

表 4-15　水田不同深度土壤水中氮和磷含量变化的统计分析

指标	土壤深度/cm	最小值/(mg/L)	最大值/(mg/L)	平均值/(mg/L)	标准偏差/(mg/L)	变异系数
TN	15	2.09	7.62	3.97	1.27	2.44
	30	1.83	4.12	2.77	0.60	0.89
	60	1.24	3.50	2.55	0.60	0.82
	90	2.26	5.40	3.39	0.69	1.09
NO_3^--N	15	0.74	1.87	1.29	0.28	0.41
	30	0.13	1.10	0.60	0.22	0.40
	60	0.16	1.42	0.79	0.30	0.27
	90	0.16	1.41	0.91	0.37	0.57
NH_4^+-N	15	0.37	0.96	0.72	0.16	0.21
	30	0.24	0.79	0.52	0.14	0.21
	60	0.24	0.73	0.49	0.10	0.26
	90	0.22	0.60	0.42	0.09	0.13
TP	15	0.21	1.26	0.48	0.31	0.66
	30	0.26	1.34	0.64	0.35	0.55
	60	0.28	1.61	0.70	0.43	0.61
	90	0.17	0.48	0.31	0.14	0.44
SP	15	0.11	0.45	0.26	0.11	0.41
	30	0.15	0.44	0.28	0.08	0.29
	60	0.15	0.53	0.28	0.13	0.48
	90	0.10	0.19	0.17	0.03	0.21

4.3.1.3　旱田土壤水氮磷动态变化特征

旱田土壤水采集于 2010 年 8 月 27 日、8 月 31 日、9 月 3 日和 9 月 7 日。旱田土壤水氮浓度随土壤深度的变化如图 4-11 所示，旱田 0～60cm 土壤水中 TN 浓度随深度的增加而增加，生长末期 9 月 7 日除外，此时土壤-作物系统中氮含量已处

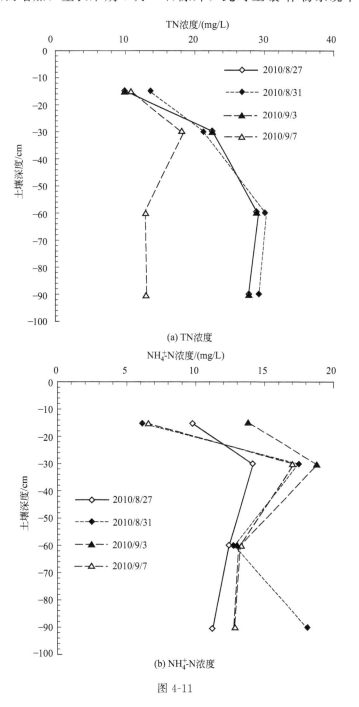

图 4-11

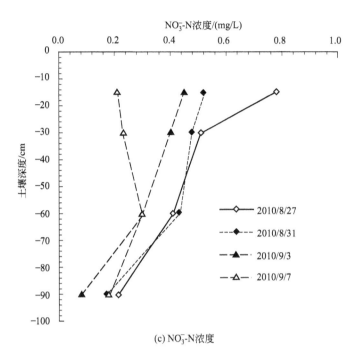

(c) NO₃⁻-N浓度

图 4-11　旱田 2010 年土壤水中不同形态氮含量的垂直分布

于整个生长期的较低水平。土壤水中 NH_4^+-N 浓度随深度的增加减少，可能是由于 NH_4^+-N 易于被土壤吸附固定，或者是在其随土壤水向下运移的过程中，总体被分散开来；只在末期 9 月 7 日时土壤水中 NH_4^+-N 含量在 60cm 深度处的值高于其他三层。浅层 15cm 土壤水 NO_3^--N 浓度明显低于深层土壤，30cm 深度土壤水 NO_3^--N 浓度最高，可能与作物利用对无机氮的聚集有关，也有可能是在旱田中，30cm 深度土壤比 15cm 易持久保水，在作物根系生长的共同影响下，减缓了 NO_3^--N 向下运移的速率。

　　由统计分析表 4-16 可见，TN、NO_3^--N、NH_4^+-N 浓度随时间波动的变异系数均在 15cm 深度处最大。从平均值看，土壤水中 TN 含量随深度增加而增大；NO_3^--N 浓度随深度的逐级变化不明显，明显的是浅层 15cm 土壤水中 NO_3^--N 浓度比其他深层土壤水中的 NO_3^--N 浓度低，从一定程度上可以说明 NO_3^--N 的易迁移性。NO_3^--N 占 TN 比例的平均值约为 61%；土壤水中 NH_4^+-N 含量随深度增加而减小。同时可以看出，土壤水中的 TP 含量处于较低水平，略高于水体富营养化磷含量最高上限 0.02mg/L 的标准，说明对于旱田磷成为农业水体环境的潜在污染源还是很有可能的。8 月 30 日前后几日降雨的同时旱田土壤水中磷含量增加，TP 含量增加 0.1~0.2mg/L，SP 含量增加 0.05mg/L。可能是因为前期干旱，土壤微生物活性增大，土壤磷有效性提高，从而在降雨后采集的土壤水中磷含量增加。

表 4-16　旱田 2010 年土壤水中氮磷含量变化的统计分析

指标	土壤深度 /cm	最小值 /(mg/L)	最大值 /(mg/L)	平均值 /(mg/L)	标准偏差 /(mg/L)	变异系数
TN	15	20.03	28.23	23.21	2.73	0.12
	30	20.77	27.27	22.84	2.18	0.09
	60	20.09	25.48	22.35	1.25	0.06
	90	21.34	28.21	23.14	1.76	0.08
$NO_3^- $-N	15	9.31	11.37	10.41	0.71	0.07
	30	8.69	11.81	10.63	0.83	0.08
	60	9.21	13.91	11.41	1.36	0.12
	90	10.09	13.22	11.74	0.83	0.07
$NH_4^+ $-N	15	0.27	0.85	0.60	0.18	0.31
	30	0.34	0.92	0.56	0.17	0.31
	60	0.20	0.99	0.51	0.22	0.43
	90	0.13	0.84	0.37	0.18	0.50
TP	15	0.23	0.51	0.38	0.13	0.34
	30	0.13	0.48	0.26	0.14	0.55
	60	0.12	0.41	0.25	0.12	0.45
	90	0.18	0.56	0.35	0.15	0.44
SP	15	0.13	0.24	0.17	0.05	0.26
	30	0.08	0.15	0.12	0.03	0.24
	60	0.08	0.15	0.12	0.03	0.24
	90	0.15	0.29	0.21	0.06	0.30

4.3.2　作物生长季吸氮和土壤氮磷储量变化特征研究

4.3.2.1　样品采集与实验方法

在 2011 年作物生长期，植物样每 30d 采集一次，每项指标的测定是在田间随机选取 25 株植物完成的。每次采集的植物样立即带回实验室，分成不同的植物部分（如茎、叶、籽粒等），先用自来水洗 3 次，然后用去离子水洗 3 次。将植物样在 105℃杀青 30min，然后在 65℃经 48h 烘干，称量干重。经烘干的植株各器官密封待用。作物吸氮量可以通过作物干物质量和作物氮含量（%）计算得到。单位时间单位面积作物不同器官的吸氮率 [V_N，mg/(m² · d)] 可以由下式计算：

$$V_N = \frac{dN}{dt} = \frac{N_{i+1} - N_i}{t_{i+1} - t_i} \qquad (4-11)$$

式中　V_N——绝对氮累积率；

N_i，N_{i+1}——作物器官在 t_i，t_{i+1} 时刻的氮累积量。

于 2011 年 4 月（耕作施肥前）和 2011 年 10 月（作物收获后）随机选取水田和旱田 5 个采样点，用土钻采集 0～15cm、15～30cm、30～60cm、60～90cm 不同深度土壤样品。所有土样立即存放于塑封袋中带回实验室进行化学分析，测定氨氮（NH_4^+-N）、硝态氮（NO_3^--N）和总磷（TP）。土体的 NH_4^+-N、NO_3^--N 和 TP 储量可由下式计算：

$$储量 = BD_i H_i C_i / 10 \tag{4-12}$$

式中　储量——第 i 层土壤的 NH_4^+-N、NO_3^--N 和 TP 的储量，kg/hm^2；

　　　BD_i——第 i 层土壤的容重，g/cm^3；

　　　H_i——第 i 层土壤的厚度，cm；

　　　C_i——第 i 层土壤的 NH_4^+-N、NO_3^--N 或 TP 含量，mg/kg。

4.3.2.2　作物生物量变化

ANOVA 分析表示水稻不同器官（根、叶、茎、籽粒）干物质重和不同器官干物质重所占百分比（％根、％叶、％茎、％籽粒）在不同生长期之间的差异（表 4-17）。在季节动态变化上，从水稻苗期到成熟期，每株作物根部、叶、茎、籽粒的干重均随生长期而增加；苗期和分蘖期没有显著差异，分蘖期、孕穗期、齐穗期和成熟期之间差异显著（$p < 0.001$）。但是它们的干重占整株作物的百分比并没有表现出随时间逐渐增加，例如根系所占比重均在分蘖期最大，叶所占比重在苗期最大，茎所占比重在孕穗期最大，籽粒在成熟期显著高于齐穗期（$p < 0.001$）。

表 4-17　水稻不同生长期各植物器官的干物质量和干物质比例

生长阶段	干物质量/(g/g)			
	根	叶	茎	籽粒
苗期	0.00±0.00a	0.01±0.00a		
分蘖期	0.03±0.00a	0.02±0.00a	0.05±0.00a	
孕穗期	0.15±0.03b	0.21±0.02b	0.43±0.03b	
齐穗期	0.32±0.03c	0.85±0.03c	1.51±0.03c	1.85±0.03a
成熟期	0.89±0.02d	2.05±0.16d	3.63±0.03d	6.57±0.10b
方差 F 概率	$p<0.001$	$p<0.001$	$p<0.001$	$p<0.001$
干物质比例/%				
	根	叶	茎	籽粒
分蘖期	30.0c	20.0b	50.0c	
孕穗期	19.0b	26.6c	54.4d	
齐穗期	7.06a	18.8b	33.3b	40.8a
成熟期	6.77a	15.6a	27.6a	50.0b
方差 F 概率	$p<0.001$	$p<0.001$	$p<0.001$	$p<0.001$

注：不同的小写字母（a，b，c，d）在一列表示有显著差异，$p<0.001$。

ANOVA 分析表示玉米不同器官（根、叶、茎、穗、籽粒）干物质重和不同器官干物质重所占百分比（％根、％叶、％茎、％穗、％籽粒）在不同生长期之间的差异（表 4-18）。在季节动态变化上，作物各器官变化很大。从玉米苗期到成熟期，每株作物根部、叶、茎、穗和籽粒的干重均随生长期而增加；苗期和拔节期没有显著差异，拔节、灌浆和成熟期之间差异显著（$p < 0.001$）。但是它们的干重占整株作物的百分比并没有表现出随时间逐渐增加，例如，根系和茎所占比重均在拔节期最大，叶所占比重在苗期最大；穗在灌浆和成熟期所占比重没有显著差异，但是籽粒干物质重在成熟期比灌浆期显著增加（$p < 0.001$）。

表 4-18　玉米不同生长期各植物器官的干物质量和干物质比例

生长阶段	干物质量/(g/g)				
	根	叶	茎	穗	籽粒
苗期	0.03±0.00a	0.07±0.00a			
拔节期	0.77±0.03a	2.59±0.15a	4.41±0.11a		
灌浆期	5.43±0.15b	17.7±1.25b	27.7±1.77b	5.03±0.12a	45.0±3.01a
成熟期	15.3±1.53c	36.5±3.64c	46.6±2.71c	10.2±0.72b	95.0±7.64b
方差 F 概率	$p < 0.001$	$p < 0.001$	$p < 0.001$	$p < 0.001$	$p < 0.001$

生长阶段	干物质比例/%				
	根	叶	茎	穗	籽粒
苗期	30d	70c			
拔节期	9.0c	33b	57c		
灌浆期	5.4a	18a	27b	5.0a	45a
成熟期	7.5b	18a	23a	5.0a	47ab
方差 F 概率	$p < 0.001$	$p < 0.001$	$p < 0.001$	ns	ns

注：不同的小写字母（a，b，c，d）在一列表示有显著差异，$p < 0.001$。

4.3.2.3　作物吸氮量和氮累积量

水稻茎的吸氮占茎、叶、籽粒总吸氮的比例在孕穗前达最高（表 4-19）；叶的吸氮比例在齐穗前达最高，随着籽粒的成熟，氮素逐渐转移到其他器官，主要是籽粒。同一生长阶段，水稻不同器官的吸氮比例差异显著（$p < 0.001$）。玉米茎的吸氮占茎、叶、籽粒总吸氮的比例在拔节前达到最高（表 4-19），叶的吸氮比例在灌浆前达到最高，随着籽粒的灌浆成熟，氮素逐渐转移到籽粒。同一生长阶段，玉米不同器官的吸氮比例差异显著（$p < 0.001$）。

土壤是植物氮的重要集散库，对于籽粒的氮供给有重要意义，数学模拟结果表明（表 4-20），叶的吸氮量（y）随生长天数（t）变化均符合 Gaussian 曲线 $y = y_0 + a_0 t^{\left[-0.5\left(\frac{t-t_0}{b_0}\right)^2\right]}$，茎的吸氮量符合 S 曲线 $y = e^{(b_0 + b_1/t)}$（y_0、a_0、b_0、b_1 和 t_0 是常数）。不同作物同种器官的吸氮模型模拟方程类似，同一作物不同器官的吸氮模型模拟方程存在差异。

表 4-19　水田和旱田作物吸氮量在各器官的分配比例

作物类型	生长阶段	器官/%		
		叶	茎	籽粒
水稻	分蘖期	68.2cB	31.8cA	
	孕穗期	68.7cB	31.3cA	
	齐穗期	52.9bC	20.2aA	26.9aB
	成熟期	39.4aB	18.2aA	42.4bC
玉米	苗期	42.0aA	58.0dB	
	拔节期	66.7cB	33.3cA	
	灌浆期	45.3aC	23.2bA	31.5bB
	成熟期	39.1aB	18.4aA	42.4cC

注：不同的小写字母（a，b，c，d）在一列表示有显著差异，$p<0.001$；不同的大写字母（A，B，C，D）在一行表示有显著差异，$p<0.001$。

表 4-20　水田和旱田作物不同器官吸氮量变化的模型拟合

作物类型	作物器官	模拟模型	R^2	p
水稻	叶	$y=21.12+25.26t^{\left[-0.5\left(\frac{t-55.28}{24.26}\right)^2\right]}$	0.986	<0.05
	茎	$y=e^{(1.872+56.423/t)}$	0.855	<0.05
玉米	叶	$y=21.89+14.11t^{\left[-0.5\left(\frac{t-54.77}{15.82}\right)^2\right]}$	1.000	<0.01
	茎	$y=e^{(1.969+49.070/t)}$	0.990	<0.01

水田中水稻各器官对氮的累积量随作物生长期进程而增加（表 4-21），含量差异显著（$p<0.001$）。旱田中玉米各器官对氮的累积量随作物生长期进程而增加（表 4-21），含量差异显著（$p<0.001$）。虽然随着生长期水稻和玉米各器官的吸氮量有先增加后减少，有的一直减少，但是氮累积量却随生长期进程一直增加。因为作物对氮的累积不仅与吸氮量有关，还与生物量有关。

表 4-21　水田和旱田作物不同器官氮累积量的季节性变化

作物类型	生长阶段	叶	茎	籽粒
水稻	苗期	0.37a		
	分蘖期	1.08b		
	孕穗期	9.57c	8.93ab	
	齐穗期	27.2d	18.4c	30.1a
	成熟期	49.5e	40.6f	171c

续表

作物类型	生长阶段	叶	茎	籽粒
玉米	苗期	0.14a		
	拔节期	6.85c	5.81a	
	灌浆期	30.6d	24.6d	54.1b
	成熟期	60.0f	36.0e	169c
方差 F 概率		$p<0.001$	$p<0.001$	$p<0.001$

注：不同字母（a，b，c，d，e，f）在一列中出现表示有显著性差异。

4.3.2.4　不同土地利用类型生长季土壤氮磷储量变化特征

作物生长季期间，水田和旱田不同深度土壤的无机氮（NO_3^--N 和 NH_4^+-N）含量不断减少（表 4-22）。种植作物前，水田 0～15cm 土壤深度的 NO_3^--N 含量显著低于旱田对应土层的 NO_3^--N 含量，旱田 0～15cm 和 0～30cm 土层的 NO_3^--N 含量分别比水田高出 169%、174%。30～60cm 土层 NO_3^--N 含量没有显著差异，但是旱田中的 NO_3^--N 含量仍高于水田。NH_4^+-N 含量均较低，旱田浅层（0～15cm 和 15～30cm）的 NH_4^+-N 含量约为水田浅层的 2 倍，而水田土壤深层 30～60cm 和 60～90cm 的 NH_4^+-N 含量分别比旱田相应土层的 NH_4^+-N 含量高 25.4% 和 11.2%。生长季后，旱田浅层 0～15cm 和 15～30cm 的 NO_3^--N 储量减少量比水田 0～15cm 和 15～30cm 的 NO_3^--N 储量减少量大 22.1kg/hm² 和 35.6kg/hm²。30～60cm 土壤深度的 NO_3^--N 储量变化在水田和旱田没有显著差异。旱田 0～15cm、15～30cm、30～60cm、60～90cm 土层的 NH_4^+-N 含量减少量比水田相应土层 NH_4^+-N 含量减少量分别大 5.17kg/hm²、4.83kg/hm²、3.48kg/hm²、5.46kg/hm²。说明土壤 NO_3^--N 的流失量比 NH_4^+-N 大，且对于每层土壤流失量不同，可能与作物种植、土壤质地有关。

表 4-22　水田和旱田作物生长季 NO_3^--N 和 NH_4^+-N 储量变化　单位：kg/hm²

土地利用类型	土层/cm	播种前		收获后		储量变化	
		NO_3^--N	NH_4^+-N	NO_3^--N	NH_4^+-N	NO_3^--N	NH_4^+-N
水田	0～15	54.6a	10.5a	29.8a	6.63a	−26.8b	−3.47a
	15～30	52.6a	11.0a	32.6a	4.76a	−18.2a	−6.37b
	30～60	119bc	24.2c	56.9bc	17.9e	−65.3e	−6.31b
	60～90	98.4b	20.9b	49.2b	12.5c	−50.1c	−7.23b
旱田	0～15	147d	21.3b	90.1d	12.5c	−48.9c	−8.64bc
	15～30	144d	21.2b	88.1d	8.12b	−53.8cd	−11.2c
	30～60	130cd	19.3b	68.0c	9.02b	−65.3e	−9.79c
	60～90	121c	18.8b	63.2c	5.74a	−56.8d	−12.69c
方差 F 概率		$p<0.001$	$p<0.01$	$p<0.001$	$p<0.001$	$p<0.001$	$p<0.01$

注：不同的字母（a，b，c，d，e）在同一列出现表示有显著性差异。

水田和旱田经过一个作物生长期的土壤总磷储量变化见表 4-22。作物种植前和收获后水田土壤 TP 储量在 0~15cm、15~30cm、30~60cm、60~90cm 分别减少 33.3kg/hm²、74.4kg/hm²、94.8kg/hm²、44.3kg/hm²;旱田 0~15cm、15~30cm、30~60cm、60~90cm 土层 TP 储量分别减少 208.5kg/hm²、324.0kg/hm²、201.6kg/hm²、156.6kg/hm²。水田深层土壤磷储量比浅层土壤高出 60%~76%($p<0.001$),可能与土壤质地有关,或者是农田环境状况使得磷在土壤中的垂向分布差异;旱田浅层土壤磷储量比深层高,主要是 0~15cm 土壤深度,其余三层的磷储量值几乎没有显著差异(播种前 15~30cm 土壤深度除外,相对高于其他值)。水田浅层和旱田浅层的磷储量差异显著($p<0.001$),深层土壤磷储量没有显著差异(旱田收获后 30~60cm 土壤深度除外)。

第5章 区域农业面源污染特征及环境效应

5.1 气候变化及全球变暖潜势

5.1.1 气候变化特征分析

5.1.1.1 研究方法

主要采用数理统计、回归分析、趋势分析、滑动平均、滑动 T 检验分析等方法进行气候变化特征的研究。目前，检测突变的方法有多种，由于历史资料的离散性及复杂性，大多采用统计学的方法。其中，滑动 T 检验法是较为常用的诊断气候序列变化趋势的方法之一，其最大的优点是能够简单直观地确定突变（林振山，1996）。

设所要检验的气候要素序列为 x_i（$i=1$，2，$\cdots$，n），n 为样本容量。将序列人为地分为 x_{i1} 和 x_{j2} 两段，其容量分别为 m_1 和 m_2，用 $\overline{x}_1$ 和 $\overline{x}_2$ 分别代表它们的平均值。

假设它们的总体平均值无显著性差异，则统计量：

$$t = \frac{\overline{x}_1 - \overline{x}_2}{S\left(\dfrac{1}{m_1} + \dfrac{1}{m_2}\right)^{1/2}} \tag{5-1}$$

$$S^2 = \frac{\sum_{i=1}^{m_1}(x_{i1} - \overline{x}_1)^2 + \sum_{j=1}^{m_1}(x_{j2} - \overline{x}_2)^2}{m_1 + m_2 - 2} \tag{5-2}$$

式中　x_{i1}，x_{j2}——2 个子样本的要素值。

给出信度 α，由自由度为 $m_1 + m_2 - 2$ 的 t 分布可得到临界值 t_α。若 $|t| > t_\alpha$，拒绝原假设，则 2 个均值时段的交替点为一突变点；若 $t > 0$，则气候要素序列是由少向多发生突变，反之由多向少发生突变。

5.1.1.2 气温的年际变化

变差系数 C_v 值是统计学中常用的一个重要参数，用来说明水文以及气候特征值的年际变化情况（施雅风 等，2003；任伊滨 等，2007）。八五九农场 1964～2010 年平均气温 C_v 值为 0.324，春季 C_v 值为 0.3781，夏季 C_v 值为 0.047，秋季 C_v 值为 0.474，冬季 C_v 值为 0.098。说明农场历年气温的年际变化比较稳定，但在各季中，秋季气温相对夏季和其他各季变化要大一些。

八五九农场年平均气温模比系数差积曲线如图 5-1 所示。

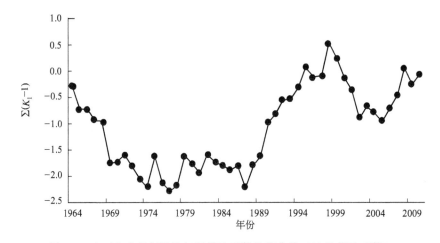

图 5-1　八五九农场年平均气温模比系数差积曲线（K 为模比系数）

从图 5-1 可以看出，1964～1988 年平均气温基本处于偏低时期，在 25 年中只有 1975 年、1978 年、1979 年、1982 年和 1988 年的距平为正值；1989～2010 年的平均气温在波动中逐渐增高，在 22 年中，1996 年、1999 年、2000 年、2001 年、2002 年、2004 年、2005 年和 2009 年的距平为负值。可以判定，20 世纪 80 年代后期是研究区气温明显由冷向暖的分界点。

表 5-1　八五九农场年代际平均年气温及其与 47 年均值比较的距平值　单位：℃

时段	年平均		春季		夏季		秋季		冬季	
	气温	距平	气温	距平	气温	距平	气温	距平	气温	距平
1964～1970 年	1.92	−0.63	3.20	−0.38	19.47	−0.43	3.78	−0.56	−18.81	−1.21
1971～1980 年	2.54	−0.01	3.39	−0.19	19.83	−0.07	4.50	0.16	−17.57	0.03
1981～1990 年	2.76	0.21	4.03	0.45	20.18	0.28	3.53	−0.81	−17.33	0.27
1991～2000 年	2.77	0.22	3.82	0.24	19.99	0.09	5.48	1.14	−17.30	0.30
2001～2010 年	2.56	0.01	3.35	−0.23	19.90	0.00	4.27	−0.07	−17.26	0.34
1964～2010 年	2.55		3.58		19.90		4.34		−17.60	

由表 5-1 可知，自 20 世纪 80 年代后期开始气温逐渐升高，90 年代起距平值均为正值，90 年代和 21 世纪初期的平均气温分别比 47 年均值升高 0.22℃和 0.01℃。

而且平均气温由 60 年代的 1.92℃ 升高到 21 世纪初期的 2.56℃，升高 0.64℃。进一步的分析表明，47 年中，2 个最暖的年份分别是 1990 年和 1998 年。1969 年是 47 年来气温最低的一年，为 0.53℃，气温距平值为 −2.02℃；1990 年是气温最高的一年，为 4.19℃，气温距平值为 1.64℃。若以 1988 年为分界，则 1989~2010 年平均气温比 1964~1988 年升高 0.38℃。这与全球、我国以及东北地区气温的变化趋势基本一致。

5.1.1.3　降水的年际变化

八五九农场 1964~2010 年降水量 C_v 为 0.211，春季为 0.372，夏季为 0.349，秋季为 0.356，冬季为 0.643。说明八五九农场年降水量的年纪变化比较稳定，而四季降水量的年际变化相对较大，而且春、夏和秋季的变化幅度比较一致。

从图 5-2 可以看出，1964~1980 年降水量正常偏少，而 1981~2010 年交替出现 1~3 年降水量偏丰或偏少的年份，总体趋于增加。可以认定，20 世纪 80 年代初期是八五九农场降水量由少向多转变的分界点。

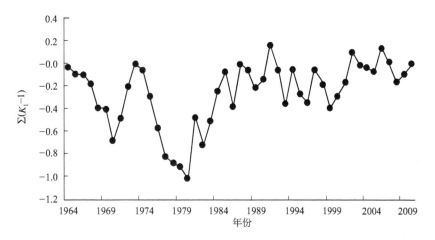

图 5-2　八五九农场年降水量模比系数差积曲线

从表 5-2 可知，20 世纪 80 年代和 21 世纪初期降水量正常略多，20 世纪 60 年代、70 年代和 90 年代年降水量处于偏少阶段，20 世纪 60、70 年代是降水量最少的时期，20 世纪 80 年代和 21 世纪初期是降水量最多的时期。47 年中，最大年降水量 895.3mm，出现于 1981 年；最小年降水量 397.8mm，出现于 1986 年。与 47 年平均值相比，21 世纪初的平均年降水量增加约 2.68%；若以 1980 年为界，则 1981~2010 年平均降水量为 543.00mm，比 1964~1980 年平均降水量 596.27mm 增加约 9.81%。

5.1.1.4　突变特征分析

（1）气温的突变分析

采用以上方法，取均值时段 m 分别为 10 年、15 年、20 年和 25 年，检查八五九农场 47 年来年平均气温序列中达到 $\alpha = 0.05$ 显著水平的突变年份（表 5-3）。从表 5-3 检验结果可知，47 年来八五九农场年平均气温分别在 1974 年、1975 年、1977 年、1978 年和 1979 年由低向高发生了突变，其显著水平均可达到 0.05。这进一步论证了 20 世纪 70 年代末期是八五九农场气温明显由冷向暖转变分界点的分析结论。同时，1999 年由高向低发生了突变，其显著水平也达到了 0.05，这说明气温在由冷向暖转变的过程中，20 世纪 90 年代末期出现了一定的下降。

表 5-2　八五九农场年代际平均降水量及其与 47 年均值比较的距平值　　　单位：mm

时段	年平均		春季		夏季		秋季		冬季	
	降水量	距平/%	降水量	距平/%	降水量	距平/%	降水量	距平/%	降水量	距平/%
1964~1970 年	521.63	−9.60	78	−26.55	269.5	−10.88	114.2	−7.98	18.8	−30.11
1971~1980 年	557.97	−3.30	112	5.46	299.2	−1.06	127.2	2.50	19.5	−27.51
1981~1990 年	628.14	8.86	98.38	−7.36	324.69	7.37	131.89	6.28	20.30	−24.54
1991~2000 年	568.21	−1.52	106.17	−0.03	304.97	0.85	137.69	10.95	19.38	−27.96
2001~2010 年	592.46	2.68	127.99	20.52	303.72	0.44	106.78	−13.96	53.97	100.63
1964~2010 年	577.00		106.20		302.40		124.1		26.9	

表 5-3　八五九农场 47 年年平均气温序列中突变年份的滑动 T 检验

平均时段/a	t_a	检验突变	
	$\alpha = 0.05$	t	年份
10	1.734	2.3446, 2.2760, 1.7894, 1.7735, −2.2828	1974,1975,1977,1978,1999
15	1.701	2.1792, −1.7633	1979,1999
20	1.686	−1.7039	1999
25	1.677	−1.6825	1999

（2）降水的突变分析

采用同样的方法，取均值时段 m 分别为 10 年、15 年、20 年和 25 年，检查八五九农场 47 年年降水量序列中达到 $\alpha = 0.05$ 显著水平的突变年份，但是其显著水平发现均没有达到 0.05。文中取 $|t| > 1$ 的突变年份（表 5-4）。

表 5-4　八五九农场 47 年年降水量序列中突变年份的滑动 T 检验

平均时段/a	检验突变	
	$|t| > 1$	年份
10	1.1196, 1.0193, −1.0215, 1.0054 −1.0021. −1.0759	1978,1980,1988,1989,1991,2007
15	1.2814, 1.3194, 1.4375	1979,1980,1981
20	−1.0677	2007
25	—	—

从表 5-4 检验结果可见，47 年来八五九农场年降水量大致在 20 世纪 70 年代末

期由少向多发生了变化,但其显著水平没有达到 0.05。在 20 世纪 90 年代和 21 世纪初期有一定的减少趋势,但总体是增加的。

5.1.1.5　结果讨论

(1) 农场年平均气温、降水量与其他地区的对比分析

表 5-5 为典型农场与东北地区年平均气温和降水量的对比。由表 5-5 可以看出,八五九农场与东北地区的气温变化基本一致,而降水量得到了相反的结论。与东北大尺度区域相比,农场尺度的气温增加较小;近 50 年来东北地区的降水量减少,而且从全国的角度来看,我国年降水量同样以 $-2.66mm/10a$ 的速度减少,农场却呈现增加的趋势。

表 5-5　八五九农场年均气温及降水量与其他地区的比较

地区	年份	平均气温/(℃/10a)	降水量/(mm/10a)
八五九农场	1964~2010	0.14	7.51
建三江垦区(苏晓丹 等,2012)	1965~2002	0.50	−1.90
佳木斯市(李文福 等,2012)	1961~2010	0.41	—
三江平原(栾兆擎 等,2007)	1951~2002	0.30	−8.93
黑龙江省(高永刚 等,2007;王秀芬 等,2011)	1980~2009	0.55	−23.0
东北地区(贾建英 等,2011)	1961~2006	0.36	变化不明显,但有减少趋势

由图 3-4 和图 3-5 可以看出,夏季和冬季降水量对年平均气温变化的影响较大,如 1981 年、2002 年和 2009 年的夏季和冬季降水量较大,从而导致这三年平均气温较低。八五九农场 1966~1968 年和 2003~2005 年降水量较低,是比较干旱的年代,但同时年平均气温的变化幅度也较小,该地区气温与降水量并非都呈反相关关系。从该地区气温和降水量变化的大趋势分析,两者总体呈负相关关系,这与东北地区和全国的研究大体一致。有关专家指出,气候变暖引起的气候变化会使极端气候的出现频率和强度不断增加,但是特定区域在变化的幅度和原因等方面还存在许多不确定性,这需要进一步研究。

(2) 气候变化的原因分析

关于东北地区的气候变化情况,研究表明我国东北地区的气候变化与全球气候变化基本一致,目前仍属于暖期。近 50 年东北地区气温普遍呈现升高趋势(付长超 等,2009;刘志娟 等,2009),其中,1990 年变暖最为显著。从空间上看,东北大部分地区年降水量呈减少趋势。位于东北地区的开垦型农场,其年平均气温呈增暖趋势,同时降水量变化不明显,这与东北地区近 46 年的研究(贾建英 等,2011)相似。但是,东北地区的研究表明降水量整体上有减少的趋势,开垦型农场呈现增加的趋势。

八五九农场处于我国东北地区的三江平原,属于高纬度地区。导致研究区气温变暖的原因很多,它是全球气候变暖的反应,其中人类活动,如农业开发和土地利

用变化，是造成大气中 CO_2 等温室气体浓度持续增加的原因。在全球气候变暖的背景下，研究区气温升高，蒸发量增大；同时，纬度高、对气温变化敏感度强（丁一汇 等，1994），也是导致研究区气温上升的重要原因。但在降水量变化趋势特征事实的原因分析上，其原因更加复杂，可能受大气环流背景的影响以及地形地貌等复杂因素的影响，因而其复杂的原因有待于进一步的研究。

5.1.2 全球变暖潜势动态变化

近年来气候的异常变化引起国际社会和科学界对温室气体的增加及其温室效应极大的关注，并采取了一系列的措施和行动减少温室气体的排放，以减缓其对自然环境和人类社会的严重影响。全球变暖潜势（Global Warming Potential，GWP）是基于充分混合的温室气体辐射特性的一个指数，它表示这些气体在不同时间内在大气中保持综合影响及其吸收外逸热红外辐射的相对作用，实质就是将某种温室气体在一定时间范围内产生的增温效应折换成等效的 CO_2。

5.1.2.1 模型验证

在很多国家 DNDC 模型已经成功用于模拟不同农业系统温室气体的释放和排放量减少，例如模拟田间大豆和冬小麦（Ludwig et al.，2011），爱尔兰传统耕作和减耕，欧洲草地（Levy et al.，2007）温室气体的不同释放情况。这些成功的案例为模型验证提供了良好的参考。一些研究团队已经在一系列农田生态系统田间实验验证和数据集模拟的基础上使用和扩展了 DNDC 模型，例如，张远等（2011）利用中国科学院三江平原沼泽湿地生态试验站 CH_4 的实测值进行模型的验证（图5-3），一致性较好，表明 DNDC 模型能够可靠地应用于三江平原稻田生长期内 CH_4 排放模拟。

模型参数值基于日本、中国大陆和中国台湾地区的模型验证情况进行了重新定义（Desjardings et al.，2010），DNDC 模型能够模拟农田土壤表层 $0\sim20cm$ 的 CO_2 含量、CH_4 通量和 N_2O 通量。由于缺乏痕量气体的实测值，将模型模拟结果与相似模型的模拟结果进行对比（Cai et al.，2003），详细的验证情况如表5-6所列。在前人研究成果和历史实测数据验证的基础上，模型较好地模拟了从三江平原1964 年至 2010 年旱田和水田不同耕作模式和农田管理措施下 GHG 释放的年际动态。利用验证之后的 DNDC 模型能够评价不同耕作模式和农田管理措施对 GWP 的影响。

表 5-6　模拟结果的验证

指标	耕作模式	模拟结果		平均值	变动范围
		平均值	变动范围		
CH_4 通量 /[kg C/(hm² · a)]	旱田	−0.72	−0.84～−0.57	−0.62 （于君宝 等,2009）	−0.43～−0.80 （于君宝 等,2009）
	水田	37.93	16.04～82.43	71.12 （王毅勇 等,2008）	63.72～78.52 （王毅勇 等,2008）

指标	耕作模式	模拟结果		平均值	变动范围
		平均值	变动范围		
N_2O 通量 /[kg N/(hm² · a)]	旱田	4.41	0.24~20.78	3.12 (于君宝 等,2009)	2.15~4.09 (于君宝 等,2009)
	水田	0.09	0.01~0.59	0.8 (王毅勇 等,2008)	0.54~1.20 (王毅勇 等,2008)

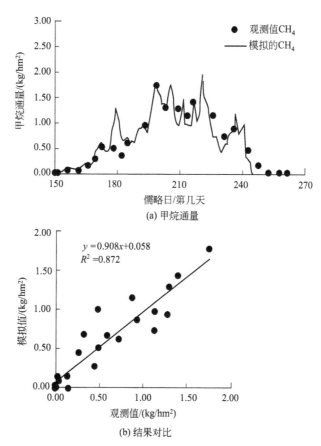

图 5-3　验证田块的甲烷排放通量观测与模拟结果对比

5.1.2.2　农田耕作模式变化对 GWP 的影响

在相同条件下，利用 DNDC 模型模拟两种不同耕作模式下 GWP 的长期变化情况（图 5-4）（Ouyang et al.，2015）。从 1964 年到 2010 年四个时期 CO_2、CH_4 和 N_2O 的释放量如表 5-7 所列。期间旱田 N_2O 的释放量先增加然后减少，范围为 0.24~4.92kg N/(hm² · a)。旱改水之后 N_2O 的释放量明显减少；但是水田 CH_4 释放量比较大，变化范围为 16.72~60.70kg C/(hm² · a)。根据 GWP 的计算公式，将温室气体 CH_4 和 N_2O 转化为 GWPs，旱田 1964~1979 年、1980~1992 年、1993~1999 年和 2000~2010 年四个时期的年均值分别为 2015.40kg CO_2-e/(hm² · a)、

5154.34kg CO_2-e/(hm^2 · a)、7229.03kg CO_2-e/(hm^2 · a) 和 4732.35kg CO_2-e/(hm^2 · a)。经计算旱田 1964～2010 年总的年均 GWP [5876.83kg CO_2-e/(hm^2 · a)] 是水田 1993～2010 年总的年均值 [1636.99kg CO_2-e/(hm^2 · a)] 的 3 倍多。旱改水后 GWP 的值降低,有利于减少温室效应。

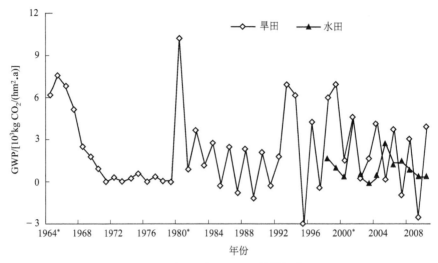

图 5-4　旱田和水田 GWP 的模拟值

[* 基准年(1964 年、1980 年、1993 年、2000 年)]

表 5-7　两种耕作模式下四个时期 GWP 的年均值

耕作模式	时期	N_2O /[kg N/(hm^2 · a)]	CH_4 /[kg C/(hm^2 · a)]	CO_2 /[kg C/(hm^2 · a)]	GWP /[kg CO_2-e/(hm^2 · a)]
旱田	1964～1979 年	1.39	−0.73	371.13	2015.40
	1980～1992 年	5.06	−0.77	738.85	5154.34
	1993～1999 年	7.97	−0.72	528.55	7229.03
	2000～2010 年	5.78	−0.66	239.11	4732.35
水田	1993～1999 年	0.11	26.50	353.86	2091.55
	2000～2010 年	0.08	45.21	11.82	1347.72

　　旱田和水田时间尺度上 GWP 的模拟值(图 5-4)表明,GWP 结果在耕作模式发生变化时出现较大的波动。经过两年的波动之后,GWP 重新稳定下来。在第一个时期,旱田 GWP 释放量逐渐减少,第二个时期引进玉米之后逐渐增加。通过比较,三种作物中玉米的 GWP 值最高,大豆最低。

　　从 1993 年到 2008 年,三江平原的开发强度不断增加,大面积的沼泽湿地和天然林地被开垦为农田。1993～2008 年农田面积持续增加,净增加了 459752hm^2,1993 年和 2000 年经历两次大规模的土地开发,农田面积增加幅度较大。从 1993 年水田开始出现 25964hm^2,迅速增加到 2008 年水田的面积 267875hm^2,增加了 9 倍多,占农田面积的比例从 14.37% 增加到 41.83%;与此同时,旱田的面积也增加了 217841hm^2,到 2008 年达到 372524hm^2。

根据 DNDC 模型模拟得到的 GWP 的年均值，计算三江平原 1993～2008 年农田 GWP 动态（图 5-5）。三江平原 GWP 随着农田面积的增加总体上有增加的趋势。从 1993 年至 2008 年 GWP 最小值为 $94.15 \times 10^7 kg\ CO_2\text{-e}/(hm^2 \cdot a)$，最大值为 $212.39 \times 10^7 kg\ CO_2\text{-e}/(hm^2 \cdot a)$。虽然水田面积占全部农田面积的比例增加到 41.83%，但是水田 GWP 占农田总 GWP 比例的范围为 4.63%～17.00%。旱田 GWP 贡献了农田总 GWP 的 83.00%～95.37%。

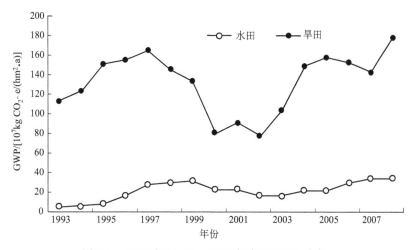

图 5-5　三江平原 1993～2008 年农田 GWP 动态

5.1.2.3　农田管理措施对 GWP 的长期影响预测

模型中的农田管理措施包括施肥率、作物还田率、除草、耕作等，这些措施能够通过减少温室气体的释放量有效减少全球变暖影响（Xie et al.，2010）。设置旱田和水田农田管理措施的不同情景，利用经过验证的 DNDC 模型模拟来预测农田管理措施对 GWP 的长期动态影响。

选择 3 种农田管理措施设置情景（表 5-8）来评价不同农田管理措施对 GWP 的可能影响。第 1 种农田管理措施考虑作物还田率，设置地上植物残留还田率分别为 40%、60% 和 80%（基准还田率为 25%）。有机肥施用量从 0（基准值）增加到 $2000 kg\ C/hm^2$。因为在中国大部分农业耕作区化肥的过量使用成为了显著的社会问题，化肥的施用量设置为基准值的 50%、80% 和 120%。为了强调农田管理措施的长期影响，每种情景下利用 DNDC 模型模拟 30 年。模拟过程中，2010 年的气象数据用于每个预测模拟年。

表 5-8　模型预测中农田管理措施情景设置

土地利用方式	管理措施情景	情景设置
旱田和水田	还田率/%	25(基准值),40,60,80
	有机肥/(kg C/hm²)	0(基准值),500,1000,2000
	化肥(基准值)/%	50,80,100,120

利用经过验证的 DNDC 模型模拟旱田和水田在三种农田管理措施下 GWP 的变化，发现不同还田率对旱田和水田 GWP 的影响不同。由于旱田是大豆和玉米轮作，两种作物的 GWP 值不同。当大豆的还田率按 40%、60% 和 80% 增加时，年际平均 GWP 值增加，分别为 301.74kg CO_2-e/(hm^2·a)、705.22kg CO_2-e/(hm^2·a) 和 1137.76kg CO_2-e/(hm^2·a)。与 25% 基准值的情景相比，还田率为 40%、60% 和 80% 时，玉米的年际平均 GWP 值分别减少了 440.59kg CO_2-e/(hm^2·a)、1020.30kg CO_2-e/(hm^2·a) 和 1597.3kg CO_2-e/(hm^2·a)。随着还田率的增加，水田的年际平均 GWP 值逐渐减少，甚至由 GWP 的源变为汇，并趋于某个特定值。长期的模拟结果表明还田率增加能够减少 GWP 值。单一考虑对 GWP 的影响，在三江平原冻融区玉米是大豆、玉米和水稻三种作物中的优先作物。

长期预测结果表明，有机肥增加会导致旱田 GWP 的增加。当有机肥增加到 500kg C/hm^2、1000kg C/hm^2 和 2000kg C/hm^2 时，GWP 的平均值在十年内分别比基准值增加了 1.9 倍、1.5 倍和 1.6 倍。对于水田，有机肥在前三年影响 GWP 比较大，随着时间的延长 GWP 的值增加。有机肥施用量增加会导致 GWP 逐渐变大，超过基准值较多。施用有机肥会引起旱田 GWP 增加，对于水田 GWP 减少有短期作用，但是不能保持。

氮肥施用量从基准值的 50% 增加到 120% 时，旱田 GWP 值在开始的 8 年内逐渐增加。8 年之后不同的作物变化不同，大豆的 GWP 值保持增加的趋势；相比，玉米的 GWP 值随着 N 肥施用量的增加先减少后增加，拐点是基准值的 80%。模拟结果表明：当 N 肥施用量增加时水田的 GWP 增加。

5.2 生态系统服务价值

5.2.1 生态系统服务价值的分配

研究采用的基本数据来源于 1979 年美国 LANDSAT MSS 以及 1992 年、1999 年和 2009 年 LANDSAT TM 卫星遥感影像。通过影像解译，运用 ArcGIS9.3 软件进行数据处理，并获取 1979 年、1992 年、1999 年和 2009 年的土地利用数据。根据中国《土地利用现状调查技术规程》，本研究在 Costanza 等（1997a，1997b）采用的土地分类系统的基础上，将八五九农场的土地利用划分为六类，包括林地、草地、耕地、水域、湿地和建筑用地（表 5-9）（Hao et al.，2012）。

表 5-9　八五九农场土地利用类型

类型	定义
林地	乔木,道路,铁路和沿海两侧的灌木和防护林
草地	天然草地和人工草地

续表

类型	定义
耕地	水田,望天田,水浇地,旱地和菜地
水域	河流,溪流,池塘,水库和湖泊
湿地	主要是沼泽,潮湿的土壤
建筑用地	用于工业,商业,住宅和运输的土地

采用中国生态系统服务价值当量因子表（谢高地 等，2003），分配研究区不同土地利用类型的生态系统服务价值系数，见表 5-10。

表 5-10　中国生态系统服务价值当量因子表

生态服务功能	森林	草地	农田	湿地	水域	难利用地
气体调节	3.50	0.80	0.50	1.80	0	0
气候调节	2.70	0.90	0.89	17.10	0.46	0
水源涵养	3.20	0.80	0.60	15.50	20.40	0.03
土壤形成与保护	3.90	1.95	1.46	1.71	0.01	0.02
废物处理	1.31	1.31	1.64	18.18	18.20	0.01
生物多样性保护	3.26	1.09	0.71	2.50	2.49	0.34
食物生产	0.10	0.30	1.0	0.30	0.10	0.01
原材料	2.60	0.05	0.10	0.07	0.01	0
娱乐文化	1.28	0.04	0.01	5.55	4.34	0.01
合计	21.85	7.24	6.91	62.71	46.01	0.42

1979～2009 年八五九农场平均粮食产量为 5696kg/hm²（八五九农场志，1979～2009），粮食单价按 2009 年全国平均价格 1.55 元/kg（中国统计年鉴，2010）计算。由此可知，研究区单位生态系统服务价值量为 1261.26 元。在计算八五九农场不同土地利用类型单位面积的生态服务价值时按照以下原则进行分配：研究区的耕地类别对应于表 5-10 中的农田类型，林地对应森林。研究区的建设用地由于其绿化面积较小，除具有一定的娱乐文化价值外，其他生态功能可以忽略不计（冉圣宏 等，2006）。因此，本研究中建筑用地的生态系统服务价值系数为 0。表 5-11 为研究区不同土地利用类型的单位面积生态服务价值量。

表 5-11　不同土地利用类型的生态系统服务价值系数　　　单位：元/（hm²·a）

生态服务功能	林地	草地	耕地	水域	湿地	建筑用地
气体调节	4414.4	1009.0	630.6	0.0	2270.3	0.0
气候调节	3405.4	1135.1	1122.5	580.2	21567.5	0.0
水源涵养	4036.0	1009.0	756.8	25729.7	19549.5	0.0
土壤形成与保护	4918.9	2459.4	1841.4	12.6	2156.8	0.0

续表

生态服务功能	林地	草地	耕地	水域	湿地	建筑用地
废物处理	1652.3	1652.2	2068.5	22954.9	22929.7	0.0
生物多样性保护	4111.7	1374.8	895.5	3140.5	3153.2	0.0
食物生产	126.1	378.4	1261.3	126.1	378.4	0.0
原材料	3279.3	63.1	126.1	12.6	88.3	0.0
娱乐文化	1614.4	50.5	12.6	5473.9	6999.9	0.0
合计	27558.5	9131.5	8715.3	58030.5	79093.6	0.0

5.2.2　生态系统服务价值的计算

估算生态系统服务价值和单项功能价值的公式如下（Costanza et al.，1998）：

$$ESV_k = A_k \times VC_k \tag{5-3}$$

$$ESV = \sum_k A_k \times VC_k \tag{5-4}$$

$$ESV_f = \sum_k A_k \times VC_{kf} \tag{5-5}$$

式中　ESV，ESV_f——生态系统服务价值，单项生态功能价值，元；

$\qquad A_k$——不同土地利用类型的面积，hm^2；

$\qquad VC_k$，VC_{kf}——单位面积的生态服务系数，第 f 项功能的服务价值系数，

$\qquad\qquad$元/（$hm^2 \cdot a$）。

本书通过敏感性指数（CS）来验证生态价值系数的准确性。其敏感性指数的计算公式如下（Kreuteretal.，2001）：

$$CS = \left| \frac{(ESV_j - ESV_i)/ESV_i}{(VC_{jk} - VC_{ik})/VC_{ik}} \right| \tag{5-6}$$

式中　ESV_i——初始的生态系统服务价值；

$\qquad ESV_j$——生态服务价值指数调整后的生态系统价值；

$\qquad VC_{ik}$——初始的第 k 种土地利用类型所对应的生态系统功能服务价值系数；

$\qquad VC_{jk}$——调整生态服务价值指数后的第 k 种土地利用类型所对应的生态系统功能服务价值系数。

5.2.3　结果分析

5.2.3.1　生态系统服务价值的变化

根据式(5-3)～式(5-5)计算八五九农场在不同时期的生态系统服务价值以及变化情况。由表5-12可知，1979 年、1992 年、1999 年和 2009 年八五九农场的生态系统服务价值分别为 7523.10×10^6 元、6965.29×10^6 元、6249.74×10^6 元和 4023.59×10^6 元。从 1979 年到 1992 年，生态系统服务价值减少 557.81×10^6 元。

同样地，1992～1999 年和 1999～2009 年的生态服务价值也是呈现减少状态，分别减少 715.55×10^6 元和 2226.15×10^6 元。总体而言，研究区的生态系统服务价值在 1979～2009 年共减少了 3499.51×10^6 元，年变化率达−1.55%。尽管一些土地类型的生态系统服务价值增加，但是与湿地和林地的减少值相比，仍然微不足道，其总体呈现降低的趋势。总体而言，1979～2009 年间生态系统服务价值将近减少 50%。

表 5-12　1979～2009 年八五九农场不同土地利用类型的生态系统服务价值

土地利用类型	ESV/(10^6 元/年)				ESV 变化(1979～2009 年)		
	1979 年	1992 年	1999 年	2009 年	10^6 元	%	%/a
林地	709.91	642.94	510.11	457.20	−252.71	−35.60	−1.19
草地	6.39	8.95	23.56	15.43	9.04	141.47	4.72
耕地	195.22	276.19	376.15	664.89	469.67	240.58	8.02
水域	82.40	89.37	92.85	100.39	17.99	21.83	0.73
湿地	6529.18	5947.84	5247.07	2785.68	−3743.50	−57.33	−1.91
建筑用地	0.00	0.00	0.00	0.00	0.00	—	—
合计	7523.10	6965.29	6249.74	4023.59	−3499.51	−46.52	−1.55

注："+"和"−"分别表示增加和减少的趋势。

由于具有较高的生态系统服务价值系数，湿地的生态系统服务价值在六类土地利用类型中的比例是最高的，占总价值的 80% 左右。由表 5-13 可以看出，1979 年湿地由 61.9% 的面积比例，贡献了 86.8% 的生态系统服务价值，在整个生态系统中占主导地位；同时，2009 年湿地面积比例急剧下降，仅为 26.4%，而生态服务价值比例为 69.2%，其主导地位并没有改变。这说明与土地面积中所占的比例相比，湿地在总生态系统服务价值中所占的比例大得多。这种格局产生的主要原因是湿地具有很高的生态系统服务价值系数。林地和耕地的价值系数偏低，但由于其面积约占全区总面积的 48%，它们的生态系统服务价值在总价值中占有较大的比例（林地和耕地分别为总价值的 9.5% 和 7.3%）。湿地、林地、耕地和水域的生态系统服务价值约为总价值的 99%，表明这四种土地利用类型，尤其是湿地和林地，为八五九农场提供了最多的生态服务价值。

表 5-13　研究区不同土地利用类型的生态系统服务价值结构　　　　单位：%

土地利用类型	1979 年	1992 年	1999 年	2009 年
林地	9.4	9.2	8.2	11.4
草地	0.1	0.1	0.4	0.4
耕地	2.6	4.0	6.0	16.5
水域	1.1	1.3	1.5	2.5
湿地	86.8	85.4	83.9	69.2
建筑用地	0.0	0.0	0.0	0.0

  30 年间，湿地和林地的生态系统服务价值量不断减少，尤以湿地减少最多，1979～2009 年的生态服务价值量损失为 3743.5×10⁶ 元，占总减少量的 93.7％；而耕地、草地、水域和建筑用地的生态系统服务价值量均在增加。其中，耕地面积的大幅度增加造成生态服务价值的增加量为 469.67×10⁶ 元，占总增加量的 94.6％。整个研究期间，林地面积比例减少了 6.9％，生态服务价值量减少了 252.71×10⁶ 元，占总减少量的 6.3％，生态服务价值量比例由 1979 年的第 2 位下降到 2009 年的第 3 位；而耕地生态服务价值量比例由 1979 年的第 3 为上升到了 2009 年的第 2 位，成为生态服务价值量增加的主要来源。价值系数较高、但面积有限的水域，以及面积比例较高、其生态服务价值系数较低的耕地，它们增加的生态系统服务价值量（ESV）远远不能弥补由于具有高价值系数的湿地和林地减少所带来的损失。湿地生态服务价值在总价值的比例最大，约为 70％。

5.2.3.2 生态系统单项服务功能价值变化

  八五九农场 1979～2009 年生态系统单项服务功能价值变化情况如表 5-14 所列。

表 5-14 1979～2009 年八五九农场单项生态功能价值变化

生态系统服务功能	1979 年		1992 年		1999 年		2009 年		趋势
	ESV_f/(10⁶ 元/年)	%	ESV_f/(10⁶ 元/年)	%	ESV_f/(10⁶ 元/年)	%	ESV_f/(10⁶ 元/年)	%	
气体调节	315.97	4.2	294.69	4.2	262.14	4.2	203.01	5.0	—
气候调节	1894.80	25.2	1738.9	25.0	1546.14	24.7	904.67	22.5	—
水源涵养	1771.99	23.6	1628.87	23.4	1448.05	23.2	859.45	21.4	—
土壤形成与保护	347.75	4.6	337.73	4.8	319.97	5.1	302.22	7.5	↑
废物处理	2015.51	26.8	1865.39	26.8	1682.02	26.9	1035.3	25.7	—
生物多样性保护	391.71	5.2	367.62	5.3	332.51	5.3	255.34	6.3	↓
食物生产	63.19	0.8	71.93	1.0	83.05	1.3	112.50	2.8	↑
原材料	94.65	1.3	87.23	1.3	72.18	1.2	67.26	1.7	↓
娱乐文化	627.53	8.3	572.93	8.2	503.68	8.1	283.84	7.1	↓
合计	7523.10	100	6965.29	100	6249.74	100	4023.59	100	—

  由表 5-14 可以看出，单项生态服务功能的变化趋势是：土壤形成与保护和食物生产功能呈现增加趋势；其中，土壤形成与保护价值的增加幅度最大，变化率达 7.5％，其主要原因是林地和湿地的价值系数最高 [分别为 4918.9 元/(hm²·a) 和 2156.8 元/(hm²·a)]。生物多样性保护、原材料和娱乐文化产生的生态价值均在减少，其中娱乐文化价值变化率减少较多，为 7.1％，主要是由于娱乐文化生态价值系数最高 [6999.9 元/(hm²·a)] 的湿地面积大量减少，而生态价值系数最低 [12.6 元/(hm²·a)] 的耕地面积急剧增加造成的。其次是生物多样性保护产生生态价值减少较快，为 6.3％。1979～2009 年，生物多样性保护损失的生态系统服务

价值达到 136.37×10^6 元，主要是因为具有最大生物多样性保护生态价值系数
[4111.7 元/(hm² · a)] 的林地面积大量减少。同样地，原材料生产生态价值减少
了 27.39×10^6 元，变化率为 -1.7%，这同样是由于原材料生态价值系数最高
[3279.3 元/(hm² · a)] 的林地面积减少造成的。

　　根据单项生态服务价值对总体生态系统服务价值的贡献（表 5-15），不同时期
具有明显的差异变化。其中，气候调节、水源涵养、废物处理和娱乐文化是构成总
ESV 的主要部分，它们在生态系统服务价值中起主导作用。1979 年、1992 年、
1999 年和 2009 年，其生态价值之和在总生态系统服务价值的比例中均超过了
75%。而生物多样性保护价值和气体调节所占比例较低，分别为 5% 和 4% 左右。
整体来看，研究初期占主导地位的气候调节、水源涵养和废物处理价值所占 ESV
的比重均有所降低。

表 5-15　1979～2009 年单项生态价值的比重　　　　单位：%

生态系统服务功能	1979 年	1992 年	1999 年	2009 年
气体调节	4.2	4.2	4.2	5.0
气候调节	25.2	25.0	24.7	22.5
水源涵养	23.6	23.4	23.2	21.4
土壤形成与保护	4.6	4.8	5.1	7.5
废物处理	26.8	26.8	26.9	25.7
生物多样性保护	5.2	5.3	5.3	6.3
食物生产	0.8	1.0	1.3	2.8
原材料	1.3	1.3	1.2	1.7
娱乐文化	8.3	8.2	8.1	7.1
合计	100.0	100.0	100.0	100.0

5.2.3.3　生态系统服务价值的空间分布

　　八五九农场在 1979 年、1992 年、1999 年和 2009 年的生态系统服务价值空间
分布如图 5-6 所示。从图 5-6 中可以看出，生态服务价值大于 30000 元/(hm² · a)
的区域主要分布在研究区的东北部，其土地利用类型以湿地和水域为主；生态系统
服务价值介于 10000～30000 元/(hm² · a) 的区域主要分布在研究区西南部的林地
覆被区域；生态服务价值介于 5000～10000 元/(hm² · a) 的区域主要是草地和耕
地的覆被区域，其中 2009 年有显著增加，其主要原因是耕地面积的大量增加；小
于 5000 元/(hm² · a) 的区域面积较少，主要是建筑用地。

　　由图 5-7 可知，在 1979～1999 年生态系统服务价值发生变化区域的分布相对
较小，变化最频繁的区域以农场中心为主；部分区域生态系统服务价值降低的主要
原因是农业开垦，建设用地的不断扩张。同时，少量草地、林地和耕地转化为湿地

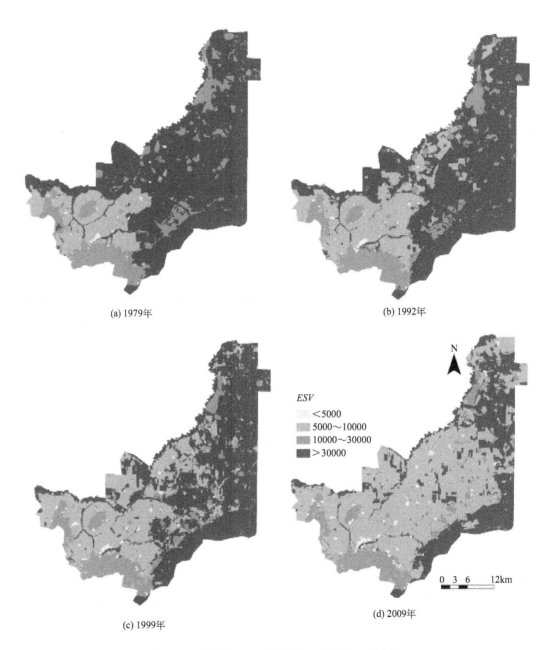

(a) 1979年

(b) 1992年

ESV
<5000
5000~10000
10000~30000
>30000

0 3 6 12km

(c) 1999年

(d) 2009年

图 5-6　不同时期八五九农场生态系统服务价值的
空间分布 [元/(hm² · a)，彩色版见书后彩图 2]

和水域，导致小部分区域生态系统服务价值升高，但整体而言是下降的。1999～
2009 年，生态系统服务价值的变化基本发生在农场中心和东北区域，且价值减少
区域的范围明显扩大。总体而言，1979～2009 年间研究区生态系统服务价值下降
的区域范围不断扩大，主要是由于大量湿地和林地被开垦为耕地；价值增加区域的
范围较小，这是因为在农业开垦的过程中，少量的林地和水域变为湿地。

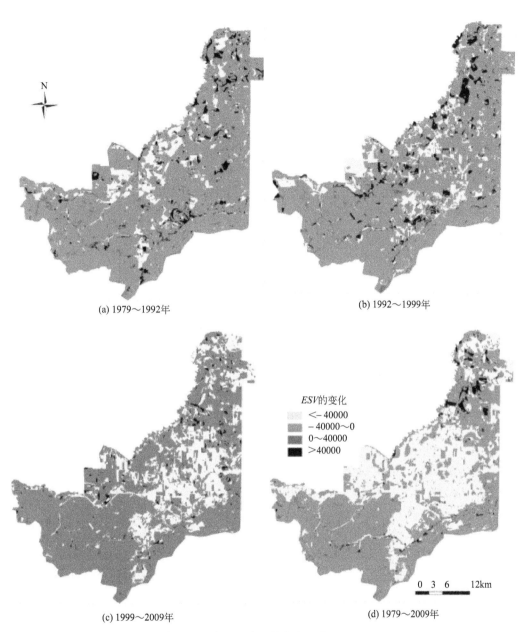

(a) 1979～1992年

(b) 1992～1999年

ESV的变化
<-40000
-40000～0
0～40000
>40000

0 3 6 12km

(c) 1999～2009年

(d) 1979～2009年

图 5-7 研究区生态系统服务价值变化的
空间分布 [元/(hm² · a)，彩色版见书后彩图3]

5.2.3.4 敏感性分析

在敏感性分析中，将价值系数上下各调整 50%，根据式(5-6)进行估算，结果如表 5-16 所列。根据敏感性结算结果，发现不同土地利用类型的敏感性指数均小于 1，这说明研究结果可信。其中 CS 最大值为湿地，在 0.69～0.87 之间，其原因可能是八九五农场在 1979 年之前几乎全部是湿地，但在经历了几次农业开发后，农场湿地大幅度减少，耕地面积快速增加，而且湿地的生态服务功能是最高的，其生态系统服务价值系数（VC）最大。其次是耕地，其敏感性指数增加了 0.14，这说明耕地和湿地的生态系统服务价值系数对本次研究的精确性是最关键的。总体而言，湿地的 CS 最大；CS 最小值为建筑用地，它们的 CS 值为 0。

表 5-16 研究区生态系统服务价值的敏感性指数

价值系数调整	1979 年		1992 年		1999 年		2009 年	
	%	CS	%	CS	%	CS	%	CS
林地 VC±50%	4.72	0.09	4.62	0.09	4.08	0.08	5.68	0.11
草地 VC±50%	0.04	0.00	0.06	0.00	0.19	0.00	0.19	0.00
耕地 VC±50%	1.30	0.03	1.98	0.04	3.01	0.06	8.26	0.17
水域 VC±50%	0.55	0.01	0.64	0.01	0.74	0.01	1.25	0.03
湿地 VC±50%	43.39	0.87	42.70	0.85	41.98	0.84	34.62	0.69
建筑用地 VC±50%	0.00	0.00	0.00	0.00	0.00	0.00	0.00	0.00

5.3 水资源承载力

水资源承载力（Water Resources Carrying Capacity，WRCC）是一个国家或地区持续发展过程中各种自然资源承载力的重要组成部分，且往往是水资源紧缺和贫水地区制约人类社会发展的"瓶颈"因素，它对一个国家或地区综合发展和发展规模有至关重要的影响。

5.3.1 评价方法

5.3.1.1 向量模法

水资源承载力的量化方法主要有综合指标体系评价法、多目标模型分析法和系统动力学法等。综合指标体系评价方法是一种采用统计的方法，选择单项或多项指标，反映地区水资源承载力现状和阈值的方法，主要有模糊综合评价法和向量模法等（蒋晓辉 等，2001；来雪慧 等，2010；曾现进 等，2013）。向量模法数学理论基础坚实，人为因素小，原理、形式和运算较简单。实践表明，该方法的评价结果较其他方法更为客观合理（洪峪森，1998）。因此，向量模法逐渐被广泛应用。本研究采用向量模法对三江平原水资源的承载力进行评价。它常用于横向（不同地区同一时间）和纵向（同一地区不同时间）的水资源承载能力状况综合比较（刑有凯 等，2008）。将水资源承载能力视为 1 个由 n 个指标构成的向量，对 m 个水平的 n 个指标进行归一化，则归一化后的向量模作为评定水资源承载能力大小的依据。

假设评价值 E 包括 n 个具体指标确定的分量，每个指标的权重为 w_i（$i=1,2,\cdots,n$），即有 $E_i=(E_1,E_2,\cdots,E_n)$。这样，水资源承载力的大小可用归一化后的矢量的模表示，即

$$|E| = \left[\sum_{i=1}^{n} (w_i \overline{E}_i)^2 \right]^{1/2} \tag{5-7}$$

$$\overline{E}_i = E_i \bigg/ \sum_{i=1}^{m} E_i$$

5.3.1.2　评价指标体系构建

水资源承载力的分析涉及自然环境和社会经济等多方面,所选取的评价指标需全面反映研究区的实际情况,完整地表征自然环境变化、社会经济发展对水资源承载力的影响(刘征 等,2007;李吉玫 等,2007;徐毅 等,2008)。借鉴国内外研究成果,并结合三江平原的社会、经济和环境特征,以及综合考虑数据的可获得性,选定评价指标构建包括目标层、系统层和指标层的三江平原水资源承载力评价指标体系(表 5-17)。目标层为三江平原水资源承载力综合评价 A,是研究所追求的总目标;系统层为与水资源承载力研究紧密联系的四个系统,即水资源系统 B_1、社会系统 B_2、经济系统 B_3 和生态环境系统 B_4。指标层选取了能够充分反映四个系统的状态、质量以及水资源系统对其他系统支撑能力的 20 个指标,各指标的表征含义见表 5-15。其中,水资源系统中的指标 $C_1 \sim C_4$ 反映了水资源的数量及开发利用程度;社会系统中的指标 $C_5 \sim C_7$ 反映了社会发展水平及状态,$C_8 \sim C_{10}$ 反映了水资源对社会发展的供给程度;经济系统中的指标 $C_{11} \sim C_{13}$ 反映了区域整体经济发展水平及发展能力,$C_{14} \sim C_{18}$ 反映了水资源对工业和农业生产的支撑能力;生态环境系统中的指标 C_{19} 和 C_{20} 反映了区域生态环境状况和水资源对生态环境用水的供给能力。

表 5-17　三江平原水资源承载力评价指标体系

目标层	系统层	指标层	计算公式	表征意义
三江平原水资源承载力评价 A	水资源系统 B_1	单位面积水资源量 C_1	多年平均水资源量/土地面积 $(10^4 \text{m}^3/\text{km}^2)$	区域水资源的数量
		水资源开发利用率 C_2	供水总量/多年平均水资源量(%)	水资源开发利用程度
		水资源可利用率 C_3	水资源可利用量/多年平均水资源量(%)	水资源最大可开发利用程度
		供水模数 C_4	供水量/土地面积 $(10^4 \text{m}^3/\text{km}^2)$	区域水资源供给程度
	社会系统 B_2	人口密度 C_5	人口总数/土地面积(人/km²)	区域人口压力
		人口自然增长率 C_6	年净增人数/年平均人数 (0.1‰)	区域人口对水资源的动态压力
		城镇化率 C_7	城镇人口/总人口(%)	区域社会发展水平与人口素质
		城镇人均生活用水量 C_8	城镇生活用水量/城镇人口/365[L/(d·人)]	区域城镇人口生活用水水平
		农村人均生活用水量 C_9	农村生活用水量/城镇人口/365[L/(d·人)]	区域农村人口生活用水水平
		人均水资源占有量 C_{10}	多年平均水资源量/总人口 (m³/人)	区域人口与水资源协调状况

续表

目标层	系统层	指标层	计算公式	表征意义
三江平原水资源承载力评价 A	经济系统 B_3	人均 GDP C_{11}	地区生产总值/总人口(万元/人)	区域整体经济水平
		GDP 增长率 C_{12}	GDP 指数(上一年=100)-100(%)	区域经济整体发展能力
		第一产业占 GDP 比例 C_{13}	第一产业增加值/GDP 总量(%)	区域产业结构状况
		单位耗水生产 GDP C_{14}	地区生产总值/用水总量(元/m^3)	水资源与经济发展的协调性
		万元工业增加值用水量 C_{15}	工业用水总量/工业增加值($10^4 m^3$/万元)	区域工业用水水平
		耕地灌溉率 C_{16}	有效灌溉面积/耕地面积(%)	区域农业灌溉发展水平
		单位面积灌溉用水量 C_{17}	农业用水量/有效灌溉面积(m^3/hm^2)	区域农业用水状况及节水水平
		单位耗水粮食产量 C_{18}	粮食产量/农业用水总量(kg/m^3)	水资源对粮食生产的支撑能力
	生态环境系统 B_4	森林覆盖率 C_{19}	森林面积/土地总面积(%)	区域生态环境平衡状况
		生态环境用水率 C_{20}	生态环境用水量/多年平均水资源量(%)	区域生态环境对水资源的需求

5.3.1.3 权重的确定

指标权重的确定选用层次分析法,按照选取的指标,得到正负反阵(标度 a_{ij} 的取值方法依据见表 5-18):

表 5-18 层次分析法标度准则

标度 a_{ij}	含义
1	表示两个因素相比,具有同样的重要性
3	表示两个因素相比,一个因素比另一个因素稍微重要
5	表示两个因素相比,一个因素比另一个因素明显重要
7	表示两个因素相比,一个因素比另一个因素强烈重要
9	表示两个因素相比,一个因素比另一个因素极端重要
2,4,6,8	为上述相邻判断的中值
a_{ij}	因素 i 与因素 j 比较的结果,因素 j 与因素 i 比较则为其倒数 $1/a_{ij}$

按向量迭代序列方法计算权重,$e_0 = (1/n, 1/n, \cdots 1/n)^T$,$e'_k = Ae_{k-1}$,$|e'_k|$ 为 Ae_{k-1} 的 n 个分量之和,$e_k = e'_k / |e'_k|$,$k = 1, 2, \cdots$。数列 e_k 是收敛的,记其极限为 e,且记 $e = (a_1, a_2, \cdots a_n)$。取权重系数 $w_i = a_i$,矩阵 **A** 如下。

$$
A = \begin{bmatrix}
3 & 2 & 3 & 5 & 5 & 5 & 4 & 4 & 5 & 3 & 3 & 5 & 5 & 5 & 5 & 4 & 3 & 5 & 3 & \tfrac{1}{3} \\
2 & 2 & 3 & 3 & 3 & 3 & 5 & 4 & 4 & 3 & 4 & 5 & 5 & 3 & 4 & 3 & 2 & 1 & 1 & \tfrac{1}{5} \\
2 & 2 & 3 & 3 & 3 & 3 & 4 & 4 & 4 & 3 & 4 & 5 & 3 & 3 & 4 & 2 & 2 & 1 & 1 & \tfrac{1}{5} \\
2 & 2 & 3 & 4 & 4 & 4 & 5 & 5 & 5 & 3 & 3 & 4 & 3 & 2 & 3 & 1 & 2 & \tfrac{1}{2} & \tfrac{1}{3} & \tfrac{1}{3} \\
2 & 2 & 3 & 3 & 3 & 4 & 4 & 5 & 5 & 3 & 2 & 3 & 2 & 2 & 2 & \tfrac{1}{2} & 1 & \tfrac{1}{3} & \tfrac{1}{3} & \tfrac{1}{4} \\
3 & 3 & 3 & 3 & 3 & 4 & 5 & 5 & 5 & 4 & 3 & 3 & 2 & 1 & 1 & \tfrac{1}{3} & \tfrac{1}{2} & \tfrac{1}{3} & \tfrac{1}{4} & \tfrac{1}{5} \\
3 & 3 & 3 & 3 & 3 & 4 & 5 & 5 & 5 & 4 & 3 & 3 & 1 & \tfrac{1}{3} & \tfrac{1}{3} & \tfrac{1}{2} & \tfrac{1}{3} & \tfrac{1}{2} & \tfrac{1}{3} & \tfrac{1}{5} \\
2 & 2 & 3 & 3 & 3 & 3 & 4 & 4 & 5 & 3 & 3 & 1 & \tfrac{1}{5} & \tfrac{1}{5} & \tfrac{1}{5} & \tfrac{1}{3} & \tfrac{1}{3} & \tfrac{1}{4} & \tfrac{1}{2} & \tfrac{1}{5} \\
3 & 3 & 3 & 4 & 4 & 4 & 4 & 4 & 5 & 3 & 3 & 1 & \tfrac{1}{5} & \tfrac{1}{5} & \tfrac{1}{5} & \tfrac{1}{3} & \tfrac{1}{3} & \tfrac{1}{3} & \tfrac{1}{5} & \tfrac{1}{5} \\
3 & 3 & 3 & 5 & 5 & 5 & 3 & 3 & 4 & 2 & 1 & \tfrac{1}{5} & \tfrac{1}{5} & \tfrac{1}{4} & \tfrac{1}{4} & \tfrac{1}{3} & \tfrac{1}{3} & \tfrac{1}{3} & \tfrac{1}{3} & \tfrac{1}{4} \\
2 & 2 & 3 & 5 & 5 & 5 & 3 & 3 & 5 & 1 & \tfrac{1}{2} & \tfrac{1}{3} & \tfrac{1}{4} & \tfrac{1}{4} & \tfrac{1}{4} & \tfrac{1}{4} & \tfrac{1}{4} & \tfrac{1}{4} & \tfrac{1}{4} & \tfrac{1}{4} \\
2 & 2 & 3 & 4 & 4 & 5 & 5 & 5 & 1 & \tfrac{1}{3} & \tfrac{1}{3} & \tfrac{1}{3} & \tfrac{1}{5} & \tfrac{1}{5} & \tfrac{1}{3} & \tfrac{1}{3} & \tfrac{1}{3} & \tfrac{1}{3} & \tfrac{1}{3} & \tfrac{1}{4} \\
2 & 2 & 3 & 4 & 4 & 5 & 5 & 1 & \tfrac{1}{5} & \tfrac{1}{3} & \tfrac{1}{3} & \tfrac{1}{4} & \tfrac{1}{5} & \tfrac{1}{4} & \tfrac{1}{4} & \tfrac{1}{4} & \tfrac{1}{4} & \tfrac{1}{4} & \tfrac{1}{4} & \tfrac{1}{4} \\
2 & 2 & 3 & 4 & 3 & 5 & 1 & \tfrac{1}{5} & \tfrac{1}{5} & \tfrac{1}{3} & \tfrac{1}{4} & \tfrac{1}{4} & \tfrac{1}{5} & \tfrac{1}{5} & \tfrac{1}{4} & \tfrac{1}{4} & \tfrac{1}{4} & \tfrac{1}{4} & \tfrac{1}{3} & \tfrac{1}{3} \\
3 & 2 & 3 & 3 & 3 & 1 & \tfrac{1}{5} & \tfrac{1}{5} & \tfrac{1}{5} & \tfrac{1}{3} & \tfrac{1}{4} & \tfrac{1}{4} & \tfrac{1}{4} & \tfrac{1}{5} & \tfrac{1}{4} & \tfrac{1}{4} & \tfrac{1}{4} & \tfrac{1}{3} & \tfrac{1}{3} & \tfrac{1}{3} \\
2 & 3 & 3 & 3 & 1 & \tfrac{1}{3} & \tfrac{1}{3} & \tfrac{1}{4} & \tfrac{1}{4} & \tfrac{1}{3} & \tfrac{1}{3} & \tfrac{1}{3} & \tfrac{1}{4} & \tfrac{1}{4} & \tfrac{1}{3} & \tfrac{1}{3} & \tfrac{1}{3} & \tfrac{1}{3} & \tfrac{1}{3} & \tfrac{1}{3} \\
2 & 3 & 1 & 1 & \tfrac{1}{3} & \tfrac{1}{3} & \tfrac{1}{3} & \tfrac{1}{4} & \tfrac{1}{4} & \tfrac{1}{4} & \tfrac{1}{4} & \tfrac{1}{4} & \tfrac{1}{3} & \tfrac{1}{3} & \tfrac{1}{3} & \tfrac{1}{3} & \tfrac{1}{3} & \tfrac{1}{3} & \tfrac{1}{3} & \tfrac{1}{3} \\
1 & 1 & \tfrac{1}{2} & \tfrac{1}{3} & \tfrac{1}{3} & \tfrac{1}{3} & \tfrac{1}{3} & \tfrac{1}{3} & \tfrac{1}{3} & \tfrac{1}{3} & \tfrac{1}{3} & \tfrac{1}{3} & \tfrac{1}{3} & \tfrac{1}{2} & \tfrac{1}{2} & \tfrac{1}{2} & \tfrac{1}{2} & \tfrac{1}{2} & \tfrac{1}{2} & \tfrac{1}{2} \\
1 & 1 & \tfrac{1}{2} & \tfrac{1}{2} & \tfrac{1}{3} & \tfrac{1}{2} & \tfrac{1}{2} & \tfrac{1}{2} & \tfrac{1}{2} & \tfrac{1}{3} & \tfrac{1}{3} & \tfrac{1}{2} & \tfrac{1}{2} & \tfrac{1}{2} & \tfrac{1}{2} & \tfrac{1}{2} & \tfrac{1}{2} & \tfrac{1}{2} & \tfrac{1}{2} & \tfrac{1}{2} \\
\end{bmatrix}
$$

通过计算，得出矩阵的特征向量为 10.511，其具体的权重见表 5-19。

表 5-19 指标权重结果

目标层	系统层	权重	指标层	权重
三江平原水资源承载力评价 A	水资源系统 B_1	0.3373	单位面积水资源量 C_1	0.0678
			水资源开发利用率 C_2	0.0902
			水资源可利用率 C_3	0.0973
			供水模数 C_4	0.0820
	社会系统 B_2	0.3225	人口密度 C_5	0.0533
			人口自然增长率 C_6	0.0511
			城镇化率 C_7	0.0662
			城镇人均生活用水量 C_8	0.0473
			农村人均生活用水量 C_9	0.0523
			人均水资源占有量 C_{10}	0.0523
	经济系统 B_3	0.2132	人均 GDP C_{11}	0.0215
			GDP 增长率 C_{12}	0.0244
			第一产业占 GDP 比例 C_{13}	0.0226
			单位耗水生产 GDP C_{14}	0.0232
			万元工业增加值用水量 C_{15}	0.0219
			耕地灌溉率 C_{16}	0.0349
			单位面积灌溉用水量 C_{17}	0.0350
			单位耗水粮食产量 C_{18}	0.0297
	生态环境系统 B_4	0.1270	森林覆盖率 C_{19}	0.0834
			生态环境用水率 C_{20}	0.0436

5.3.2 评价结果与分析

5.3.2.1 水资源承载力评价指标值

三江平原行政区内包括鸡西市、鹤岗市、双鸭山市、佳木斯市、七台河市、穆棱市和依兰县，将不同区域的水资源承载力评价指标作为三江平原评价样本，评价指标值见表 5-20。

5.3.2.2 指标的归一化

应用向量模法通过式(5-8)和式(5-9)对评价指标进行归一化处理，归一化结果如表 5-21 所列。

① 对于越大越优（正向）指标：

$$x_{i,j} = \frac{x(i,j)}{x_{\max}(j)} \tag{5-8}$$

② 对于越小越优（逆向）指标：

$$x_{i,j} = \frac{x_{\min}(j)}{x(i,j)} \tag{5-9}$$

式中 $x_{i,j}$——i 城市 j 指标的归一化值；

$x(i,j)$——i 城市 j 指标的数值；

$x_{min}(j)$——所有统计城市中 j 指标的最小值；

$x_{max}(j)$——所有统计城市中 j 指标的最大值。

表 5-20　三江平原水资源承载力评价指标值

评价指标	鸡西	鹤岗	双鸭山	佳木斯	七台河	穆棱	依兰	三江平原
单位面积水资源量/($10^4m^3/km^2$)	20.0	24.5	16.8	16.0	13.4	19.9	23.2	18.5
水资源开发利用率/%	70.60	32.88	53.00	82.17	15.69	5.53	28.95	55.03
水资源可利用率/%	71.66	67.40	66.13	77.99	64.00	60.82	57.85	69.79
供水模数/($10^4m^3/km^2$)	14.11	8.07	8.89	13.16	2.11	1.10	6.71	10.19
人口密度/(人/km²)	85	75	68	77	145	50	88	79
人口自然增长率/%	0.367	0.067	0.038	0.466	0.771	0.299	0.832	0.358
城镇化率/%	62.89	80.62	62.26	49.26	56.43	41.72	32.01	58.14
城镇人均生活用水量/[L/(d·人)]	126	128	139	137	146	144	189	144
农村人均生活用水量/[L/(d·人)]	67	57	55	55	61	65	62	59
人均水资源占有量/(m³/人)	2356	3292	2456	2081	927	3969	2647	2337
人均 GDP/(万元/人)	1.66	1.69	1.73	1.58	2.08	1.96	1.29	1.69
GDP 增长率/%	12.30	12.30	15.20	15.90	26.10	13.40	17.60	16.11
第一产业占 GDP 比例/%	16.7	24.1	29.8	31.6	9.3	23.2	31.5	23.7
单位耗水生产 GDP/(元/m³)	9.95	15.60	13.28	9.26	142.69	89.17	16.82	13.13
万元工业增加值用水量/(10^4m^3/万元)	82.5	29.0	37.0	13.7	22.8	6.4	18.5	36.4
耕地灌溉率/%	50.62	43.81	35.11	45.20	9.80	7.70	14.34	39.37
单位面积灌溉用水量/(m³/hm²)	8153	6019	6509	6981	5006	6009	10858	7093
单位耗水粮食产量/(kg/m³)	1.61	2.36	2.68	2.04	7.70	5.14	3.38	2.17
森林覆盖率/%	35.45	45.01	41.74	19.26	52.80	74.58	38.75	36.61
生态环境用水率/%	0.52	0.36	0.24	0.89	0.35	0.23	0.49	0.44

注：表中水资源总量数据为多年平均值，其余指标均为 2008 年数据，由 2009 年《黑龙江省统计年鉴》（黑龙江省统计局，2009）查阅获取。

表 5-21　三江平原水资源承载力评价指标归一化

评价指标	鸡西市	鹤岗市	双鸭山市	佳木斯市	七台河市	穆棱市	依兰县	三江平原
单位面积水资源量	0.816	1.000	0.686	0.653	0.547	0.812	0.947	0.755
水资源开发利用率	0.078	0.168	0.104	0.067	0.352	1.000	0.191	0.100
水资源可利用率	0.919	0.864	0.848	1.000	0.821	0.780	0.742	0.895
供水模数	0.078	0.136	0.124	0.084	0.521	1.000	0.164	0.108
人口密度	0.588	0.667	0.735	0.649	0.345	1.000	0.568	0.633
人口自然增长率	0.104	0.567	1.000	0.082	0.049	0.127	0.046	0.106
城镇化率	0.509	0.397	0.514	0.650	0.567	0.767	1.000	0.551
城镇人均生活用水量	1.000	0.984	0.906	0.920	0.863	0.875	0.667	0.875

评价指标	鸡西市	鹤岗市	双鸭山市	佳木斯市	七台河市	穆棱市	依兰县	三江平原
农村人均生活用水量	0.821	0.965	1.000	1.000	0.902	0.846	0.887	0.932
人均水资源占有量	0.594	0.829	0.619	0.524	0.234	1.000	0.667	0.589
人均 GDP	0.777	0.763	0.746	0.816	0.620	0.658	1.000	0.763
GDP 增长率	1.000	1.000	0.809	0.774	0.471	0.918	0.699	0.764
第一产业占 GDP 比例	0.557	0.386	0.312	0.294	1.000	0.401	0.295	0.392
单位耗水生产 GDP	0.070	0.109	0.093	0.065	1.000	0.625	0.118	0.092
万元工业增加值用水量	0.078	0.221	0.173	0.467	0.281	1.000	0.346	0.176
耕地灌溉率	0.152	0.176	0.219	0.170	0.786	1.000	0.537	0.196
单位面积灌溉用水量	0.614	0.832	0.769	0.717	1.000	0.833	0.461	0.706
单位耗水粮食产量	0.209	0.306	0.348	0.265	1.000	0.668	0.439	0.282
森林覆盖率	0.475	0.604	0.560	0.258	0.708	1.000	0.520	0.491
生态环境用水率	0.442	0.639	0.958	0.258	0.657	1.000	0.469	0.523

5.3.2.3 水资源承载力评价值计算

根据式(5-7)，由各指标的评价指标值和其权重计算，三江平原不同行政区的水资源承载力结果如表 5-22 所列。

表 5-22 三江平原不同区域水资源承载力评价值

项目	鸡西市	鹤岗市	双鸭山市	佳木斯市	七台河市	穆棱市	依兰县	三江平原
水资源承载力评价值	0.1478	0.1633	0.1601	0.1487	0.1579	0.2198	0.1531	0.1468

研究结果表明，三江平原不同区域的水资源承载力评价值变化范围为 0.1468～0.2198。并根据各项指标的权重可以看出，引起三江平原水资源承载力波动的主要因素是水资源可利用率、水资源开发利用率和森林覆盖率。根据表 5-20 中的评价值计算结果，可以绘制不同区域水资源承载力的变化趋势。

由图 5-8 可知，位于三江平原南部山区的穆棱市水资源承载力评价值最高，为 0.2198，水资源的供给量可满足社会经济的需求，在今后的水资源开发利用中，应在充分利用过境水资源（乌苏里江）的同时提倡节水型社会，提高水资源的利用效率，以保证社会经济快速发展时的水资源供给能力。鹤岗市、双鸭山市、七台河市和依兰县的水资源承载力评价值差别不大，水资源在满足该区社会经济发展对水资源需求的基础上，应该加强区域间调配水工程的建设，以提高水资源开发利用率。鸡西市和佳木斯市的评价值最低，该区水资源虽可以满足工农业生产和生活的需求，但由于工农业发达，需水量大，水资源量相对较少，水资源供给对地区社会经济的发展具有一定的制约。结合区域特点，应该充分利用黑龙江和兴凯湖丰富的水资源，加大水利工程投资，重视对水资源的深度开发，以保证该区水资源对社会经

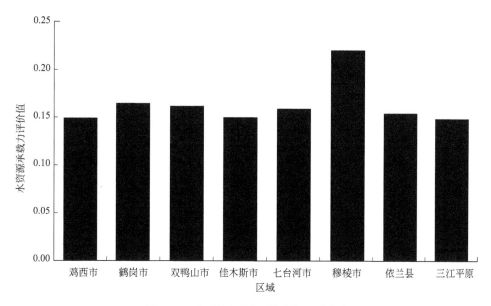

图 5-8 三江平原不同区域水资源承载力

济发展的持续供给能力。

5.4 土壤环境质量

近年来，由于人口对土地压力的增大，人类对土地资源的过度开发利用导致了土壤资源退化并对农业可持续发展造成了严重威胁。土壤质量的概念就是在这种背景下被提出来的。土壤资源是一种非再生资源，具有脆弱性。土壤质量的含义因土壤使用者的目的不同而有较大差异。但总的来说，土壤质量是指土壤肥力质量、土壤环境质量及土壤健康质量三个方面的综合内容。

区域土壤质量评价的基本思路是通过用统计学的方法研究所采土壤样本的土壤属性特性，从而估计整个区域的土壤质量状况，合理的取样数目是总体评价准确度的保障。本研究区域土壤类型比较简单且作物管理方式差异较小，随机取样方法是适合区域性土壤质量评价的取样方法之一。近年来，各种数学方法，如主成分分析、聚类分析、因子分析和模糊数学等方法也越来越多地被应用到土壤质量评价中，使评价向标准化和定量化发展。本章内容基于土壤养分空间分布特征分析结果，从土壤肥力质量及土壤环境质量两个方面综合分析研究区土壤环境质量的现状特征。

5.4.1 土壤肥力质量空间变异

5.4.1.1 隶属度函数建立

隶属度属于模糊评价函数里的概念。土壤肥力因子的含量是连续的，对其含量的评价结果不应是绝对地肯定或否定。用模糊的概念建立隶属度函数是目前应用较广泛的方法。如图 5-9 所示，评价因素指标值与作物产量之间的关系有"S"形、反"S"形、抛物线形和定性描述等，可根据这些情况分别确定各评价因素的鉴定指标（尹君，2001）。

本次评价主要涉及"S"形和抛物线形关系（图 5-9），分别介绍如下。

① 评价因素与作物产量呈"S"形曲线关系，如土层和耕层厚度、有机质和氮磷钾养分含量等。在一定的范围内评价因素指标值与作物产量呈正相关，而低于或者高于此范围评价指标值的变化对作物产量的影响趋于平缓。据此可确定出此类评价因素的临界值。

② 评价因素与作物产量呈抛物线关系，如土壤水分含量、pH 值、土壤容重、黏粒含量、土壤微量元素含量及某些区域的有机质等。这类评价因素对作物生长发育都有一个最佳的适宜范围，超过此范围后，随着偏离程度的增大，对作物生长发育的影响越不利，直至达到某一数值作物不能生长发育。据此，可确定出此类评价因素的临界值。

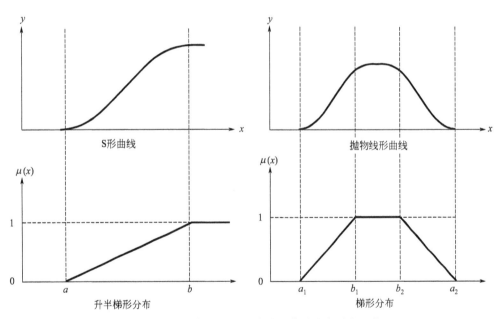

图 5-9 "S"形与抛物线形曲线及其对应隶属度函数

本书所选取的土壤肥力质量评价指标及隶属度函数如表 5-23 所列。曲线中转折点 (a, b) 的取值是建立隶属度函数的关键，要根据研究区实际情况而定。为了计算方便和符合各要素发挥肥力效应的客观情况，一般情况下 $\mu(x)$ 最小值非零化取值（周峰 等，2007）。依据此原则，对原始公式进行优化后得到实际采用的隶属度函数公式。模型计算出的评价指标隶属度是介于 0～1 之间的数值结果；当 $\mu(x)=1$ 时，此指标对作物生长发育没有限制，而随着 $\mu(x)$ 偏离 1 程度的增加，对作物生长发育的限制逐渐增强。

表 5-23　指标隶属度函数的选取

指标名称	pH 值、SOM	TN、TP、TK、AN、AP、AK
曲线关系	抛物线形	S 形
函数	梯形分布	升半梯形分布
公式	$$\mu(x)=\begin{cases}1 & b_1\leqslant x\leqslant b_2\\ \dfrac{x-a_1}{b_1-a_1} & a_1<x<b_1\\ \dfrac{x-a_2}{b_2-a_2} & a_2>x>b_2\\ 0 & x\leqslant a_1 \text{ 或 } x\geqslant a_2\end{cases}$$	$$\mu(x)=\begin{cases}1 & x\geqslant b\\ \dfrac{x-a}{b-a} & a<x<b\\ 0 & x\leqslant a\end{cases}$$
优化公式	$$\mu(x)=\begin{cases}1 & b_1\leqslant x\leqslant b_2\\ 0.1+0.9\dfrac{x-a_1}{b_1-a_1} & a_1<x<b_1\\ 1.0-0.9\dfrac{x-a_2}{b_2-a_2} & a_2>x>b_2\\ 0.1 & x\leqslant a_1 \text{ 或 } x\geqslant a_2\end{cases}$$	$$\mu(x)=\begin{cases}1 & x\geqslant b\\ 0.9\dfrac{x-a}{b-a}+0.1 & a<x<b\\ 0.1 & x\leqslant a\end{cases}$$

注：$\mu(x)$ 评价指标的隶属函数；x 为评价指标的值；a、b、a_1、a_2、b_1、b_2 分别为评价指标的临界值。

本研究采用第二次土壤普查资料及 198 个土壤样品分析获取的黑龙江黑土耕层 pH 值及有机质隶属度函数的临界值。其中，确定 pH 值下限值 a_1 为 5.0、上限值 a_2 为 8.5、最优值 b_1 和 b_2 分别为 6.5 和 7.0；确定有机质下限值 a_1 为 10.0g/kg、上限值 a_2 为 80.0g/kg、最优值 b_1 和 b_2 分别为 25.0g/kg 和 50.0g/kg 隶属度函数如下：

$$\mu(x)=\begin{cases}1.0 & 6.5\leqslant x\leqslant 7.0\\ 0.1+0.9(x-5.0)/1.5 & 5.0<x<6.5\\ 1.0-0.9(x-7.0)/1.5 & 7.0<x<8.5\\ 0.1 & x\leqslant 5.0 \text{ 或 } x\geqslant 8.5\end{cases} \tag{5-10}$$

$$\mu(x)=\begin{cases}1.0 & 25.0\leqslant x\leqslant 50.0\\ 0.1+0.9(x-10.0)/15 & 10.0<x<25.0\\ 1.0-0.9(x-50.0)/30 & 50.0<x<80.0\\ 0.1 & x\leqslant 10.0 \text{ 或 } x\geqslant 80.0\end{cases} \tag{5-11}$$

根据研究区土壤养分丰缺情况，并参照相关区域的研究成果（秦焱 等，2011）确定曲线中转折点的相应取值，结合研究区土壤实测结果对不同评价指标适当调整，确定各指标的临界点取值如表 5-24 所列。

表 5-24　"S" 形隶属度函数曲线临界点取值

项目	函数	a	b
TN/(g/kg)		1.5	3.5
TP/(g/kg)		0.5	1.0
TK/(g/kg)	$\mu(x)=\begin{cases}1 & x\geqslant b\\ 0.9\dfrac{x-a}{b-a}+0.1 & a<x<b\\ 0.1 & x\leqslant a\end{cases}$	9.0	20.0
AN/(mg/kg)		100.0	300.0
AP/(mg/kg)		5.0	30.0
AK/(mg/kg)		80.0	200.0

5.4.1.2 评价因子权重的确定

进行土壤肥力质量评价，首先需从大量表征土壤肥力的土壤属性中筛选出能够独立敏感地反应土壤质量变化的土壤属性组成土壤肥力质量评价的最小数据库集（MDS）。科学选取土壤指标是土壤肥力评价的重要方面，在指标选取时应避免相对稳定的指标，如表层质地、土体构型等，而应选取有机质、全氮、速效磷、速效钾等受人类耕作方式影响较大的，且又能准确反映土壤肥力质量的养分指标来综合评定土壤肥力水平（孔祥斌 等，2007）。参考大量文献，结合监测数据，本书选择pH值、有机质 SOM、TN、TP、TK、AN、AP 及 AK 作为土壤肥力评价的指标集合，应用主成分分析方法确定因子的权重。

权重是指标评价因素对评价对象的影响程度或贡献率。本书采用多元统计分析中的主成分分析法求得公因子方差，据此确定权重系数。首先对所有指标进行因子分析，求得各因子主成分的特征值和贡献率，结果如表 5-25 所列。本书采取累计贡献率＞85％的作为筛选主成分的依据。共获得公因子 4 个，分别记为 F1、F2、F3 和 F4；再由因子载荷矩阵求得土壤各指标的公因子方差（公因子共同度），公因子方差的大小表示了该项指标对土壤肥力质量总体变异的贡献。将公因子方差数值进行归一化处理后得到各项指标的权重值，结果见表 5-26。

表 5-25　土壤肥力指标主成分分析结果

成分	初始特征值			提取平方和载入		
	合计	方差/%	累积/%	合计	方差/%	累积/%
1	3.97	49.62	49.62	3.97	49.62	49.62
2	1.25	15.56	65.18	1.25	15.56	65.18
3	0.91	11.35	76.53	0.91	11.35	76.53
4	0.71	8.85	85.39	0.71	8.85	85.39
5	0.67	8.34	93.72			
6	0.30	3.71	97.43			
7	0.16	1.99	99.42			
8	0.05	0.58	100.00			

表 5-26　土壤肥力指标权重值

项目		pH 值	SOC	TN	TP	TK	AN	AP	AK
0～20cm 土层	F1	0.945	0.559	−0.569	0.870	0.383	0.525	0.948	−0.602
	F2	0.212	−0.594	0.152	0.046	−0.497	0.700	0.156	0.246
	F3	0.007	0.078	0.618	−0.046	0.616	0.364	−0.056	0.054
	F4	0.010	0.495	0.336	0.283	−0.364	−0.072	0.056	0.359
	公因子方差	0.938	0.916	0.843	0.841	0.905	0.903	0.930	0.555
	权重值	0.137	0.134	0.123	0.123	0.133	0.132	0.136	0.081

5.4.1.3　土壤肥力质量评价方法

土壤肥力指数法是常用的一种定量化评价土壤肥力的方法，土壤质量指数能够综合有效地反映土壤质量的变异信息。因此，研究采用土壤肥力质量指数法进行土壤肥力评价。土壤质量指数法是将评价结果转化成 0.1～1.0 的数值，使评价结果更直观，更利于相互之间的比较，土壤质量指数越高代表土壤质量越好。常用的计算方法有直接叠加法、权重加权求和法、综合评价模型等。

研究拟采用模糊数学中的土壤肥力综合指数模型（Integrated Soil Fertility Indices，IFI）和土壤肥力质量指数模型（Fertility Quality Indices，FQI）（王建国等，2001；许明祥 等，2005）分别对研究区的土壤肥力质量进行评价，并比较其差异。IFI 和 FQI 模型的数学表达如下：

$$IFI = \sum_{i=1}^{n} W_i F_i \tag{5-12}$$

$$FQI = \prod_{i=1}^{n} (F_i)^{W_i} \tag{5-13}$$

式中　IFI——肥力综合指数；

　　　FQI——肥力质量指数；

　　　W_i——第 i 个因子的权重；

　　　F_i——第 i 个因子的隶属度值；

　　　n——参评因子数；

　　　$\sum$——求和；

　　　$\prod$——连乘。

两种模型的评价结果在 0～1 之间，值越高说明土壤肥力越好。研究区各样点计算结果见表 5-27。

表 5-27　土壤 *IFI* 和 *FQI* 计算结果

指数	平均值	最小值	最大值	标准偏差
IFI	0.615	0.392	0.816	0.087
FQI	0.538	0.232	0.746	0.103

5.4.2　土壤质量综合评价

为综合土壤肥力及重金属评价结果，本书采用张汪寿（2010）提出的 *SQI* 指数法评价土壤的综合质量。此计算方法同时考虑土壤肥力对土壤综合质量的正面贡献和重金属对土壤综合质量的负面影响，结合了内梅罗评价方法和最小养分定律，计算公式如下：

$$SQI = \begin{cases} 0 & PI_{Ave} > 1 \\ \sqrt{(SFI_{Min}^2 + SFI_{Ave}^2)/(PI_{Max}^2 + PI_{Ave}^2)} & 0.4 < PI_{Ave} \leqslant 1 \quad (5\text{-}14) \\ 1.5\sqrt{SFI_{Min}^2 + SFI_{Ave}^2} & PI_{Ave} \leqslant 0.4 \end{cases}$$

式中　　　　SQI——土壤综合质量指数；

　　　　　　SFI——土壤养分指数，$SFI=$土壤养分的实测值 C_i/土壤养分的上临界点 b 值，pH 值及有机质 SOM 取 b_1 值；

SFI_{Min}，SFI_{Ave}——SFI 的最小值，平均值；

　　　　　　P_I——土壤污染指数，$P_I=$土壤污染物的实测值 C_i/国家土壤环境质量标准中的一级标准 C_1，PI_{Max} 指 PI 最大值，PI_{Ave} 指 PI 平均值。

土壤综合质量指数（SQI）的计算结果见图 5-10。

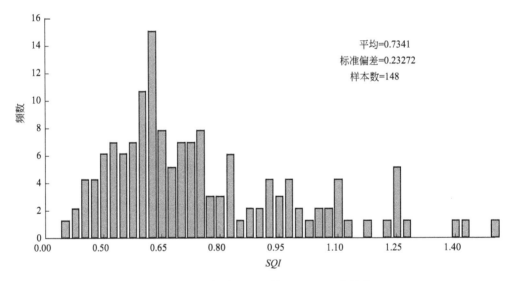

图 5-10　土壤综合质量指数（SQI）频数分布

基于 SQI，张汪寿等（2010）提出了对应的评价标准，如表 5-28 所列。结果显示，研究区有 30.4% 和 37.8% 的土壤具有极高和高的综合质量，有 20.3% 的土壤综合质量为中等。可见据 SQI 的评价结果，研究区土壤质量仍是很好的。

表 5-28　土壤综合质量指数（SQI）评价标准

等级	SQI	土壤质量等级	所占比例/%
I	$SQI \leqslant 0.4$	极低	0.68
II	$0.4 < SQI \leqslant 0.5$	低	10.8
III	$0.5 < SQI \leqslant 0.6$	中	20.3
IV	$0.6 < SQI \leqslant 0.8$	高	37.8
V	$SQI > 0.8$	极高	30.4

5.5　区域生态安全指数分析

5.5.1　研究框架

通过压力-状态-响应模型（PSR 模型）和层次分析法（AHP）分析区域生态安全。在 PSR 模型内，可以通过 3 个不同但又联系紧密的指标类型反映区域生态安全状况。这 3 个指标类型包括压力指标、状态指标和响应指标。根据人类活动和自然条件的变化，选择生态安全的压力指标；利用状态指标来衡量生态系统的变化；响应指标表征社会为减轻环境污染和资源破坏所做出的努力。首先，从三江平原农业发展历史的情况出发，探讨区域存在的生态环境问题，以及区域生态安全的影响因子。其次，在 PSR 模型发展原则（Zhao et al.，2006）的基础上，通过专家咨询建立评价指标体系。最后，使用层次分析法分配指标权重，根据 PSR 模型计算区域生态安全评价结果，分析研究区 1976～2010 年的生态安全状态变化。

5.5.2　评价指标体系的构建

生态安全综合评价的最终目标是通过定性与定量分析，客观全面地反映区域生态环境的安全程度。对影响区域生态环境的原因进行全面分析，了解区域生态环境综合状况的特点，动态演变规律及其主要影响因素，构建生态安全评价指标体系的层次结构。为确保区域的可持续发展与环境资源的可持续利用提供科学依据。

基于生态安全评价指标体系的构建原则，结合三江平原实际情况，参考国内外评价指标体系构建的经验，根据层次分析法的构造结构（Zhang et al.，2000），建立三江平原生态安全评价指标体系（Lai et al.，2013）。生态安全指标体系的构建不仅包括层级结构的设计，也包括指标权重的定量化表达。在不同层次将各因素按照隶属关系进行组合，根据评价目标形成多层次的评价指标体系。

本研究经专家咨询和参考国内外研究，对指标进行筛选，最终选择了 3 个层次，共 18 项评价指标，构建生态安全综合评价指标体系，见表 5-29。该指标体系包括 3 个不同的层次，每一层次中的指标因子对于比它高一级的层次都有权重贡献。由表 5-29 可以看出，三江平原的生态安全评价指标体系中，准则层由目标层加以反映，具体的评价指标层反映准则层。

目标层：用来衡量准则层，生态安全评价需要选择评估性指标，使其能够反映时间变化趋势，在数量上反映影响程度，即 $A = \{B_1, B_2, B_3\}$。

准则层 B 及其包含的指标 S：

① 准则层 B_1，该层具体包括年平均气温、年降水量、人口数量、人口自然增长率、粮食产量和国内生产总值六项指标，即 $B_1 = \{S_1, S_2, S_3, S_4, S_5, S_6\}$。

② 准则层 B_2，包括土壤侵蚀程度、水土流失率、化肥使用强度、耕地面积、

土地利用程度、未利用地面积、林地面积和草地面积八项指标，即 $B_2=\{S_7,S_8,$ $S_9,S_{10},S_{11},S_{12},S_{13},S_{14}\}$。

表 5-29　三江平原生态安全评价指标体系及各指标的数据来源

目标层	准则层	指标层	单位	数据来源
三江平原生态安全指数 A（ESI）	压力指标 B_1	年平均气温 S_1	℃	统计数据
		年降水量 S_2	mm	统计数据
		人口 S_3	—	统计数据
		人口自然增长率 S_4	%	统计数据
		粮食产量 S_5	10^6 kg	统计数据
		国内生产总值 S_6	10^6 元	统计数据
	状态指标 B_2	土壤侵蚀程度 S_7	—	统计数据和专家咨询
		水土流失率 S_8	%	统计数据
		化肥使用强度 S_9	kg/hm^2	遥感数据和统计数据
		耕地面积 S_{10}	hm^2	遥感数据
		土地利用程度 S_{11}	%	遥感数据
		未利用地面积 S_{12}	hm^2	遥感数据
		林地面积 S_{13}	hm^2	遥感数据
		草地面积 S_{14}	hm^2	遥感数据
	响应指标 B_3	国家政策 S_{15}	—	统计数据和专家咨询
		科技发展与应用 S_{16}	—	统计数据和专家咨询
		状态改进指数 S_{17}	—	统计数据和专家咨询
		环境保护投入 S_{18}	—	统计数据和专家咨询

③ 准则层 B_3，包括国家政策、科技发展与应用、状态改进指数和环境保护投入四项指标，即 $B_3=\{S_{15},S_{16},S_{17},S_{18}\}$。

5.5.3　数据来源和处理

研究中所使用的数据包括卫星遥感数据，以及黑龙江省统计年鉴（1976～2010）。土壤侵蚀强度参考蒙吉军等（2011）的研究成果。土地利用数据从 cloud-free LANDSAT MSS image 和 cloud-free LANDSAT TM images 中获取。其他数据，包括社会经济数据、气象资料、科学技术的进步以及一些书面材料（如生态环境保护文档）的数据来自当地的统计局和黑龙江省统计年鉴（1976～2010）。

由于上述数据使用不同的单位进行量化，它们不能用于直接比较。因此，在使用指数时必须通过标准化以克服参数之间的不兼容性。根据以往的研究方法（高志强 等，1999），通过下列式(5-15) 来规范各种来源地数据：

$$Y=\frac{x_i-x_{\min}}{x_{\max}-x_{\min}}\times10 \tag{5-15}$$

式中　　Y——评估指标的标准化值；

　　　　x_i——实际值；

x_{max}、x_{min}——所有实际观察值中的最大值、最小值。

因此，Y 值始终介于 0～10 之间，Y 值越大，说明这一因素对环境的影响越大。

如果 Y 的概念意义与使用式(4-13)计算的环境影响相矛盾（如土壤侵蚀强度值越大，其负面环境影响越严重），那么 Y 的计算公式应按照修改后的式(5-16)计算：

$$Y = 10 - \frac{x_i - x_{min}}{x_{max} - x_{min}} \times 10 \tag{5-16}$$

5.5.4　权重的确定

层次分析法是分配指标权重的适当方法，并且在环境评价和环境管理中得到了广泛应用。书中通过主要特征向量法进行最大特征值以及权重的计算（Yu et al.，1998）。根据专家意见，压力、状态和响应指标在标准层的权重分别是 0.4、0.3 和 0.3；然后根据指标的重要性，构建"指标层"的决策矩阵；最后运用 SPSS19.0 软件得到权重，见表 5-30。

表 5-30　生态安全评价因子的权重

项目	S_1	S_2	S_3	S_4	S_5	S_6	S_7	S_8	S_9	S_{10}	S_{11}	S_{12}	S_{13}	S_{14}	S_{15}	S_{16}	S_{17}	S_{18}	权重
S_1	1	1/2	1/5	1/3	1/4	1/3													0.0202
S_2	2	1	1/4	1/2	1/3	1/2													0.0314
S_3	5	4	1	3	2	3													0.1437
S_4	3	2	1/3	1	1/2	1/3													0.0459
S_5	4	3	1/2	2	1	2													0.0909
S_6	3	2	1/3	3	1/2	1													0.0679
S_7							1	3	1/4	3	6	4	5	5					0.0674
S_8							1/3	1	1/4	4	3	2	3	3					0.0414
S_9							4	4	1	5	3	3	4	4					0.1006
S_{10}							1/3	1/4	1/5	1	5	2	4	2					0.0297
S_{11}							1/6	1/3	1/3	1/5	1	1/3	1/2	1/2					0.0109
S_{12}							1/4	1/2	1/3	1/2	3	1	2	2					0.0221
S_{13}							1/5	1/3	1/4	1/4	2	1/2	1	1					0.0136
S_{14}							1/5	1/3	1/4	1/2	2	1/2	1	1					0.0144
S_{15}															1	2	1/2	1/3	0.0483
S_{16}															1/2	1	1/3	1/4	0.0288
S_{17}															2	3	1	1/2	0.0831
S_{18}															3	4	2	1	0.1397
CR		0.035						0.091								0.012			

由于专家判断可能无法提供完全一致的配对比较，因此成对比较矩阵有一个可以接受的一致性是必须的。一致性比率（CR）用于表示随机生成的判断矩阵概率（Dai et al.，2001）。

$$CR = \frac{CI}{RI} \tag{5-17}$$

式中　RI——根据矩阵的顺序所产生的一致性指标平均值。

一致性指数（CI）根据下列公式计算：

$$CI = \frac{\lambda_{max} - n}{n - 1} \tag{5-18}$$

式中　λ_{max}——矩阵的最大或主要特征值；

　　　n——矩阵的顺序。

$CR \leqslant 0.10$ 说明一致性水平是合理的；$CR > 0.10$ 时需要修改判断矩阵。

5.5.5　生态安全指数

结合 AHP 方法计算的各指标权重，根据式(5-19)计算生态安全指数（ESI）：

$$ESI = \sum_{i=1}^{18} S_i F_i \tag{5-19}$$

式中　S_i——可转化为可以比较的评价指标 i；

　　　F_i——指数 i 的权重，$\sum F_i = 1$。

为了简化结果的理解过程，将计算所得的 ESI 结果分为几类来说明具有明显差异的生态安全水平。也就是说，采用标准化分级的方法来分析结果。本书的综合指数等于 18 个因素的数值之和，那么结果通常在 [0，10] 之间随机分布。本研究将生态安全指数划分为 5 个等级，并对应于生态安全度。区域自然、社会和经济安全的综合体现为生态安全度，也是生态风险大小的体现。一般情况下，生态风险越大，生态安全指数越小，生态安全度就越低（王清，2005）。由于在国际上上没有对生态安全度给予明确的划分界定，因此在本研究中，借鉴有关生态安全的判别标准，将生态安全度划分为五个档次（熊鹰，2008），见表 5-31。

表 5-31　生态安全度划分

生态安全等级	生态安全指数	生态安全度	生态环境状况
1	8～10	安全	好(轻微)
2	6～8	较安全	较好(较轻微)
3	4～6	预警	一般(中等)
4	2～4	较不安全	较差(较严重)
5	0～2	不安全	差(严重)

5.5.6　结果与分析

本研究以 1976 年作为研究初期，这是因为在此之前三江平原的完整数据难以获取。因此，选取 1977～1986 年、1987～1995 年、1996～2005 年和 2006～2010 年作为研究阶段。通过计算，表 5-32 为上述 4 个研究阶段所有指标的生态安全指数。

表 5-32　三江平原生态安全综合评价结果

指标	不同年份的指标值					不同年份的生态安全指数				
	1976 年	1986 年	1995 年	2005 年	2010 年	1976 年	1986 年	1995 年	2005 年	2010 年
S_1	3.79	4.74	9.52	2.31	0.00	0.077	0.096	0.192	0.047	0.000
S_2	0.00	1.71	3.08	4.23	7.91	0.000	0.054	0.097	0.133	0.248
S_3	0.00	0.00	0.00	2.33	0.97	0.000	0.000	0.000	0.335	0.139
S_4	5.00	3.33	6.25	2.95	10.0	0.230	0.153	0.287	0.135	0.459
S_5	0.78	0.00	0.00	0.00	0.00	0.071	0.000	0.000	0.000	0.000
S_6	10.0	9.73	10.0	10.0	10.0	0.679	0.661	0.679	0.679	0.679
S_7	6.00	6.00	5.00	4.00	3.00	0.404	0.404	0.337	0.270	0.202
S_8	9.34	9.48	6.90	7.20	10.0	0.387	0.393	0.286	0.298	0.414
S_9	10.0	2.17	0.00	9.07	10.0	1.006	0.218	0.000	0.912	1.006
S_{10}	10.0	9.57	9.75	9.99	10.0	0.297	0.284	0.290	0.297	0.297
S_{11}	10.0	9.82	9.61	10.0	10.0	0.109	0.107	0.105	0.109	0.109
S_{12}	10.0	10.0	10.0	3.25	10.0	0.221	0.221	0.221	0.072	0.221
S_{13}	0.00	10.0	10.0	1.09	0.00	0.000	0.136	0.136	0.015	0.000
S_{14}	5.17	0.00	0.00	0.00	10.0	0.074	0.000	0.000	0.000	0.144
S_{15}	8.00	8.00	8.00	8.00	6.00	0.386	0.386	0.386	0.386	0.290
S_{16}	3.00	5.00	8.00	8.00	9.00	0.086	0.144	0.230	0.230	0.259
S_{17}	2.50	3.00	2.00	2.00	3.00	0.208	0.249	0.166	0.166	0.249
S_{18}	1.00	2.00	3.00	4.00	6.00	0.140	0.279	0.419	0.559	0.838
合计	94.58	94.55	91.11	88.42	115.88	4.375	3.785	3.610	4.643	5.554

三江平原在 1976 年、1986 年、1995 年、2005 年和 2010 年的 ESI 值分别为 4.375、3.785、3.610、4.643 和 5.554。根据生态安全度划分，1976 年三江平原处于生态安全预警状态，到 1986 年时生态安全度已经下降到较不安全状态，并一直到 1995 年保持这种状态。从 2005 年开始，生态安全度又重新恢复到预警状态，在 2005～2010 年期间生态安全指数呈现上升的趋势，说明生态安全度向着较安全的状态变化。这主要是由于政府和人们逐渐意识到经济快速发展所付出的环境代价，并通过改进农业措施和增加环境保护投入改善其生态环境。

三江平原 1976～2010 年生态安全状况变化如图 5-11 所示。

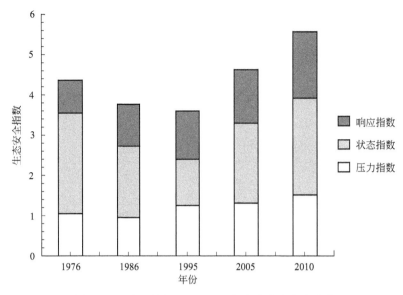

图 5-11 三江平原 1976～2010 年生态安全状况变化

由图 5-11 可知，1976～2010 年三江平原的压力指数逐渐增加，生态环境受到的外部压力呈现减小的趋势；状态指数在 1995 年最小，1995～2010 年再次呈现上升的趋势，说明生态环境破坏后，难以恢复到原来的状态；响应指数也逐渐增加，呈现上升的态势。

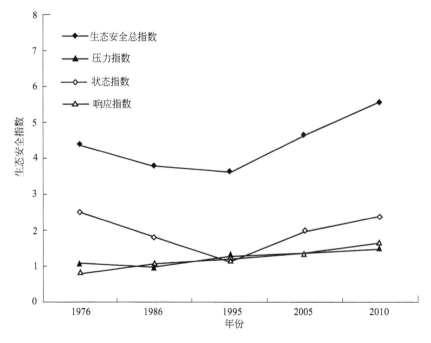

图 5-12 1976～2010 年三江平原生态安全指数变化

由图 5-12 可以看出，1976 年三江平原生态安全处于预警状态，其主要原因是压力指数和响应指数较小。其中压力指标中，人口数量和粮食产量生态安全指数小，区域由于人口的急剧增长和国家粮食产量的需求，使得三江平原生态安全压力较大。同时，由于科技发展的不发达，面对生态环境压力难以响应。人口和经济的不断增长，导致三江平原在 1986 年生态环境已经处于较不安全状态。到 1995 年区域在社会经济发展的压力下，其生态环境状态已经呈现出被破坏的状态，这主要是因为农业活动中化肥使用强度的逐渐增加。2005 年三江平原生态安全恢复到预警状态，这时人口增长已经得到基本控制，区域仍然面临着粮食增长的压力，但是由于环境保护投入的增加和国家政策，政府管理部门开始重视生态环境的保护和治理。与 2005 年相比，2010 年的生态环境压力、状态和响应指数不断增加。3 个指数中，压力指数最小，说明三江平原的生态环境状况有所改善，国家政府对环境治理的力度也增加，但是仍然面临着土地利用变化的压力。另外，由于区域农业开发的特殊性，流动人口较多，人口增长的压力再次凸显出来。

5.6　农业面源污染特征

5.6.1　农业面源污染压力负荷估算

污染物排放量指进入水环境并对其造成影响的排放量，根据三江平原的农业发展特征，种植业、养殖业、农村生活是主要的农业面源污染源。过量的化肥耗用和秸秆废弃污染在种植业污染物的排放比重较大，以氮肥、磷肥所占的比例估算 TN、TP 的排放量。畜禽和水产养殖污染物的排放量是养殖业污染物排放的主要部分，其污染物的排放量取决于畜禽和水产养殖的数量。生活污水、生活垃圾等污染物排放量构成了农村生活污染物排放的主要来源。基础数据来源于 2017 年《黑龙江省统计年鉴》和《第一次全国污染源普查公报》。

（1）农业面源污染物绝对排放量估算

① 种植业源排放量

$$W=(C_1K_1T_1+C_2K_2T_2) \tag{5-20}$$

式中　W——种植业源污染物绝对排放量；

下角 1，2——化肥和农作物秸秆；

　　C——污染物的耗用量或产出量；

　　K——污染物的损失效率；

　　T——污染物的流失系数。

三江平原以玉米、水稻和大豆作物种植为主，因此化肥流失系数主要参考这 3 种农作物随着地表径流和地下渗透的肥料流失系数。根据调查研究和参考资料（林雪原 等，2015；陆尤尤 等，2012）得出：三江平原化肥、农作物秸秆的损失效率分别为 65%、30%，氮肥、磷肥、农作物秸秆流失系数分别为 11%、3% 和 2%。

② 养殖业源排放量

$$H = L_i D_i E_i + L_j D_j E_j \tag{5-21}$$

式中 H——养殖业源污染物绝对排放量；

         i，j——畜禽养殖和水产养殖；

L_i，D_i，E_i——第 i 种畜禽养殖数量、粪便排污系数和流失系数；

L_j，D_j，E_j——第 j 种水产养殖数量、粪便排污系数和流失系数，其排污系数和流失系数根据《第一次全国污染源普查畜禽养殖业产排污系数手册》、《第一次全国污染源普查水产养殖业污染源产排污系数手册》和相关参考文献（高新昊 等，2010；邱斌 等，2012），结合当地气候环境因素确定。

③ 农村生活源排放量

$$Q = M \times (UN \times 40\% + VT) \times 365 \tag{5-22}$$

式中 Q——农村生活污染物绝对排放量；

     M——农业人口数量；

     U——人均每天生活污水产污系数；

     V——人均每天生活垃圾产污系数；

     N——生活污水流失系数；

     T——生活垃圾流失系数。

产污系数和流失系数根据《生活源产排污系数及使用说明（修订版 2011）》和相关文献（黄亚丽 等，2012；王萌 等，2018）获得。

（2）农业面源污染物等标排放量估算

$$G_i = \frac{Q_i}{N_i} \times 10^{-6} \tag{5-23}$$

式中 G_i——第 i 种污染物等标排放量；

     Q_i——第 i 种污染物绝对排放量；

     N_i——第 i 种污染物的标准值。

TN、TP 和 COD 的标准值参照《地表水环境质量标准》（GB 3838—2002）。

（3）农业面源污染物相对排放系数估算

$$B_{i,j} = \frac{C_{i,j}}{K_i} \tag{5-24}$$

式中 $B_{i,j}$——污染物相对排放系数；

     i——参照国土面积或农业人口数量模式；

     j——第 j 种污染物（TN、TP 和 COD）；

     $C_{i,j}$——在第 j 种模式下的第 j 种污染物等标排放量；

     K_i——第 i 种模式下的指标数量。

（4）农业面源污染状态指标估算

农业面源污染物排放浓度＝污染物排放量/该地区地表水总量，$C_i = W_i/M$，农业面源污染单项水质指数＝污染物排放浓度/污染物标准值，$P_i = C_i/N_i$，通过内梅罗方法对综合水质指数进行评价，表达式如下：

$$P = \sqrt{\frac{(P_i)^2_{max}}{2} + \frac{(P_i)^2_{ave}}{2}} \tag{5-25}$$

式中　P——内梅罗综合指数；

　　　max——最大值；

　　　ave——平均值。

水质指数评价标准如表 5-33 所列。

表 5-33　综合水质指数评估标准

污染指数	$0<P<0.7$	$0.7<P<1.0$	$1.0<P<2.0$	$2.0<P<3.0$	$3.0<P<5.0$	$P>5.0$
污染程度	安全	预警	轻度污染	中度污染	重度污染	严重污染

5.6.2　农业面源污染物绝对排放量

通过估算得到三江平原 2016 年污染源的污染物绝对排放量如表 5-34 所列。各区域的 TN 和 COD 排放量较多，TP 排放量较少。TN、TP 和 COD 排放量以佳木斯市最多，分别占三江平原农业面源 TN、TP 和 COD 排放量的 55.39％、56.57％ 和 60.80％。图 5-13 为种植业、养殖业和农村生活不同污染物排放量。可以看出，种植业和养殖业对 TN、TP 和作用最大，分别占 TN 排放量的 24.24％ 和 72.71％，占 TP 排放量的 20.56％ 和 75.40％；养殖业对 COD 的作用最大，占 COD 排放量的 89.73％。

表 5-34　三江平原农业面源污染物绝对排放量

三江平原	绝对排放量/10^4t			排放比例/％		
	TN	TP	COD	TN	TP	COD
鸡西市	0.57	0.13	2.06	12.28	13.13	14.04
鹤岗市	0.21	0.05	0.56	4.53	5.05	3.82
双鸭山市	0.47	0.11	1.48	10.13	11.11	10.09
佳木斯市	2.57	0.56	8.92	55.39	56.57	60.80
七台河市	0.28	0.06	0.82	6.03	6.06	5.59
穆棱市	0.26	0.05	0.45	5.61	5.05	3.07
依兰县	0.28	0.03	0.38	6.03	3.03	2.59
合计	4.64	0.99	14.67	100.00	100.00	100.00

5.6.3　农业面源污染物等标排放量

三江平原 2016 年农业面源污染物等标排放量为 $10.31 \times 10^4 \mathrm{m}^3$，其中 TN、TP

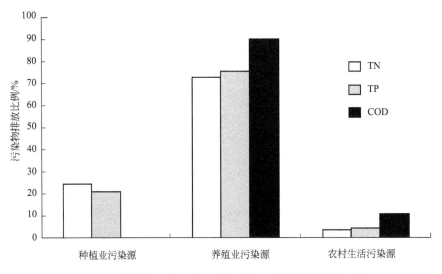

图 5-13　种植业、养殖业和农村生活不同污染物排放比例

和 COD 的等标排放量分别为 $4.64 \times 10^4 m^3$、$4.95 \times 10^4 m^3$ 和 $0.72 \times 10^4 m^3$（表 5-35）。TN 和 TP 等标排放量在三江平原各区的变化范围较大，COD 等标排放量变化较小。对于三江平原全区，TP 排放量最多，占总排放量的 48.01％；TN 排放量占总量的 45.0％。化肥耗用、秸秆废弃、畜禽养殖、水产养殖和农村生活的等标排放量分别为 $1.91 \times 10^4 m^3$、$0.22 \times 10^4 m^3$、$7.61 \times 10^4 m^3$、$0.15 \times 10^4 m^3$、$0.42 \times 10^4 m^3$。不同污染源农业面源污染物等标排放比例如图 5-14 所示。畜禽养殖业的等标排放量最多，占总排放量的 73.81％，同时畜禽养殖业的 TN、TP 和 COD 在各污染源中的等标排放量最多，分别占 TN、TP 和 COD 排放量的 71.13％、74.17％和 87.26％。水产养殖业的等标排放量最少，占总排放量的 1.49％。TN 和 TP 的等标排放量主要是因为化肥耗用和畜禽养殖，分别占 TN 和 TP 排放量的 94.04％和 91.56％。COD 的等标排放量主要在于畜禽养殖，占 COD 排放量的 87.26％，说明三江平原农业面源污染源主要来自于化肥耗用和畜禽养殖。

表 5-35　三江平原农业面源污染物等标排放量

三江平原	等标排放量/$10^4 m^3$			排放比例/％		
	TN	TP	COD	TN	TP	COD
鸡西市	0.57	0.65	0.10	12.28	13.13	13.88
鹤岗市	0.21	0.25	0.03	4.53	5.05	4.17
双鸭山市	0.47	0.55	0.07	10.13	11.11	9.72
佳木斯市	2.57	2.80	0.45	55.39	56.57	62.50
七台河市	0.28	0.30	0.04	6.03	6.06	5.56
穆棱市	0.26	0.25	0.02	5.61	5.05	2.78
依兰县	0.28	0.15	0.01	6.03	3.03	1.39
合计	4.64	4.95	0.72	100.00	100.00	100.00

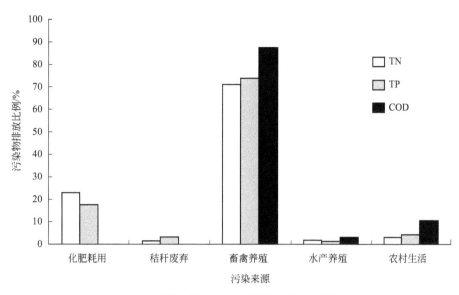

图 5-14　不同污染源农业面源污染物等标排放比例

5.6.4　农业面源污染物相对排放系数

三江平原农业面源污染压力负荷估算中，农业面源污染物绝对排放量是衡量农业面源污染的实际总量，农业面源污染物等标排放量是衡量农业面源污染的排放强度。虽然这两个指标可以反映农业面源污染的实际情况，但农业面源污染还受国土面积和农村人口数量等因素的制约。因此，需要进一步估算国土面积和农村人均相对排放系数比较不同地区的环境质量，如表 5-36 所列。结果表明，2016 年三江平原国土面积 TN、TP 和 COD 相对排放系数分别为 2.08m³/km²、2.36m³/km² 和 0.52m³/km²，最大值的地区为佳木斯市，上述污染物相对排放系数分别为 0.79m³/km²、0.86m³/km² 和 0.14m³/km²。在农村人均相对排放系数方面，TN、TP 和 COD 的农村人均相对排放系数分别为 0.105m³、0.117m³ 和 0.018m³。佳木斯市的 TN、TP 和 COD 的农村人均相对排放系数最大，为 0.028m³、0.031m³ 和 0.005m³；七台河市和依兰县的最小，上述污染物相对排放系数分别为 0.011m³、0.012m³ 和 0.002m³。

5.6.5　农业面源污染情况

三江平原 2016 年农业面源污染物 TN、TP 和 COD 的综合排放浓度分别为 14.62mg/L、3.27mg/L 和 48.51mg/L（表 5-37），平均排放浓度为 2.09mg/L、0.47mg/L 和 6.93mg/L，TN 和 TP 超过地表水环境质量标准（TN 1.0mg/L、TP 0.2mg/L、COD 20mg/L）。TN 和 TP 排放浓度超过标准值的有 4 个地区，占总数的 57.14%；COD 排放浓度超过标准值的有 1 个地区，为佳木斯市。TN、TP 和

COD 排放浓度最大值均为佳木斯市，最小值为依兰县。

表 5-36 三江平原农业面源污染物相对排放系数

三江平原	国土面积相对排放系数/(m³/km²)			人均相对排放系数/m³		
	TN	TP	COD	TN	TP	COD
鸡西市	0.25	0.29	0.04	0.012	0.014	0.002
鹤岗市	0.14	0.17	0.02	0.012	0.014	0.002
双鸭山市	0.21	0.25	0.03	0.014	0.017	0.002
佳木斯市	0.79	0.86	0.14	0.028	0.031	0.005
七台河市	0.45	0.48	0.06	0.011	0.012	0.002
穆棱市	0.14	0.17	0.08	0.017	0.017	0.003
依兰县	0.10	0.14	0.15	0.011	0.012	0.002
合计	2.08	2.36	0.52	0.105	0.117	0.018

表 5-37 三江平原农业面源污染物排放浓度及水质指数

三江平原	排放浓度/(mg/L)			单项水质指数			综合水质指数
	TN	TP	COD	TN	TP	COD	
鸡西市	1.61	0.37	5.82	1.61	1.85	0.29	1.58
鹤岗市	0.51	0.12	1.35	0.51	0.60	0.07	0.51
双鸭山市	1.45	0.34	4.57	1.45	1.70	0.23	1.44
佳木斯市	7.12	1.55	24.71	7.12	7.75	1.24	6.67
七台河市	3.33	0.71	9.76	3.33	3.55	0.49	3.05
穆棱市	0.32	0.09	1.22	0.32	0.45	0.06	0.37
依兰县	0.28	0.09	1.08	0.28	0.45	0.06	0.32
合计	14.62	3.27	48.51	14.62	16.35	2.44	13.94

参考表 5-33，发现三江平原 2016 年农业面源污染综合水质指数达到安全程度的有鹤岗市、穆棱市和依兰县，综合水质指数分别为 0.51、0.37 和 0.32；达到轻度污染程度的为鸡西市和双鸭山市；达到重度污染程度的为七台河市，综合水质指数为 3.05；达到严重污染程度的为佳木斯市，综合水质指数为 6.67。其中，达到重度污染程度以上（包括重度污染）的地区有 2 个，占三江平原全区的 28.57%。

5.7 农业面源污染管理的国际经验

通过氮磷迁移转化污染特征研究，提出农业面源污染管理的国际经验。国外的农业面源污染治理工作始于 20 世纪 60 年代，首先由美国、日本和欧盟等一些发达国家和地区率先开展，70 年代以后，农业面源污染研究在世界各地逐渐受到重视。充分借鉴和学习发达国家在实践中积累的农业面源污染控制经验，对我国的环境污染治理具有重要意义。

5.7.1　美国

作为世界上少数几个对农业面源污染进行全国性系统控制的国家之一，美国控制农业面源污染的主要办法是最佳管理实践（Best Management Practices，BMPs）。自 20 世纪 80 年代中期开始，美国的水污染控制法律中就不断提到，要鼓励和推行最佳管理实践的研究和应用。美国环保署将 BMPs 定义为"任何能够减少或预防水资源污染的方法、措施或操作程序，包括工程、非工程措施的操作和维护程序"。其中，非工程性 BMPs 是指建立在法律法规基础上的各种政策、程序与方法的控污管理措施；工程性 BMPs 是指按照一定环境标准和污染物去除标准，设计建造的各种工程措施。经过近 30 年的探索和实践，美国 BMPs 已经发展出种类繁多的治污技术管理方法体系。针对农业水污染防治的非工程性 BMPs 主要包括少耕免耕，肥料养分平衡，规范化耕作方式管理措施，侧重于从污染源头将污染物质的产生控制在最低限度；工程性 BMPs 主要包括恢复湿地，建设植被过滤缓冲区，建设农业灌溉与排水沟渠等措施，侧重于以污染径流过程控制为核心，通过对污染物的滞留、渗透和植被吸收去除等作用，防止污染物质扩散和进入水环境。以 BMPs 为基础，美国在农业资源环境的保护方面实施了涉及水土资源管理、野生动物栖息地管理和污染防治等农业、农村资源与环境保护方面的 3 类 8 个重要项目，具体为：

① 退（休）耕类，包括退（休）耕还草还林项目、湿地恢复项目；

② 对利用中的土地（耕地、草地和私有非工业用林地）资源实施管理和保护类，包括环境保护激励项目、环境保护强化项目、农业水质强化项目、野生动物栖息地保护项目；

③ 农牧业用地保护类，包括农场和牧场保护项目、草地保护项目。其中，退（还）耕还草还林项目、湿地恢复项目、环境保护激励项目、环境保护强化项目、农业水质强化项目与农业水污染治理密切相关，构筑了完善的农业水环境保护措施网。

美国在 2000 年将农业面源列为水环境的第一污染源，在《清洁水法》的框架下就主要使用 BMPs 控制农业面源。BMPs 是通过一系列项目或计划来实施的，其中最重要的是耕地土地保护计划。该计划通过两类项目实施：一类是环境质量激励项目；另一类是保护管理项目。

环境质量激励项目的主要目标是为生产者实现提高农产品质量和环境质量的双重目标提供资金和技术方面的支持。农民要获得该项目的资助，必须完成相应的申请，申请中明确哪块土地将得到保护，受益的环境要素是什么，将采取什么措施。项目以两种形式帮助农民实施和管理保护计划：成本分担和奖励，每个人或团体可以获得 5 年内最多 45 万美元（2008 年后改为 30 万美元）的项目资助。成本分担一般是分担农民由于实施保护措施而购买、修建相关设施的费用，通常分担 50％的成本，最高为 75％。环境质量激励项目资金资助中，水质保护、畜禽粪便污染防治和土壤保护三类项目所占的比例最大，分别为 37％、28％和 19％（美国农业部经济研究局，1997～2004 年）。

保护管理项目规定生产者可以将其农场中的草地、种植用地和森林纳入计划中，但是农场或牧场主必须满足：a. 已经在其整个农场中至少保护到一种环境资源，包括水质、土壤和其他与环境质量有关的要素；b. 在一个五年的合同期内，承诺至少再额外保护一种国家优先保护的资源（优先性由农业部制定）。

除了工程措施，BMPs 体系非常重要的一部分是针对农民的培训和教育。其中，非常重要的一点就是让农民意识到"他们为农业生产的原材料付过费，浪费越多损失越大"。因此，一旦农民真正理解到这一点，他们就会想办法提高化肥和农药的使用效率，从而将保护环境的行为内化到其追求经济效率的行动中去。根据美国环保署的统计，已经有 339 条河流在《清洁水法》的支持下取得了面源污染治理方面的成就，河流水质得到了很好的改善。

5.7.2 欧盟

在欧洲，农业面源污染也是造成水体质量下降的主要原因。农业生产产生的氮磷流失是造成地表水富营养化的主要来源。自 20 世纪 80 年代末以来，西欧各国逐步实施农业投入氮磷总量控制的相关法律和经济措施，使农业化肥、畜禽废水产生的氮磷量减少；其中，化肥氮磷用量分别下降了 30％和 50％，使农田环境和水环境得到了较大的改善，治理成效显著。

1995 年开始，欧洲委员会及欧洲理事会环境理事就水管理政策改革达成共识，认为应该建立一个法令框架，明确流域综合管理、污染物排放限值和排放标准和突出公众参与及各种保护目标。2000 年欧盟在这种理念下，制定并颁布实施了《欧盟水框架指令》（The EU Water Framework Directive，WFD）。在 WFD 框架下，各欧盟成员国制定和完善了农用化学品科学使用、养殖规模限定等农业水污染控制相关的法律法规。在化肥和农药的使用管理上，一些欧盟成员国建立了化肥、农药的登记制度，防止高残留、高毒性以及劣质农用化学品进入市场。同时，根据气候、土壤、水文等自然地理条件以及种植作物类型、耕作方式，对化学和农药的最大使用量、使用时间和使用方法进行规定，对于违反规定的行为予以惩罚。

为缓解农业生产对环境的污染，欧盟实施了一系列有利于环境保护的农业可持续性发展政策，包括农地退耕和生态农业发展政策。同时，欧盟注重将农业和环境政策的目标统一起来，实现农业与环境政策的一体化。具体的政策包括欧盟共同农业及水环境政策和农业面源控制的税费政策。共同农业政策历经发展，由最初的主要支持农业生产，到初步注重农村发展，如今欧盟共同农业政策越来越多地关注农

业行为中的环境保护问题。在水环境保护的专门政策方面，2000 年欧盟国家通过
了《欧盟水框架指令》。该框架进行一些原则性规定，包括：a. 将水环境保护扩展
到所有类型的水体，包括内陆、海洋、地表和地下水；b. 以流域为单位进行水
环境管理；c. 将排放限值和环境标准结合起来；d. 确保水价政策提供足够的激
励以使用水者更加有效地使用水资源；e. 鼓励公众参与。欧盟国家很多采取环
境税费的方式，限制农民对化肥、农药的使用，以减少农业行为对水体的污染。
如匈牙利 1986 年开始实施化肥税，该税率逐年增长，直到 1994 年该国加入欧盟
而被废除。该税收实施以来肥料的使用量以约 3% 的速度逐年下降，但相应的化
肥价格以约 10% 的速度上涨，较大地增加了农民的生产成本。丹麦自 1998 年引
入氮税，对于任何氮含量超过 2% 的肥料每千克氮征收 0.67 欧元的税，该税率
一直没有变化。

5.7.3　日本

　　日本是世界上水资源比较丰富的国家之一，但是第二次世界大战以后随着经济
的高速增长，水资源的利用程度不断加深，导致了严重的水质污染问题。针对这种
情况，日本政府制定了一系列水污染治理措施，较好地控制了水质恶化的趋势。20
世纪 90 年代以前，日本水污染治理的重点一直放在工业和城市点源污染上，农业
面源污染还没有得到足够的重视。1992 年日本开始致力于推进环境保全型农业，
防治农业面源污染。1999 年颁布了《食品、农业、农村基本法》，该法规强调要发
挥农业及农村在保护国土、涵养水源、保护自然环境、形成良好自然景观等方面所
具有的多方面功能，其目的是加速引进具有较高持续性农业的生产方式，确保农业
生产与自然环境协调。2000 年和 2001 年，日本政府又明确了农业生产中化肥、农
药减量施用以及家畜废弃物排放的实施细则。此外，《食品循环资源再生利用法》
《有机农业法》《堆肥品质法》和《农药残留规则》等环保型农业发展与污染控制的
相关法律法规的制定与实施，也对农业污染起到了良好的控制效果。

　　经过多年的实践，日本在防治农业水污染方面的法律法规日趋系统和完善，通
过制定细致、合理、可操作性强的水污染控制法律法规，进行农业水污染控制的作
用非常突出。与通过立法督促治污工程建设、控制工业点源污染的末端治理方式不
同，日本治理农业面源污染所采取的法律措施侧重于制定详细的规则和标准对污染
源进行控制。

5.7.4　其他国家

　　世界其他诸多国家还提倡加强环境监测、公众参与力度和构建以流域为单元的
环境保护机制与机构。国外制定法律、采取经济手段、实施环保项目进行污染控制
的前提都是通过建立先进的监测系统，对变化动态进行全面掌握，以此获得准确的

污染信息和措施效果信息，为有效决策提供充分的依据。在公众参与方面，国外通过制定相关法律，规定了信息公开的基础上，通过宣传教育，鼓励公众参与到农业面源污染控制相关工作中。发到国家农业污染的有效管理构建了流域尺度内专门的管理机构和机制，这些机构和机制的建立弥补了区域水污染治理在解决跨界问题方面的不足。

第6章 结论及污染防治分析

6.1 结论

本书是山西省高等学校科技创新项目"汾河流域农业面源氮磷迁移转化过程及其污染特征研究（2019L091）"、"农业活动影响下的寒地土壤氮和有机碳运移机制及规律研究（2014151）"以及国家自然科学基金项目"三江平原农业活动胁迫下的区域生态环境过程及安全调控研究（40930740）"的内容总结。以农业生态系统氮磷迁移转化为主要研究对象，通过实地采样、收集地方统计数据、野外监测实验和模型模拟等方法建立区域数据库，分析区域农田土壤氮磷平衡及其优化调整、农业活动对土壤氮磷迁移转化的影响、氮磷在土水界面的迁移转化过程及农业面源污染特征。

6.1.1 农田土壤氮磷平衡

构建土壤平衡核算方法与土壤养分审计方法具有良好的一致性，与其研究结果基本一致，与区域内长期监测的点位数据也基本吻合，本方法具有较好的可靠性。

1996～2010年，三江平原农田土壤氮输入量为140.2～165.3kg/hm²，以化肥、有机肥和生物固氮为主，贡献率分别约为37%、21%和26%，磷输入量为23.6～34.9kg/hm²，以化肥为主，贡献率在79%左右；氮、磷的输出量分别为153.2～199.7kg/hm²、18.2～25.7kg/hm²，均以作物吸收为主，贡献率分别在82%、98%以上。1996～2010年，三江平原农田土壤氮平衡逐渐从盈余状态转变为亏损状态，氮平衡量在−35.9～0.2kg/hm²之间，磷平衡则一直处于盈余状态，磷平衡量在4.1～8.4kg/hm²之间。

农田土壤的化肥氮、磷输入量比全国水平偏低，而作物带走氮、磷量相当，容易导致区域内氮、磷出现亏损。但由于导致作物对氮的吸收输入比比磷更高，且作物对氮的需求比磷高、而氮损失比磷损失量大，故土壤氮处于亏损状态，土壤磷处于盈余状态。考虑到三江平原氮处于亏损状态、磷处于盈余状态，应提高氮输入量至 $181.5kg/hm^2$、降低磷的输入量至 $25.8kg/hm^2$，相当于在 2008 年基础上增加硫酸铵化肥输入 $28.7 \times 10^4 t$，减少过磷酸钙化肥输入 $27.2 \times 10^4 t$。为了减少模型不确定性带来的影响，对于氮磷输入的调整应本着谨慎的原则，参照以上调整目标在现状值的基础上逐步调整，并依据更新的数据不断修正调整目标。

6.1.2 土壤氮磷的迁移转化

土壤氮磷含量的变化受到土地利用变化的深刻影响。湿地向农田转化中，全氮（TN）含量表现为：湿地（WL-WL，4.63g/kg）＞湿转旱地（WL-DL，2.04g/kg）＞旱地（DL-DL，1.91g/kg）＞旱转水田（DL-PL，1.81g/kg）＞湿转水田（WL-PL，1.72g/kg）。碱解氮含量（AN）表现为湿地（WL-WL，291.58mg/kg）＞湿转旱地（WL-DL，196.60mg/kg）＞湿转水田（WL-PL，177.45mg/kg）＞旱转水田（DL-PL，174.89mg/kg）＞旱地（DL-DL，168.70mg/kg）。通过相关分析表明，土壤表层（0～20cm）有机质、TN 和 AN 含量呈现极显著的正相关关系；在 20～40cm 土壤深度有机质、TN 和 AN 含量呈现显著的正相关关系。不同土地利用类型的土壤供 N 强度＝（AN/TN）× 100%，即氮素有效性，由高到低排序为：湿转水田（WL-PL，10.33%）＞旱转水田（DL-PL，9.69%）＞湿转旱地（WL-DL，9.62%）＞旱地（DL-DL，8.84%）＞湿地（WL-WL，6.30%）。在土地利用变化过程中，TN 含量减少，由于氮肥的施入，农田的氮素有效性高于湿地。

从微生物的角度，对研究区不同土地利用类型和不同农作物类型的碳氮转化速率进行了分析与研究。结果表明，旱转水田（DL-PL）的土壤呼吸速率最大，平均值为 $400.3\mu g\ CO_2/(kg \cdot h)$，林地（FL-FL）的最小，为 $186.4\mu g\ CO_2/(kg \cdot h)$。土壤温度对土壤呼吸速率的影响通过 Van't Hoff 指数模型分析，发现不同土地利用方式下的土壤呼吸速率与土壤温度呈现极显著相关关系（$p < 0.01$）。在不同的土壤深度，各土地利用类型的土壤温度与呼吸速率均呈现正相关关系。相反，土壤呼吸速率变化对含水量的响应很小，但与土壤 pH 值和全碳含量均有明显的相关关系（$p < 0.01$）。这个结果不仅表明在湿地、林地和草地向农田转变的过程中，土壤呼吸速率加快，导致土壤中碳含量减少，并引起 CO_2 排放量的增加，对区域气候变暖具有一定的贡献作用。同时，气温的增加又可以促使土壤呼吸速率的加快。

对于不同农作物类型，不同土壤深度的平均 R_s 值由大到小依次为：M/M/R/R＞C/C/R/R＞M/M/M/M＞C/C/M/M＞B/B/M/M。其中，M/M/R/R 作物的 R_s 值最大，这可能与该作物类型土壤碳、氮含量较高有关。不同作物类型的 STC 和 SOC 含量与 R_s 值均呈现正相关关系。同时，M/M/R/R 的 R_s 值最大，为 $400.3\mu g\ CO_2/(kg \cdot h)$，且该作物类型的 STN 含量（1.970g/kg）也高于其他作物类型。不同作物类型的 STN 含量与 R_s 值均呈现显著正相关关系（$p < 0.01$）。这说明 STN 含量较高时，不仅有利于土壤氮素有效性，而且可以增加土壤微生物的

呼吸活性。

土壤硝化作用研究中，发现不同土地利用类型的土壤硝化速率存在显著性差异（$p<0.05$），其中旱地（DL-DL）的硝化速率最高，为 $404.8\mu g/(kg \cdot h)$，湿地（WL-WL）的硝化速率最低，为 $182.7\mu g/(kg \cdot h)$。不同土地利用类型的硝化速率总体由高到低为旱地>水田>草地>林地>湿地。土壤硝化速率与土壤温度、土壤氮素和总碳含量呈正显著相关关系（$p<0.01$），与土壤 pH 值呈现负显著相关关系（$p<0.01$）。在集约化农区土地利用变化的过程中，旱地、水田面积的急剧增加，以及化肥，尤其是氮肥的大量施入，有利于土壤硝化速率的加快。土壤硝化作用是产生 N_2O 的主要途径之一，且 N_2O 排放与硝化速率呈一定的比例变化。随着研究区土壤硝化速率的加快，N_2O 的排放量随之增加。同时由于农业活动的影响，为保证粮食产量而施入氮肥，导致土壤氮素循环发生改变，向环境中排放的氮增加。对于农作物类型，玉米/玉米/玉米/玉米（M/M/M/M）的土壤硝化速率显著高于其他农作物类型（$p<0.05$），其次是小叶章草甸/小叶章草甸/玉米/玉米（C/C/M/M）、玉米/玉米/水稻/水稻（M/M/R/R）、小叶章草甸/小叶章草甸/水稻/水稻（C/C/R/R），落叶阔叶林/落叶阔叶林/玉米/玉米（B/B/M/M）的土壤硝化速率最小。在农业开发过程中，大面积的湿地和林地被开垦为耕地，这就表明研究区在土地利用变化过程中，整体硝化速率呈现增加的趋势。

6.1.3 土水界面的氮磷迁移

硬质屋面和沥青路面两种下垫面条件下降雨径流的 COD_{Cr}、$NH_3\text{-}N$、$NO_3^-\text{-}N$、TN 和 TP 的浓度均超出 V 类国家地表水标准，重金属污染不明显；染物负荷（EMC）与降雨历时呈现负相关关系，符合指数回归方程。降雨冲刷效应显著，随降雨历时的增加，污染物浓度趋于降低。与国内其他城市区域相比，八五九农场污染程度较轻。

农业流域的降雨地表径流氮磷流失量估算结果发现，土地利用方式的改变是导致氮磷流失的主要原因，且不同土地利用类型的氮磷输出具有明显的差异。由于农田中大量的使用化肥，导致水田和旱地地表径流中氮磷质量浓度较高。土地利用变化，沼泽湿地和天然林地逐渐开垦为耕地，可能会引起更严重的氮磷流失。另外，水田和旱田在流域中面积比重均低于其氮磷流失贡献的比重。湿地面积最小，但其氮磷流失贡献比重高于林地，这与区内湿地正被大量的农田包围，且处于流域入江口的位置有关。可以认为，化肥尤其是氮肥的施用，以及土地利用变化引起的农田面积增加是阿布胶河流域面源污染的主要来源和原因。同时，发现阿布胶河入江口的氮磷流失量高于流域源头的流失量。因此应该采取相应的面源污染控制措施，如保护天然林地和湿地，合理的土地利用规划，在林地采用草被缓冲带，减少氮肥的施用等，这也是今后阿布胶河流域乃至整个区域农业面源污染防控的落脚点。

农田尺度，不同形态氮磷在田面水中的浓度衰减表现出非线性相关性。水田氨氮和硝氮在土体的垂向迁移有差异，在 60cm 处尤为明显。旱田 60cm 土壤深度硝氮含量出现的高值，推断白浆土层对氮运移有一定影响。旱田土壤水磷含量随作物生长逐渐降低。量化研究水田和旱田的氮磷储量。结果表明作物生长季后水田和旱田的总磷储量减少。旱田 0～15cm 和 15～30cm 土壤深度硝氮减少量比水田减少量大 22.1kg/hm² 和 35.6kg/hm²。土壤 NO_3^--N 的流失量比 NH_4^+-N 大，且对于每层土壤流失量不同，可能与作物种植、土壤质地有关。

6.1.4 农业面源污染特征

旱田 1964～2010 年总的年均 GWP 是水田 1993～2010 年总的年均值的 3 倍多。旱改水后 GWP 的值降低，有利于减少温室效应。两种耕作模式相同时间尺度下的 GWP 比较表明旱改水有利于 GWP 的减少。随着农田面积的增加 GWP 值总体上有增加的趋势，虽然水田的面积占农田总面积的比例达到 40%，但 GWP 只占到总体的 17%。增加有机肥和 N 肥施用量会引起旱田和水田 GWP 值的增加。

通过典型区域八五九农场在 1979～2009 年的评估结果，发现由于不同土地利用方式对区域生态子系统的显著影响，导致生态系统服务价值整体呈现下降趋势。由于土地利用变化，研究区生态系统服务价值整体减少 3499.51×10⁶ 元。从生态服务功能的角度分析，废物处理和气候调节两项功能在总生态系统服务价值中的比例是最高的，约为 50%；同时，通过生态系统服务价值的空间分布研究，发现生态系统服务价值减少的主要原因是区域中心和东北部的湿地发生显著变化。

三江平原不同区域的水资源承载力评价值变化范围为 0.1468～0.2198，其中位于三江平原南部山区的穆棱市水资源承载力评价值最高，为 0.2198。引起三江平原水资源承载力波动的主要因素是水资源可利用率、水资源开发利用率和森林覆盖率。

土壤肥力评价结果显示，水稻种植地区虽然有机碳含量略高于旱田，但土壤综合肥力较低。而开垦较晚的北部地区及南部靠近森林的土壤肥力较高。壤综合评价结果显示，研究区土壤质量属中高等级，种植年限较长的的旱田区及旱转水田区域由于磷含量不足，土壤综合质量相对较低。

1976 年三江平原处于生态安全预警状态；1986～1995 年生态安全度处于较不安全状态；2005～2010 年生态安全恢复到预警状态，并向着较安全的状态变化。这主要是由于政府和人们逐渐意识到经济快速发展所付出的环境代价，并通过改进农业措施和增加环境保护投入改善其生态环境。

三江平原农业面源污染物 TN、TP 和 COD 绝对排放量分别为 4.64×10⁴t、0.99×10⁴t 和 14.67×10⁴t；TN、TP 和 COD 的等标排放量分别为 4.64×10⁴m³、4.95×10⁴m³ 和 0.72×10⁴m³；国土面积 TN、TP 和 COD 相对排放系数分别为 2.08m³/km²、2.36m³/km² 和 0.52m³/km²；TN、TP 和 COD 的农村人均相对排

放系数分别为 0.105m³、0.117m³ 和 0.018m³；农业面源污染物 TN、TP 和 COD 的综合排放浓度分别为 14.62mg/L、3.27mg/L 和 48.51mg/L，TN 和 TP 排放浓度超过地表水环境质量标准。

6.2　污染防治分析

6.2.1　农田面源污染防治

采取测土配方施肥、调整化肥使用结构、改进施肥方式、有机肥替代化肥等途径实现化肥减量。推进高效低毒低残留农药替代高毒高残留农药、大中型高效药械替代小型低效药械，推行精准科学施药和病虫害统防统治，实现农药减量。采用生态沟渠、植物隔离条带、净化塘、地表径流集蓄池等设施，减缓农田氮磷流失，减少农田退水对水体环境的直接污染（陈为 等，2020）。推进秸秆全过程资源化利用，优先就地还田。因地制宜配套农业废弃物田间收集池等设施，减少农业废弃物环境污染。

对于农田排水，主要通过沟渠疏浚、生态浮床构建、水生植物种植等构建生态沟渠，强化农田地表径流的生态拦截效果，通过在沟渠中途建立小型水坝，实现农田排水的循环利用，减少农田排水中氮磷污染物向下游的排放。生态沟渠是削减农肥氮磷污染的重要措施，能削减 35.7％的动态氮和 58.2％的静态氮；削减 41.0％的动态磷和 84.8％的静态磷（李顺香，2016）。

通过优化农艺措施，可以进一步减少肥料，特别是化肥的投入。通过秸秆还田、废弃物的堆肥等农艺废弃物的资源化利用措施，一方面提高养分的循环利用，延长营养物质的空间迁移路径。例如，通过秸秆还田，可以将营养物质再次进入作物生长循环，而非直接进入环境中，可减少稻麦周年的氮磷径流损失量 7％～8％（刘红江 等，2012）。另外，秸秆或堆肥等农业废弃物还田可以减少化肥的投入，改良土壤，提升土壤质量（王磊 等，2017）。此外，过量施用化肥容易造成土壤酸化，破坏土壤结构，加剧水土流失风险。通过合理施用肥料，增加绿肥、豆科作物等氮素替代品，适时轮作套作，提高氮、磷等养分的空间多层利用，减少养分流失，提高土壤质量。例如，太湖流域宜兴市连续 8 年的定位试验结果表明，与稻麦轮作农户常规施肥模式相比，稻-紫云英、稻-黑麦草和稻-休闲轮作下，绿肥替代可以使径流总氮损失减少 18％～45％（乔俊 等，2011）。再者，通过物理防治与生物防治相结合的方式，特别是通过植物源农药替代化学合成农药的方式，可以从源头上减少化学投入品的施用。例如，植物次生代谢产物或苏云金杆菌、类产碱假单胞菌等生物防治制剂具备环境友好、生态安全和对靶标不易产生抗性等优点，可以代替化学农药实现对蝗虫的防治，从源头上有效控制化学农药施用量（石旺鹏 等，2019）。

6.2.2　畜禽养殖污染治理

对区域内大型畜禽养殖污染，主要的治理模式为畜禽、水产养殖粪污的资源化利用，即粪污首先经过固液分离、厌氧消化预处理，产生的沼气输送至周围居民或单位生活使用，沼液与沼渣则作为附近的规模化蔬菜基地的有机肥料，因季节等原因不能利用的沼液主要通过构建生态湿地系统进行生态消纳后达标排放。生态湿地可以定期收获植物，大部分富含蛋白质等营养，是良好的饲料原材料，可直接用作畜禽青绿饲料，或者运至加工厂加工制成畜禽饲料，一方面为养殖户节约饲料成本，提高畜禽养殖业的经济效益；另一方面在减少环境污染排放的同时，实现废弃物的资源化循环利用（陈为 等，2020）。

对于 500 头以下的分散分布的养猪场（养殖户），采用"以地定养、种养结合、就近消化"的原则，首先推行干清粪工艺，为养殖户配备专用运输车辆工具，建设专门的有机肥制作场所，将收集的干粪经过堆沤处理后制成有机肥免费供应养殖户周边农户使用，替代部分 70% 以上的化肥投入；固液分离的液体主要通过厌氧池或沼气池无害化处理后直接就近免费供给周边农户果菜园或稻田使用，还有少量季节性剩余的部分，再因地制宜构建小型生态湿地系统，进行集中治理，湿地产生的生物质可制作成饲料进行资源化利用（陈为 等，2020）。

6.2.3　流域农业面源污染防控

在小流域农业面源污染中，水土流失是关键的载体和污染源，要进行综合治理则需要对其进行有效控制。工程技术能够在很大程度上对小流域面源污染进行控制（骆小娥，2020）。坡度平缓的地区，要实行林草方法，借助植物的性质对坡脚进行防护，一方面要确保植物种类的多样性，另一方面则需要应用根系较为发达且生长速度较快的草本植物。同时要注意为缓坡地带构建出完整的水土保持林。为了很好地拦截小流域面源携带的污染物，缓坡地中的废弃地、退耕地、撂荒地等要种植足够的水土保持草。而对于陡坡地，要尽快实施退耕还林措施，同时辅助封育保护的管理手段，在流域内设置障碍物、禁标牌，且要严格执行，禁封区内要限制放牧、种植等行为，并通过宣传使人们逐步建立保护生态环境的意识。关于陡坡地水土流失方面的治理，要始终做好改造工作，一方面加厚土层、增强土壤的渗透水平，另一方面，使坡度有所减缓，从而降低径流的冲刷效果，最终确保小流域农业面源范围可以达到控制污染的治理目标，同时也能够实现保水、保土以及增产的经济收益。最后需要注意，小流域内地表径流可能会在不同程度上携带走具有营养物质的土壤细颗粒，使得农业种植物土壤贫瘠，影响到实际的产量（龚世飞 等，2019）。为解决这一问题，需要在农田区域修建简易的工程，例如沟渠、田埂 等，还有一些防护能力较强的防护带。

6.2.4　新型氨氮材料

氨氮是农业面源污染的特征污染物，对水体和渠系中低等生物和幼鱼的毒害较大，是重点防治的污染物。有学者研发了以聚碳酸酯（PC）和三元乙丙橡胶（EP-DM）双组分为复合基体，以天然蛭石、沸石粉为填料，再添加适当的光敏剂、淀粉及交联剂，采用熔融共混的方法，制备出对 NH_3-N 具有良好吸附功效的环保型、可紫外光/生物双降解的复合材料（Liu et al.，2013）。该材料原料价格低廉、制备工艺简单、成本较低，可作为辅助材料广泛应用于生态沟渠、人工湿地等污水处理工程中。吸附材料投放操作简单易行，不需要维护，吸附饱和后不需要单独的清理过程，基体材料光解后的碎粒可随底泥就近回用于农田，填料为天然矿物（蛭石），有利于改良土壤结构（阎百兴 等，2019）。

6.2.5　农业面源污染综合防治战略

农业面源污染涉及的范围广、面积大，需要多部门、多阶层参与，采取全链条（法规、政策、耕作、农艺、水肥等）结合的防治体系，与乡村振兴、清洁小流域和美丽乡村建设相结合，实施径流调控与利用、土壤保育与面源污染综合防治成套技术。在防治战略上坚持源头控制为主、中途拦截相辅的原则，将保护性耕作、BMPs、测土施肥、秸秆还田、双减、节水灌溉、生态沟渠和工程湿地等综合起来才能起到效果（张明 等，2016；张晓丽 等，2017）。同时建议将三江平原优质粮豆生产区以及城市水源地流域作为重点治理区域优先开展农业面源污染治理，在美丽乡村建设及脱贫致富中也要考虑实施农业面源污染防治任务。加大土地流转和规模化经营力度，建立现代农业合作社（股份制）、家庭农场，促进新技术应用。在有机农业、绿色农业基地建设中优先考虑实施农业面源污染防治工作，逐步实行严格的面源污染防治奖惩机制和补偿政策。

参 考 文 献

Abbasporu C K, Yang J, Maximov I, et al. Modelling hydrology and water quality in the pre-alpine/alpine Thur watershed using SWAT [J]. Journal of Hydrology, 2007, 333 (2-4): 413-430.

Andersson S, Nilsson S I. Influence of pH and temperature on microbial activity, subrstrate availability of soil-solution bacteria and leaching of dissolved organic carbon in a mor humus [J]. Soil Biology & Biochemistry, 2001, 33 (9): 1181-1191.

Andrews J A, Matamala R, Westover K M, et al. Temperature effects on the diversity of soil heterotrophs and the delta C-13 of soil-respired CO_2 [J]. Soil Biology & Biochemistry, 2000, 32: 699-706.

Anna M, Faycal B, Olga V, et al. Modelling water and nutrient fluxes in the Danube River Basin with SWAT [J]. Science of the Total Environment, 2017, 603-604: 196-218.

Bao X, Watanabe M, Wang Q, et al. Nitrogen budgets of agricultural fields of the Changjiang River basin from 1980 to 1990 [J]. Science of the Total Environment, 2006, 363 (1): 136-148.

Berndt M E, Rutelonis W, Regan C P. A comparison of results from a hydrologic transport model (HSPF) with distributions of sulfate and mercury in a mine-impacted watershed in northeastern Minnesota [J]. Journal of Environmental Management, 2016, 181: 74-49.

Bhaduri B, Harbor J, Engel B, et al. Assessing watershed-scale, long-term hydrologic impacts of land use change using a GIS-NPS model [J]. Environmental Management, 2000, 26: 43-658.

Bouldin J L, Farris J L, Moore M T, et al. Vegetative and structural characteristics of agricultural drainages in the Mississippi Delta landscapes [J]. Environmental Pollution, 2004, 132: 403-411.

Boughton W C, Kukal S S, Bawa S S. Soil erosion in relation to rain characteristics in submontane Punjab [J]. Journal of the Indian Society of Soil Science, 2003, 51: 288-290.

Bradford M A, Davies C A, Frey S D, et al. Thermal adaptation of soil microbial respiration to elevated temperature [J]. Ecology Letters, 2008, 11: 1316-1327.

Breuer L, Kiese R, Butterbach-Bahl K. Temperature and moisture effects on nitrification rates in tropical rain-forest soils [J]. Soil Science Society of America Journal, 2002, 66 (3): 834-844.

Buyanovsky G A, Kucera C L, Wagner G H. Comparative analyses of carbon dynamics in native and cultivated ecosystems [J]. Ecology, 1987, 68 (6): 2023-2031.

Cai Q G, Wu S A. Effect of different land use on soil and water loss processes on purple steep slopeland [J]. Bulletin of Soil and Water Conservation, 1998, 18: 1-8.

Cai Z C, Sawamoto T, Li C S, et al. Field validation of the DNDC model for greenhouse gas emissions in East Asian cropping systems [J]. Global Biogeochemical Cycles, 2003, 17 (4): 1107-1116.

Chen B Y, Liu S R, Ge J P, et al. Annual and seasonal variations of Q_{10} soil respiration in the sub-alpine forests of the Eastern Qinghai-Tibet Plateau, China [J]. Soil Biology & Biochemistry, 2010, 42: 1735-1742.

Chen S T, Huang Y, Zou J W, et al. Mean residence time of global topsoil organic carbon depends on temperature, precipitation and soil nitrogen [J]. Global and Planetary Change, 2013, 100 (1): 99-108.

Chen S T, Zou J W, Hu Z H, et al. Global annual soil respiration in relation to climate, soil properties and vegetation characteristics: Summary of available data [J]. Agricultural and Forest Meteorology, 2014, 198-199: 335-346.

Cheng Y T, Li P, Xu G C, et al. The effect of soil water content and erodibility on losses of available nitrogen and phosphorus in simulated freeze-thaw conditions [J]. Catena, 2018, 166: 21-33.

Cobo J G, Dercon G, Cadisch G. Nutrient balances in African land use systems across different spatial scales: a review of approaches, challenges and progress [J]. Agriculture, ecosystems & environment, 2010, 136 (1): 1-15.

Conley D J. Biogeochemical nutrient cycles and nutrient management strategies [J]. Hydrobiologia, 2000, 410: 87-96.

Cooter E J, Bash J O, Walker J T, et al. Estimation of NH3 bi-directional flux from managed agricultural soils [J]. Atomspheric Environment, 2010, 44 (17): 2107-2115.

Costanza R, Cumberland J, Daly H, et al. An Introduction to ecological economics [M]. Florida: St lucie Press, 1997.

Costanza R, d'Arge R, de Groot R, et al. The value of the world's ecosystem services and natural capital [J]. Nature, 1997, 387 (6630): 253-260.

Costanza R, d' Arge R, de Groot R, et al. The value of the world's ecosystem services and natural capital [J]. Ecological Economics, 1998, 25 (1): 3-15.

Cox P M, Betts R A, Jones C D, et al. Acceleration of global warming due to carbon-cycle feedbacks in a coupled climate model [J]. Nature, 2000, 408 (6809): 184-187.

Curiel Yuste J, Janssens L A, Carrara A. Annual Q_{10} of soil respiration reflects plant phonological patterns as well as temperature sensitivity [J]. Global Change Biology, 2004, 10: 161-169.

Dalias P, Anderson J M, Bottner P, et al. Temperature responses of net nitrogen mineralization and nitrification in conifer forest soils incubated under standard laboratory conditions [J]. Soil Science Society of America Journal, 2002, 34 (5): 691-701.

Dancer W S, Peterson L A, Chesters G. Ammonification and nitrification of N as influenced by soil pH and previous N treatments [J]. Soil Science Society of America Journal, 1973, 37 (1): 67-69.

Daniel T C, Sharpley A N, Lemunyon J L. Agricultural phosphorus and eutrophication: a symposium overview [J]. Journal of Environment Quality, 1998, 27 (1): 251-257.

Davidson E A. Pulses of nitric oxide and nitrous oxide flux following wetting of dry soil: An assessment of probable sources and importance relative to annual fluxes [J]. Ecological Bulletins, 1992, 42: 1-7.

Davidson E A, Janssens I A. Temperature sensitivity of soil carbon decomposition and feedbacks to climate change [J]. Nature, 2006, 440: 165-173.

De Jager N R, Houser J N. Variation in water-mediated connectivity influences patch distributions of total N, total P, and TN, TP rations in the Upper Mississippi River, USA [J]. Fresh-water Science, 2012, 31: 1254-1272.

De Vries W, Kros J, Oenema O. Modeled impacts of farming practices and structural agricultural changes on nitrogen fluxes in the Netherlands: In: Optimizing Nitrogen Management in Food and Energy Production and Envrionmental Protection: Proceedings of the Second International Nitrogen Conference on Science and Policy [M]. The Scientific World 1.

De Wit M J M. Nutrient fluxes at the river basin scale. I [J]. Hydrological Process, 2001, 15 (5): 743-759.

Desjardins R L, Pattey E, Smith W N, et al. Multiscale estimates of N_2O emissions from agricultural lands [J]. Agricultural and Forest Meteorology, 2010, 150 (6SI): 817-824.

Ellis S, Howe M T, Goulding K W T, et al. Carbon and nitrogen dynamics in a grassland soil with varying pH: effect of pH on the denitrification potential and dynamics of the reduction enzymes [J]. Soil Biology & Biochemistry, 1998, 30 (3): 359-367.

Eskinder Z, Johannes V K, Peter K, et al. Estimating total nitrogen and phosphorus losses in a Data-Poor Ethiopian catchment [J]. Journal of Environmental Quality, 2017, 46 (6): 1519-1527.

Fernández C, Vega J A. Evaluation of the rusle and disturbed wepp erosion models for predicting soil loss in the first year after wildfire in NW Spain [J]. Environmental Research, 2018, 165: 279-285.

Fierer N, Colman B P, Schimel J P, et al. Predicting the temperature dependence of microbial respiration in soil: a continental-scale analysis [J]. Global Biogeochemical Cycles, 2006, 20: GB3026.

Frank A B, Liebig M A, Tanaka D L. Management effects on soil CO_2 efflux in northern semiarid grassland and cropland [J]. Soil and Tillage Research, 2006, 89 (1): 78-85.

Friedlingstein P, Cox P, Betts R, et al. Climate-carbon cycle feedback analysis: Results from the C (4) MIP model intercomparison [J]. Journal of Climate, 2006, 19 (14): 3337-3353.

Galloway J N, Dentener F J, Capone D G, et al. Nitrogen cycles: past, present, and future [J]. Biogeochemistry, 2004, 70 (2): 153-226.

Gaudreau J E, Vietor D M, White R H, et al. Response of turf and quality of runoff water to manure and fertilizer [J]. Journal of Environmental Quality, 2002, 31: 1316-1322.

Hadas A S, Feigenbaum A F, Portnoy K. Nitrification rates in profiles of differently managed soil types [J]. Soil Science Society of America Journal, 1986, 50 (3): 633-639.

Hagopian D S, Riley J G. A closer look at the bacteriology of nitrification [J]. Aquacultural Engineering, 1998, 18 (4): 223-244.

Hao F H, Lai X H, Ouyang W, et al. Effects of land use changes on the ecosystem service values of a reclamation farm in northeast China [J]. Environmental Management, 2012, 50: 888-899.

Hao F H, Zhang X S, Yang Z F. A distributed non-point source pollution model: calibration and validation in the Yellow River basin [J]. Journal of Environmental Sciences, 2004, 16 (4): 646-650.

Hayatsu M, Kosuge N. Effects of difference in fertilization treatments on nitrification activity in tea soils [J]. Soil Science and Plant Nutrition, 1993, 39 (2): 373-378.

Heckrath G, Brookes P C, Poolton P R, et al. Phosphorus leaching from soils containing different phosphorus concentrations in the Broedbalk Experiment [J]. Journal of Environmental Quality, 1995, 24: 904-910.

Högberg P, Read D J. Towards a more plant physiological perspective on soil ecology [J]. Trends in Ecology and Evaluation, 2006, 21 (10): 548-554.

Houghton R A, Hackler J L, Lawrence K T. The US carbon budget: Contributions from land-use change [J]. Science, 1999, 285 (5427): 574-578.

Janssens I A, Pilegaard K. Large seasonal changes in Q_{10} of soil respiration in a beech forest [J]. Global Change Biology, 2013, 9: 911-918.

Jarvis N, Villholth K G, Ulén B. Modelling particle mobilization and leaching in macroporous soil [J]. European Journal of Soil Science, 1999, 50: 621-632.

Jia H Y, Lei A L, Lei J S, et al. Effects of hydrological processes on nitrogen loss in purple soil [J].

Agricultural Water Management, 2007, 89: 89-97.

Jiang J S, Guo S L, Zhang Y J, et al. Changes in temperature sensitivity of soil respiration in the phases of a three-year crop rotation system [J]. Soil & Tillage Research, 2015, 150: 139-146.

Jiang Y F, Guo X. Stoichiometric patterns of soil carbon, nitrogen, and phosphorus in farmland of the Poyang Lake region in Southern China [J]. Journal of Soils and Sediments, 2019, 19 (10): 3476-3488.

Jones C A, Cole C V, Sharpley A N, et al. A Simplified soil and plant phosphorus model, I. Documentation [J]. Soil Science Society of America Journal, 1984, 48: 800-805.

Jones C D, Cox P, Huntingford C. Uncertainty in climate-carbon-cycle projections associated with the sensitivity of soil respiration to temperature [J]. Tellus Series B-Chemical and Physical Meteorology, 2003, 55 (2): 642-648.

Kellogg R L. The potential for leacing of agrichemicals used in crop production: a national perspective [J]. Journal of Soil and Water Conservation, 1994, 49 (3): 294-298.

Kengnil L, Vachaud G, Thony J L. Field measurements of water and nitrogen losses under irrigation maize [J]. Journal of Hydrology, 1994, 162: 23-46.

Kim J H, Yur J H, Kim J K. Diffuse pollution loading from urban stormwater runoff in Daejeon City, Korea [J]. Journal of Environmental Management, 2007, 85: 9-16.

Kirschbaum M U F. The temperature dependence of soil organic matter decomposition: and the effect of global warming on soil organic C storage [J]. Soil Biology & Biochemistry, 1995, 27: 753-760.

Kirschbaum M U F. The temperature dependence of organic-matter decomposition-still a topic of debate [J]. Soil Biology & Biochemistry, 2006, 38 (9): 2510-2518.

Korsaeth A, Eltun R. Nitrogen mass balances in conventional, integrated and ecological cropping systems and the relationship between balance calculations and nitrogen runoff in an 8-year field experiment in Norway [J]. Agriculture, Ecosystems & Environment, 2000, 79 (2-3): 199-214.

Kreuter U P, Harris H G, Matlock M D, et al. Change in ecosystem service values in the San Antonio area, Texas [J]. Ecological Economics, 2001, 39 (3): 333-346.

Kuzyakov Y, Gavrichkova O. REVIEW: time lag between photosynthesis and carbon dioxide efflux from soil: a review of mechanisms and controls [J]. Global Change Biology, 2010, 16: 3386-3406.

Kwong K F, Kee N, Bholah A, et al. Nitrogen and phosphorus transport by surface runoff from a silty clay loam soil under sugarcane in the humid tropical environment of Mauritius [J]. Agriculture, Ecosystems and Environment, 2002, 91 (1-3): 147-157.

Lai X H, Hao F H, Ouyang W, et al. Analysis on the ecological security of freeze-thaw agricultural area: methodology and a case study for Sanjiang Plain [J]. Fresenius Environmental Bulletin, 2013, 22 (2): 404-411.

Lai X H, Hao F H, Ren X L. Loss characteristics of nitrogen and phosphorus in surface runoff with different land use types of a small watershed in freeze-thaw agricultural area [J]. Fresenius Environmental Bulletin, 2015, 24 (11a): 3780-3793.

Lai X H, Ren X L, Zhao J A. Variations of soil respiration rate and its temperature sensitivity among different crop types in the growing season of northeast China [J]. Fresenius Environmental Bulletin, 2017, 26 (4): 2651-2663.

Lai X H., Ren X L, Zhu K J, et al. Effects of tillage systems of labile fractions of soil organic nitrogen of a freeze-thaw agricultural area in northeast China [J]. Earth and Environmental Science, 2020, 435: 1-8.

Lawrence P J, Chase T N. Investigating the climate impacts of global land cover change in the community climate system model [J]. International Journal of Climatology, 2010, 30 (13): 2066-2087.

Le K N, Jha M K, Reyes M R, et al. Evaluating carbon sequestration for conservation agriculture and tillage systems in Cambodia using the EPIC model [J]. Agriculture, Ecosystems and Environment, 2018, 251: 37-47.

Levy P E, Mobbs D C, Jones S K, et al. Simulation of fluxes of greenhouse gases from European grasslands using the DNDC model [J]. Agriculture Ecosystems & Environment, 2007, 121 (1-2): 186-192.

Li Y K, Chen M P, Xia X, et al. Dynamics of soil respiration and carbon balance of summer-maize field under different nitrogen addition [J]. Ecology and Environmental Sciences, 2013, 22 (1): 18-24.

Lin X C, Yu S Q. Climatic trend in China for the last 40 years [J]. Meteorological Monthly, 1990, 16: 16-21.

Liu D, Wang Z, Zhang B, et al. Spatial distribution of soil organic carbon and analysis of related factors in croplands of the black soil region, Northeast China [J]. Agriculture, Ecosystems& Environment, 2006, 113 (1): 73-81.

Liu R M, Wang J W, Shi J H, et al. Runoff characteristics and nutrient loss mechanism from plain farmland under simulated rainfall conditions [J]. Science of the Total Environment, 2014, 468-469: 1069-1077.

Liu X Z, Kang S Z, Liu D L, et al. SCS model based bon geographic information and its application to simulate rainfall-runoff relationship at typical small watershed level in Loess Plateau [J]. Transactions of The Chinese Society of Agricultural Engineering, 2005, (5): 93-97.

Lloyd J, Taylor J A. On the temperature-dependence of soil respiration [J]. Functional Ecology, 1994, 8: 315-323.

Lord E I, Anthony S G. MAGPIE: a modeling framework for evaluating nitrate losses at national and catchment scales [J]. Soil Use and Management, 2000, 16 (1): 167-174.

Ludwig B, Bergstermann A, Priesack E, et al. Modelling of crop yields and N_2O emissions from silty arable soils with differing tillage in two long-term experiments [J]. Soil & Tillage Research, 2011, 112 (2): 114-121.

Luo C Y, Gao Y, Zhu B, et al. Sprinkler-based rainfall simulation experiments to assess nitrogen and phosphorus losses from a hillslope cropland of purple soil in China [J]. Sustainability of Water Quality and Ecology, 2013, 1-2: 40-47.

MacDonald K B. Environmental Sustainability of Canadian Agriculture: Report of the Agri-Environmental Indicator Project [R]. Agriculture and Agri-Food Canada, 2000a: 161-170.

MacDonald K B. Environmental Sustainability of Canadian Agriculture: Report of the Agri-Environmental Indicator Project [R]. Agriculture and Agri-Food Canada, 2000b: 117-123.

Manninen N, Helena S, Riitta L, et al. Effects of agricultural land use on dissolved organic carbon and nitrogen in surface runoff and subsurface drainage [J]. Science of the Total Environment, 2017, 618: 1519-1528.

Marland G, Boden T A, Andres R J. Global, regional, and national CO_2 emissions. In: Trends: A

Compendium of Data on Global Change [M]. Carbon Dioxide Information Analysis Center，2012.

McGechan M B，Jarvis N J，Hooda P S，et al. Parameterisation of the MACRO model to represent leaching of colloidally attached inorganic phosphorus following slurry spreading [J]. Soil Use and Management，2002，18：61-67.

McMichael C E，Hope A S. Predicting streamflow response to fire-induced landcover change：Implications of parameter uncertainty in the MIKE SHE model [J]. Journal of Environmental Management，2006，84 (3)：245-256.

Mendum T A，Sockett R E，Hirsch P R. Use of molecular and isotopic techniques to monitor the response of autotrophic ammonia-oxidizing populations of the beta subdivision of the class Proteobacteria in arable soils to nitrogen fertilizer [J]. Applied and Environmental Microbiology，1999，65 (9)：4155-4162.

Metherell A K，Harding L A，Cole CV，et al. Century soil organic matter model environment. Technical documentation. Agroecosystem version 4. 0. Great plains system research unit technical report No. 4. USDA-ARS，Fort Collins，Colorado，USA，1993.

Miklanek P，Pekarova P，Konicek A，et al. Research Note：Use of a distributed erosion model (AG-NPS) for planning small reservoirs in the Upper Torysa basin [J]. Hydrology and Earth System Science，1999，8 (65)：1186-1192.

Mo J M，Zhang W，Zhu W，et al. Nitrogen addition reduces soil respiration in a mature tropical forest in southern China [J]. Global Change Biology，2008，14 (2)：403-412.

Mooney，H.，Vitousek，P. M.，Matson，P. A. Exchange of materials between terrestrial ecosystems and the atmosphere [J]. Science，1987，138：926-932.

Morell F J，Álvaro-Fuentes J，Lampurlanés J，et al. Soil CO_2 fluxes following tillage and rainfall events in a semiarid Mediterranean agroecosystem：Effects of tillage systems and nitrogen fertilization [J]. Agriculture，Ecosystems & Environment，2010，139 (1)：167-173.

Motter A，Ladet S，Coque N，et al. Agricultural land-use change and its drivers in mountain landscapes：A case study in the Pyrenees [J]. Agriculture，Ecosystems & Environment，2006，114 (2-4)：296-310.

Nasb D M，Halliwell D J. Fertiliser and phosphorus loss from productive grazing systems [J]. Australian Journal of Soil Research，1999，37 (3)：403-429.

Nguyen H H，Recknagel F，Meyer W，et al. Comparison of the alternative models SOURCE and SWAT for predicting catchment streamflow，sediment and nutrient loads under the effect of land use changes [J]. Science of the Total Environment，2019，662：254-265.

Nikolaides N P，Heng H，Semagin R，et al. Nonlinear response of a mixed land use watershed to nitrogen loading [J]. Agriculture，Ecosystems and Environment，1998，67：251-265.

Novotny V. Diffuse pollution from agriculture-a worldwide outlook [J]. Water Science and Technology，1999，39 (3)：1-13.

Novotny V，Chesters G. Handbook of urban nonpoint pollution：sources and management [M]. New York：Van Nostrand Reinhold Company.

Nyakatawa E Z，Mays D A，Tolbert V R，et al. Runoff，sediment，nitrogen，and phosphorus losses from agricultural land converted to sweetgum and switchgrass bioenergy feedstock [J]. Biomass and Bioenergy，2006，30：655-664.

Ongley E D. Control of water pollution from agriculture [M]. Rome: FAO Irrigation and Drainage, 1996: 24-45.

Ouyang W, Huang H B, Hao F H, et al. Evaluating spatial interaction of soil property with non-point source pollution at watershed scale: The phosphorus indicator in Northeast China [J]. Science of the Total Environment, 2012, 432: 412-421.

Ouyang W, Lai X H, Li X, et al. Soil respiration and carbon loss relationship with temperature and land use conversion in freeze-thaw agricultural area [J]. Science of the Total Environment, 2015, 533: 215-222.

Owusu G, Owusu A B, Amankwaa E F, et al. Analyses of freshwater stress with a couple ground and surface water model in the Pra Basin, Ghana [J]. Applied Water Science, 2017, 7 (1): 137-153.

Peng S, Piao S, Wang T, et al. Temperature sensitivity of soil respiration in different ecosystems in China [J]. Soil Biology & Biochemistry, 2009, 41: 1008-1014.

Piao S L, Ciais P, Friedlingstein P, et al. Net carbon dioxide losses of northern ecosystems in response to autumn warming [J]. Nature, 2008, 451 (7174): 49-52.

Poch-Massegú R, Jiménez-Martínez J, Wallis K J, et al. Irrigation return flow and nitrate leaching under different crops and irrigation methods in Western Mediterranean weather conditions [J]. Agricultural Water Management, 2014, 134: 1-13.

Ponce V M, Hawkins R H. Runoff curve number: Has it reached maturity [J]. Hydrologic Engineering, 1996, 1: 11-19.

Qian X Y, Shen G X, Huang L H, et al. Characteristics of nitrogen and phosphorus losses with rainfall-runoff from sandy dry field in Chongming Dongtan [J]. Journal of Soil and Water Conservation, 2010, 24: 11-14.

Qin Z, Shober A L, Beeson R C, et al. Nutrient leaching from mixed-species Florida residential landscapes [J]. Journal of Environmental Quality, 2013, 42 (5): 1534-1544.

Raich J W, Schlesinger W H. The global carbon-dioxide flux in soil respiration and its relationship to vegetation and climate [J]. Tellus Series B-Chemical and Physical Meteorology, 1992, 44 (2): 81-99.

Refsgaard J C, Thorsen M, Jensen J B, et al. Large scale modeling of groundwater contamination from nitrate leaching [J]. Journal of Hydrology, 1999, 221: 117-140.

Reth S, Reichstein M, Falge E. The effect of soil water content, soil temperature, soil pH-value and the root mass on soil CO_2 efflux—a modified model [J]. Plant Soil, 2005, 268 (1): 21-33.

Rey A, Pegoraro E, Tedeschi V. Annual variation in soil respiration and its components in a coppice oak forest in Central Italy [J]. Global Change Biology, 2002, 8: 851-866.

Rheinbaben W V. Nitrogen losses from agricultural soils through denitrification—a critical evaluation [J]. Zeitschrift für Pflanzenern? hrung und Bodenkunde, 1990, 153 (3): 157-166.

Ryden J C, Syers J K, Harris R F. Phosphorus in runoff and streams [J]. Advance in Agronomy, 1973, 25: 1-45.

Scanlon T M, Kiely G, Xie Q S. A nested catchment approach for defining the hydrological controls on non-point phosphorus transport [J]. Journal of Hydrology, 2004, 29: 218-231.

Schimel D S, House J I, Hibbard K A, et al. Recent patterns and mechanisms of carbon exchange by terrestrial ecosystems [J]. Nature, 2001, 8 (414): 169-172.

Sharpley A N, McDowell R W, Weld J L, et al. Phosphorus loss from land to water: Integrating agricultural and environmental Management [J]. Plant and Soil, 2001, 237: 287-307.

Sheldrick W F, Syers J K, Lingard J. A conceptual model for conducting nutrient audits at national, regional, and global scales [J]. Nutrient Cycling in Agroecosystems, 2002, 62 (1): 61-72.

Shi Y P, Huang J F, Ni X W, et al. Effects of fertilization on surface runoff loss of nitrogen and phosphorus from Mulberry in the Northern Zhejiang Plain, China [J]. Journal of Agricultural Resources and Environment, 2016, 33 (6): 518-524.

Shigaki F, Sharpley A N, Prochnow L I. Rainfall intensity and phosphorus source effects on phosphorus transport in surface runoff from soil trays [J]. Science of the Total Environment, 2007, 373: 334-343.

Shigaki F, Sharpley A N, Prochnow L I. Source-related transport of phosphorus in surface runoff [J]. Journal of Environmental Quality, 2006, 35: 2229-2235.

Simes K, Yli-Halla M, Tuhkanen H R. Simulation of the phosphorus cycle in soil by ICECREAM [C]. ProcOECD Workshop 'Practical and innovative measures for the control of agricultural phosphorus losses to water', Antrim, Northern Ireland, 1998: 38-39.

Skopp J, Jawson M, Doran J. Steady-state aerobic microbial activity as a function of soil water content [J]. Soil Science Society of America Journal, 1990, 54: 1619-1625.

Smaling E, Oenema O, Fresco L O. Nutrient disequilibria in agroecosystems: concepts and case studies [M]. Wallingford: Cabi Publishing, 1999.

Smil V. Phohorus in the environment: natural flows and human interferences [J]. Annual Review of Energy and the Environment, 2000, 25 (1): 53-88.

Smith V H, Tilman G D, Nekola J C. Eutrophication: impacts of excess nutrient inputs in freshwater, marine and terrestrial ecosystems [J]. Environmental Pollution, 1999, 100: 179-196.

Song M H, Jiang J, Cao G M, et al. Effects of temperature, glucose and inorganic nitrogen inputs on carbon mineralization in a Tibetan alpine meadow soil [J]. European Journal of Soil Biology, 2010, 46 (6): 375-380.

Song Z F, Wang K Q, Sun X L. Phosphorous and nitrogen loss characteristics with runoff on different lands use pattern in small watersheds in Jianshan River, Chengjiang [J]. Research of Environmental Sciences, 2008, 21 (4): 109-113.

Spohn M, Chodak M. Microbial respiration per unit biomass increases with carbon-to-nutrient ratios in forest soils [J]. Soil Biology & Biochemistry, 2015, 81 (2): 128-133.

Stoorvogel J J, Smaling E. Assessment of soil nutrient depletion in Sub-Saharan Africa: 1983-2000 [R]. Winand Staring Centre Wageningen, 1990.

Svendsen L M, Kronvang B. Retention of nitrogen and phosphorus in a Danish lowland river system: implications for the export from the watershed [J]. Hydrobiologia, 1993, 251 (1-3): 123-135.

Thrift N J, Kitchen R. International encyclopedia of human geography [M]. Oxford: Elsevier, 2009: 107-111.

Tufekcioglu A, Raich J W, Isenhart T M, et al. Soil respiration within riparian buffers and adjacent crop fields [J]. Plant and Soil, 2001, 229 (1): 117-124.

Tuomela C, Sillanpää N, Koivusalo H. Assessment of stormwater pollutant loads and source area contributions with storm water management model (SWMM) [J]. Journal of Environmental Management, 2019, 233: 719-727.

Turner B L, Cheesman A W, Condron L M, et al. Introduction to the special issue: Developments in soil organic phosphorus cycling in natural and agricultural ecosystems [J]. Geoderma, 2015, (257-258): 1-3.

Udawatta R P, Motavalli P P, Garrett H E, et al. Nitrogen losses in runoff from three adjacent agricultural watersheds with claypan soils [J]. Agriculture, Ecosystems and Environment, 2006, 117 (1): 39-48.

Uribe N, Corzo G, Quintero M, et al. Impact of conservation tillage on nitrogen and phosphorus runoff losses in a potato crop system in Fuquene watershed, Colombia [J]. Agricultural Water Management, 2018, 209: 62-72.

USDA-SCS. Urban hydrology for small watersheds. Technical Release No. 55 [R]. Washington: U. S. Government Printing Office, 1986.

US EPA. Results of the nationwide urban runoff program [R]. Washington: U. S. Environmental Protection Agency, 1983.

Valbuena-Parralejo N, Fenton O, Tuohy P, et al. Phosphorus and nitrogen losses from temperate permanent grassland on clay-loam soil after the installation of artificial mole and gravel mole drainage [J]. The Science of the Total Environment, 2019, 659: 1428-1436.

Valkama E, Rankinen K, Virkajärvi P, et al. Nitrogen fertilization of grass leys: Yield production and risk of N leaching [J]. Agriculture, Ecosystem and Environment, 2016, 230: 341-352.

Vitousek P M, Farrington H. Nutrient limitation and soil development: Experimental test of a biogeochemical theory [J]. Biogeochemistry, 1997, 37 (1): 63-75.

Vitousek P M, Howarth R W. Nitrogen limitation on land and in the sea-how can it occur [J]. Biogeochemistry, 1991, 13 (2): 87-115.

Waddell T E, Bower B T. Agriculture and the environment: What do we really mean? [J]. Journal of Soil and Water Conservation, 1988, 43 (3): 241-242.

Wang J, Wang E L, Yang X G, et al. Increased yield potential of wheat-maize cropping system in the North China Plain by climate change adaptation [J]. Climate Change, 2012, 113: 825-840.

Wang L L, Song C C, Song Y Y, et al. Effects of reclamation of natural wetlands to a rice paddy on dissolved carbon dynamics in the Sanjiang Plain, Northeastern China [J]. Ecological Engineering, 2010, 36 (10): 1417-1423.

Wang W, Fang J Y. Soil respiration and human effects on global grasslands [J]. Global and Planetary Change, 2009, 67 (1-2): 20-28.

Wang Y C, Ying H, Yin Y L, et al. Estimating soil nitrate leaching of nitrogen fertilizer from global meat-analysis [J]. The Science of the Total Environment, 2019, 657: 96-102.

Whitehead P G, Johnes P J, Butterfield D. Steady state and dynamic modeling of nitrogen in the river Kennet: impacts of land use change since the 1930s [J]. The Science of the Total Environment, 2002, 282-283: 1687-1698.

Wolf J, Beusen A H W, Groenendijk P, et al. The integrated modeling system STONE for calculating nutrient emissions from agriculture in the Netherlands [J]. Environmental Modelling and Software, 2003, 18: 597-617.

Wolf J, Hackten Broeke M J D, Rötter R. Simulation of nitrogen leaching in sandy soils in The Netherlands with the ANIMO model and the integrated modeling system STONE [J]. Agriculture, Ecosystems and Environment, 2005, 105: 523-540.

Xia L Z, Hoermann G, Ma L. Reducing nitrogen and phosphorus losses from arable slope land with contour hedgerows and perennial alfalfa mulching in Three Gorges Area, China [J]. Catena, 2013, 110: 86-94.

Xing G X, Zhu Z L. An assessment of N loss from agricultural fields to the environment in China [J]. Nutrient Cycling in Agroecosystems, 2000, 57 (1): 67-73.

Xu Y, Pan W B. SCS model for watershed runoff calculation in ArcView [J]. Research of Soil and Water Conservation, 2006, 13: 176-182.

Xu Y M, Li Y, Ouyang W, et al. The impact of long-term agricultural development on the wetlands landscape pattern in Sanjiang Plain [J]. Procedia Environmental Sciences, 2012, 13: 1922-1932.

Yang J L, Zhang G L, Shi X Z, et al. Dynamic changes of nitrogen and phosphorus losses in ephemeral runoff processes by typical storm events in Sichuan Basin, Southwest China [J]. Soil & Tillage Research, 2009, 105: 292-299.

Yang L L, Zhang F S, Mao R Z, et al. Conversion of natural ecosystems to cropland increases the soil net nitrogen mineralization and nitrification in Tibet [J]. Pedosphere, 2008, 18 (6): 699-706.

Yoon S W, Chung S W, Oh D G. Monitoring of non-point source pollutants loads from a mixed forest land use [J]. Journal of Environmental Sciences, 2010, 22 (6): 801-805.

Zang L, Tian G M, Liang X Q, et al. Profile distributions of dissolved and colloidal phosphorus as affected by degree of phosphorus saturation in paddy soil [J]. Pedosphere, 2013, 23 (1): 128-136.

Zeng S C, Su Z Y, Chen B G, et al. Nitrogen and phosphorus runoff losses from orchard soils in south China as affected by fertilization depths and rates [J]. Pedosphere, 2008, 18 (1): 45-53.

Zhang Q, Lei H M, Yang D W. Seasonal variations in soil respiration: heterotrophic respiration and autotrophic respiration of a wheat and maize rotation cropland in the North China Plain [J]. Agricultural and Forest Meteorology, 2013, 180: 34-43.

Zhang X L, Wang Q B, Li L H, et al. Seasonal variations in nitrogen mineralization under three land use types in a grassland landscape [J]. Acta Oecologica, 2008, 34 (3): 322-330.

Zhao G J, Hörmann G, Fohrer N, et al. Development and application of a nitrogen simulation model in a data scarce catchment in South China [J]. Agricultural Water Management, 2011, 98: 619-631.

Zhao K. Y, Luo Y J, Hu J M, et al. A study of current status and conservation of threatened wetland ecological environment in Sanjiang Plain [J]. Journal of Natural Resources, 2008, 23: 790-796.

Zheng F L, Huang C H, Norton L D. Effects of near-surface hydraulic gradients on nitrate and phosphorus losses in surface runoff [J]. Journal of Environmental Quality, 2004, 33 (6): 2174-2182.

Zhu Z L, Wen Q X. Nitrogen of Chinese Soil [M]. Nanjing: Jiangsu Science and Technology Press, 1992.

Zogg G P, Zak D R, Ringelberg D B, et al. Compositional and functional shifts in microbial communities due to soil warming [J]. Soil Science Society of America Journal, 1997, 61: 475-481.

白军红, 欧阳华, 邓伟, 等. 湿地氮素传输过程研究进展 [J]. 生态学报, 2005, 25 (2): 326-333.

鲍士旦. 土壤农化分析 [M]. 北京: 中国农业出版社, 2000.

蔡祖聪, 赵维. 土地利用方式对湿润亚热带土壤硝化作用的影响 [J]. 土壤学报, 2009, 46 (5): 795-801.

曹良元, 张磊, 蒋先军, 等. 土壤硝化作用在团聚体中的分布以及耕作的影响 [J]. 西南大学学报 (自然科学版), 2009, 31 (5): 141-147.

曹宁, 曲东, 陈新平, 等. 东北地区农田土壤氮、磷平衡及其对面源污染的贡献分析 [J]. 西北农林科技大学学报 (自然科学版), 2006, 34 (7): 127-133.

柴世伟, 裴晓梅, 张亚雷, 等. 农业面源污染及其控制技术研究 [J]. 水土保持学报, 2006, 20 (6): 192-195.

常守志, 王宗明, 宋开山, 等. 1954-2005 年三江平原生态系统服务价值损失评估 [J]. 农业系统科学与综合研究, 2011, 27 (2): 240-247.

陈伏生, 曾德慧, 陈广生. 土地利用变化对沙地全氮空间分布格局的影响 [J]. 应用生态学报, 2004, 15 (6): 953-957.

陈利顶, 傅伯杰. 农田生态系统管理与非点源污染控制 [J]. 环境科学, 2000, (2): 98-100.

陈敏鹏, 陈吉宁. 中国区域土壤表观氮磷平衡清单及政策建议 [J]. 环境科学, 2007, 28 (6): 1305-1310.

陈同斌, 徐鸿涛. 中国农用化肥氮磷钾需求比例的研究 [J]. 地理学报, 1998, 53 (1): 32-41.

陈秋会, 席运官, 王磊, 等. 太湖地区稻麦轮作农田有机和常规种植模式下氮磷径流流失特征研究 [J]. 农业环境科学学报, 2016, 35 (08): 1550-1558.

程红光, 岳勇, 杨胜天, 等. 黄河流域非点源污染负荷估算与分析 [J]. 环境科学学报, 2005, 26 (26): 384-391.

程丽娟, 薛泉宏. 微生物学实验技术 [M]. 西安: 世界图书出版社, 2000: 80-81.

Dennis L C, Keith L, Timothy R E. GIS 支持下的非点源污染模型 [J]. 水土保持科技情报, 1999, (1): 14-16.

丁一汇, 戴晓苏. 中国近百年来的温度变化 [J]. 气象, 1994, 20 (12): 19-26.

方玉东, 封志明, 胡业翠, 等. 基于 GIS 技术的中国农田氮素养分收支平衡研究 [J]. 农业工程学报, 2007, 23 (7): 35-41.

付长超, 刘吉平, 刘志明. 近 60 年东北地区气候变化时空分异规律的研究 [J]. 干旱区资源与环境, 2009, 23 (12): 60-65.

傅靖. 我国农田生态系统养分氮磷钾平衡研究 [D]. 北京: 中国农业大学, 2007.

傅庆林, 孟赐福. 中国亚热带主要稻作制农田生态系统的养分平衡 [J]. 生态学杂志, 1994, 13 (3): 53-56.

高新昊, 江丽华, 李晓林, 等. "等标污染法" 在山东省水环境农业非点源污染源评价中的应用 [J]. 中国生态农业学报, 2010, 18 (5): 1066-1070.

高永刚, 那济海, 顾红, 等. 黑龙江省气候变化特征分析 [J]. 东北林业大学学报, 2007, 35 (5): 47-50.

高永恒, 罗鹏, 吴宁, 等. 基于 BaPS 技术的高山草甸硝化和反硝化季节变化 [J]. 生态环境, 2008, 17 (1): 384-387.

郭智, 刘红江, 张岳芳, 等. 不同施肥模式对菜-稻轮作农田土壤磷素径流损失与表观平衡的影响 [J]. 水土保持学报, 2019, 33 (4): 102-109.

何新华. 璧山县农田生态系统中氮肥利用与平衡的研究 [J]. 生态学杂志, 1993, 12 (5): 29-35.

洪瑜, 方晰, 田大伦. 湘中丘陵区不同土地利用方式土壤碳氮含量的特征 [J]. 中南林学院学报, 2006, 26 (6): 9-16.

洪峪森. 环境质量综合评价方法的比较研究 [J]. 环境保护, 1998, (1): 26-28.

胡春胜，韩纯儒. 京郊密云县农业生态系统氮素循环的数量特征研究 [J]. 生态学杂志，1992，11 (2)：1-3.

胡玉婷，廖千家骅，王书伟，等. 中国农田氮淋失相关因素分析及总氮淋失量估算 [J]. 土壤，2011，43 (1)：19-25.

黄国宏，陈冠雄. 土壤含水量与 N_2O 产生途径 [J]. 应用生态学报，1999，10 (1)：53-56.

黄亚丽，张丽，朱昌雄. 山东省南四湖流域农业面源污染状况分析 [J]. 环境科学研究，2012，25 (11)：1243-1249.

黄元仿，李韵珠，陆锦文. 田间条件下土壤氮素运移的模拟模型Ⅰ [J]. 水利学报，1996，(6)：9-14，33.

黄元仿，李韵珠，陆锦文. 田间条件下土壤氮素运移的模拟模型Ⅱ田间检验与应用 [J]. 水利学报，1996，(6)：15-23.

GB 3838—2002.

贾建英，郭建平. 东北地区近 46 年气候变化特征分析 [J]. 干旱区资源与环境，2011，25 (10)：109-115.

贾月慧，王天涛，杜睿. 3 种林地土壤氮和氮含量的变化 [J]. 北京农学院学报，2005，2 (3)：63-66.

江长胜，郝庆菊，宋长春，等. 垦殖对沼泽湿地土壤呼吸速率的影响 [J]. 生态学报，2010，30 (17)：4539-4548.

蒋茂贵，方芳，望志方. MCR 技术在农业面源污染防治中的应用 [J]. 环境科学与技术，2001，(S1)：4-5.

蒋晓辉，黄强，惠泱河，等. 陕西关中地区水环境承载力研究 [J]. 环境科学学报，2001，21 (3)：312-317.

金春玲，高思佳，叶碧碧，等. 洱海西部雨季地表径流氮磷污染特征及受土地利用类型的影响 [J]. 环境科学研究，2018，31 (11)：1891-1899.

金继运，李家康，李书田. 化肥与粮食安全 [J]. 植物营养与肥料学报，2006，12 (5)：601-609.

金建新，李凤霞，周丽娜. 基于 DSSAT 模型的宁夏玉米-土壤氮循环及其产量敏感性分析 [J]. 宁夏农林科技，2017，58 (5)：30-32.

孔祥斌，刘灵伟，秦静，等. 基于农户行为的耕地质量评价指标体系构建的理论与方法 [J]. 地理科学进展，2007，26 (4)：75-85.

来雪慧，黄鑫，赵金安，等. 近 47 年来东北地区典型开垦型农场气候变化特征分析研究 [J]. 环境科学与管理，2014，39 (5)：67-69.

来雪慧，李丹，于波峰，等. 东北农场农作物生长季土壤呼吸对温度和含水量的响应 [J]. 水土保持研究，2016，23 (1)：117-122.

来雪慧，任晓莉，安晓阳，等. 三江平原小流域土地利用类型与土壤理化性质的灰色关联分析 [J]. 江苏农业科学，2018，46 (17)：276-280.

来雪慧，任晓莉，贾丽霞，等. 东北集约化农区不同农作物类型的土壤硝化作用及其影响因素 [J]. 江苏农业科学，2016，44 (6)：473-476.

来雪慧，王小文，徐杰峰，等. 基于向量模法的陕南地区水环境承载力评价 [J]. 水土保持通报，2010，30 (02)：56-59，78.

雷沛，曾祉祥，张洪，等. 丹江口水库农业径流小区土壤氮磷流失特征 [J]. 水土保持学报，2016，30 (3)：44-48.

李春荣，刘坤，林积泉，等. 海口市城区不同下垫面降雨径流污染特征 [J]. 中国环境监测，2013，29

(5)：80-83.

李吉玫，徐海量，宋郁东，等.伊犁河流域水资源承载力的综合评价 [J].干旱区资源与环境，2007
  （3）：39-43.

李军，邵明安，张兴昌.EPIC 模型中土壤氮磷运转和作物营养的数学模拟 [J].植物营养与肥料学
  报，2005（2）：166-173.

李清华，王飞，林诚，等.水旱轮作对冷浸田土壤碳、氮、磷养分活化的影响 [J].水土保持学报，
  2015，29（6）：113-117.

李庆逵，于天仁，朱兆良.中国农业持续发展中的肥料问题 [M].南昌：江西科学技术出版社，1998.

李瑞鸿，洪林，罗文兵.漳河灌区农田地表排水中磷素流失特征分析 [J].农业工程学报，2010，26
  （12）：102-106.

李文福，吕红玉，谭晓军，等.三江平原佳木斯地区气温变化特征 [J].安徽农业科学，2012，40（1）：
  437-440.

李晓慧，何文寿，白海波，等.宁夏向日葵不同生育期吸收氮、磷、钾养分的特点 [J].西北农业学
  报，2009，18（5）：167-175.

李颖，张养贞，张树文.三江平原沼泽湿地景观格局变化及其生态效应 [J].地理科学，2002，22（6）：
  677-682.

廖艳，崔军，杨忠芳，等.三江平原典型土地利用类型土壤呼吸强度对温度的敏感性 [J].地质通报，
  2012，31（1）：164-171.

林雪原，荆延德.基于"压力-状态-响应"机制的济宁市农业面源污染研究 [J].环境污染与防治，
  2015，37（4）：99-105，110.

林振山.气候建模、诊断和预测的研究 [M].北京：气象出版社，1996.

刘殿伟.过去50年三江平原土地利用/覆被变化的时空特征与环境效应 [D].长春：吉林大学，2006.

刘更另.营养元素循环和农业的持续发展 [J].土壤学报，1992，29（3）：251-256.

刘娟，张淑香，宁东卫，等.3种耕作土壤磷随地表径流流失的特征及影响因素 [J].生态与农村环境
  学报，2019，35（10）：1346-1352.

刘莲，刘红兵，汪涛，等.三峡库区消落带农用坡地磷素径流流失特征 [J].长江流域资源与环境，
  2018，27（11）：2609-2618.

刘巧辉.应用 BaPS 系统研究旱地旱地土壤硝化-反硝化过程和呼吸作用 [D].南京：南京农业大学，
  2005：21-28.

刘征，温志广.水资源评价方法及决策分析研究——以河北省唐海县为例 [J].水资源保护，2007，
  （01）：71-72，76.

刘志娟，杨晓光，王文峰，等.气候变化背景下我国东北三省农业气候资源变化特征 [J].应用生态学
  报，2009，20（9）：2199-2206.

鲁如坤，刘鸿翔，闻大中，等.我国典型地区农业生态系统养分循环和平衡研究Ⅰ.农田养分支 [J].
  土壤通报，1996，27（4）：145-150.

鲁如坤，刘鸿翔，闻大中，等.我国典型地区农业生态系统养分循环和平衡研究Ⅲ.全国和典型地区养
  分循环和平衡现状 [J].土壤通报，1996，27（5）：193-196.

鲁如坤，史陶均.农业化学手册 [M].北京：科学出版社，1982.

卢树昌，陈清，张福锁，等.河北省果园氮素投入特点及其土壤氮素负荷分析 [J].植物营养与肥料学
  报，2008，14（5）：858-865.

陆尤尤，胡清宇，段华平，等.基于"压力-响应"机制的江苏省农业面源污染源解析及其空间特征

[J]. 农业现代化研究，2012，33（6）：731-735.

栾兆擎，章光新，邓伟，等. 三江平原50a来气温及降水变化研究 [J]. 干旱区资源与环境，2007，21（11）：39-43.

吕丽华，张经廷，董志强，等. 小麦玉米轮作体系氮、磷吸收与平衡研究 [J]. 华北农学报，2015，30（4）：181-187.

马放，姜晓峰，陈媛，等. 基于SWAT模型的亚流域划分方法研究 [J]. 中国给水排水，2015，31（7）：53-57.

马骏，唐海萍. 内蒙古农牧交错区不同土地利用方式下土壤呼吸速率及其温度敏感性变化 [J]. 植物生态学报，2011，35（2）：167-175.

马文奇，张福锁，张卫锋. 关乎我国资源、环境、粮食安全和可持续发展的化肥产业 [J]. 资源科学，2005，27（3）：33-40.

欧阳威，王玮，郝芳华，等. 北京城区不同下垫面降雨径流产污特征分析 [J]. 中国环境科学，2010，30（9）：1249-1256.

彭奎，欧阳华，朱波，等. 典型农林复合系统氮素平衡污染与管理研究 [J]. 农业环境科学学报，2004，23（3）：488-493.

彭琳，彭祥林. 娄土旱地轮作中氮素循环初探 [J]. 土壤，1981，（5）：182-185.

彭少麟，李跃林，任海，等. 全球变化条件下的土壤呼吸效应 [J]. 地球科学进展，2002，17（5）：705-713.

秦焱，王清，张颖，等. 基于可拓评判法的黑土肥力质量评价 [J]. 吉林大学学报（地球科学版），2011，41（S1）：221-226.

邱斌，李萍萍，钟晨宇，等. 海河流域农村非点源污染现状及空间特征分析 [J]. 中国环境科学，2012，32（3）：564-570.

全为民，严力蛟. 农业面源污染对水体富营养化的影响及其防治措施 [J]. 生态学报，2002，22（3）：291-299.

冉圣宏，李秀彬，吕昌河. 近20年渔子溪流域土地利用变化的环境影响 [J]. 环境科学学报，2006，26（12）：2058-2064.

任伊滨，曹越. 浅谈虎林湿地开发对气候的影响及对策 [J]. 环境科学与管理，2007，32（10）：157-159.

王重阳，王绍斌，顾江新，等. 下辽河平原玉米田土壤呼吸初步研究 [J]. 农业环境科学学报，2006，（5）：1240-1244.

施雅风，沈永平，李栋梁，等. 中国西北气候由暖湿转变的特征和趋势探讨 [J]. 第四纪研究，2003，23（2）：152-164.

施振香，柳云龙，尹骏，等. 上海城郊不同农业用地类型土壤硝化和反硝化作用 [J]. 水土保持学报，2009，23（6）：99-111.

宋春梅. 农作系统养分平衡的研究——以河北省曲周县为例 [D]. 北京：中国农业大学，2004.

苏晓丹，栾兆擎，张雪萍. 三江平原气温降水变化分析——以建三江垦区为例 [J]. 地理研究，2012，41（7）：1248-1256.

王春生，李贺，赵树茂，等. 库区农业污染成因分析及对策 [J]. 农业环境与发展，2007，（4）：78-79.

王国峰，许福康，张益农，等. 嘉湖平原农田土壤养分平衡的分析 [J]. 浙江农业科学，1988，（2）：67-69.

王建国，杨林章，单艳红. 模糊数学在土壤质量评价中的应用研究 [J]. 土壤学报，2001，38（2）：

176-183.

王萌, 王敬贤, 刘云, 等. 湖北省三峡库区 1991—2014 年农业非点源氮磷污染负荷分析 [J]. 农业环境科学学报, 2018, 37 (2): 294-301.

王瑞元. 2019 年我国粮油生产及进出口情况 [J]. 中国油脂, 2020, 45 (7): 1-4.

王双, 叶良惠, 郑子成, 等. 玉米成熟期黄壤坡耕地径流及其氮素流失特征研究 [J]. 水土保持学报, 2018, 32 (6): 28-33.

王兴仁, 张福锁, Odowski R. 石灰性潮土对氮肥连续施用的环境承受力 [J]. 北京农业大学学报, 1995, 21 (S2): 94-98.

王秀芬, 杨艳昭, 尤飞. 近 30 年来黑龙江省气候变化特征分析 [J]. 中国农业气象, 2011, 32 (1): 28-32.

王秀兰, 包玉海. 土地利用动态变化研究方法探讨 [J]. 地理科学进展, 1999, 1 (1): 80-87.

王毅勇, 陈卫卫, 赵志春, 等. 三江平原寒地稻田 CH_4、N_2O 排放特征及排放量估算 [J]. 农业工程学报, 2008, (10): 170-176.

王月, 房云清, 秦戈丰, 等. 不同降雨强度下旱地农田氮磷流失规律 [J]. 农业资源与环境学报, 2019, 36 (6): 814-821.

吴家森, 陈闻, 姜培坤, 等. 不同施肥对雷竹林土壤氮、磷渗漏流失的影响 [J]. 水土保持学报, 2012, 26 (2): 33-37, 44.

伍星, 沈珍瑶, 刘瑞民. 长江上游土地利用/覆被变化特征及其驱动力分析 [J]. 北京师范大学学报 (自然科学版), 2007, 43 (4): 461-465.

吴英, 孙彬, 王英, 等. 松嫩平原低平易涝耕地土壤盐分障碍成因及其治理措施 [J]. 中国农学通报, 1999, 15 (1): 28-29.

谢高地, 鲁春霞, 冷允法, 等. 青藏高原生态资产的价值评估 [J]. 自然资源学报, 2003, 18 (2): 189-195.

谢勇, 荣湘民, 何欣, 等. 控释氮肥减量施用对南方丘陵地区春玉米土壤渗漏水氮素动态及其损失的影响 [J]. 水土保持学报, 2017, 31 (4): 211-218.

邢有凯, 余红, 肖杨, 等. 基于向量模法的北京市水环境承载力评价 [J]. 水资源保护, 2008, 24 (4): 1-3.

许明祥, 刘国彬, 赵允格. 黄土丘陵区侵蚀土壤质量评价 [J]. 植物营养与肥料学报, 2005, 11 (3): 285-293.

许朋柱, 秦伯强, 香宝, 等. 区域农业用地营养盐剩余量的长期变化研究 [J]. 地理科学, 2006, 26 (6): 668-673.

徐毅, 孙才志. 基于系统动力学模型的大连市水资源承载力研究 [J]. 安全与环境学报, 2008, 8 (6): 71-74.

焉莉, 操梦颖, 胡中强, 等. 施肥方式对东北玉米种植区氮磷流失的影响 [J]. 环境污染与防治, 2018, 40 (2): 170-175, 180.

闫敏华, 邓伟, 马学慧. 大面积开荒扰动下的三江平原近 45 年气候变化 [J]. 地理学报, 2001, 56 (2): 159-170.

晏维金, 尹澄清, 孙濮, 等. 磷氮在水田湿地中的迁移转化及径流流失过程 [J]. 应用生态学报, 1999, 10 (3): 312-316.

杨斌, 程巨元. 农业非点源氮磷污染对水环境的影响研究 [J]. 江苏环境科技, 1999, 12 (3): 19-21.

杨靖民, 窦森, 杨靖一, 等. 基于 DSSAT 模型的吉林省黑土作物-土壤氮循环和土壤有机碳平衡 [J].

应用生态学报，2011，22（8）：2075-2083.

杨恒山，张玉芹，杨升辉，等. 苜蓿轮作玉米后土壤养分时空变化特征分析 [J]. 水土保持学报，2012，26（6）：127-130.

杨坤宇，王美慧，王毅，等. 不同农艺管理措施下双季稻田氮磷径流流失特征及其主控因子研究 [J]. 农业环境科学学报，2019，38（8）：1723-1734.

杨莉琳，毛任钊，刘俊杰，等. 土地利用变化对土壤硝化及氨氧化细菌区系的影响 [J]. 环境科学，2011，32（11）：3455-3460.

杨林章，孙波. 中国农田生态系统养分循环与平衡及其管理 [M]. 北京：科学出版社，2008.

杨林章，王德建，夏立忠. 太湖地区农业面源污染特征及控制对策 [J]. 中国水利，2004（20）：29-30.

杨增旭，韩洪云. 化肥施用技术效率及影响因素：基于小麦和玉米的实证分析 [J]. 中国农业大学学报，2011，16（1）：140-147.

姚金玲，郭海刚，倪喜云，等. 洱海流域不同轮作与施肥方式对农田氮磷径流损失的影响 [J]. 农业资源与环境学报，2019，36（5）：600-613.

尹君. 基于 GIS 绿色食品基地土壤环境质量评价方法研究 [J]. 农业环境保护，2001（6）：446-448，456.

于君宝，刘景双，孙志高，等. 中国东北区淡水沼泽湿地 N_2O 和 CH_4 排放通量及主导因子 [J]. 中国科学（D集：地球科学），2009，39（2）：177-187.

宇万太，马强，沈善敏，等. 下辽河平原不同生态系统土壤呼吸动态变化 [J]. 干旱地区农业研究，2010，28（1）：122-129.

苑韶峰，吕军. 流域农业非点源污染研究概况 [J]. 土壤通报，2004，35（4）：507-511.

岳勇，程红光，杨胜天，等. 松花江流域非点源污染负荷估算与评价 [J]. 地理科学，2007，27（2）：231-236.

曾建平，黄锡畴. 三江平原地貌与沼泽的形成与分布 [M]. 北京：科学出版社，1998：200.

曾现进，李天宏，温晓玲. 基于 AHP 和向量模法的宜昌市水环境承载力研究 [J]. 环境科学与技术，2013，36（6）：200-205.

张苗苗. 三江平原的农业开发对区域生态环境影响的研究 [D]. 长春：吉林大学，2007，13-14.

张水龙，庄季屏. 农业非点源污染研究现状与发展趋势 [J]. 生态学杂志，1998，17（6）：51-55.

张素君，张岫岚，刘鸿翔，等. 东北黑土地区农业中磷肥残效的研究 [J]. 土壤通报，1994，25（4）：178-180.

张汪寿，李晓秀，黄文江，等. 不同土地利用条件下土壤质量综合评价方法 [J]. 农业工程学报，2010，26（12）：311-318.

张远，李颖，王毅勇，等. 三江平原稻田甲烷排放的模拟与估算 [J]. 农业工程学报，2011（8）：293-298.

赵剑强. 城市地表径流污染与控制 [M]. 北京：中国环境科学出版社，2002.

赵金安，来雪慧. 集约化农业区不同土地利用方式的土壤呼吸温度敏感性差异研究 [J]. 江苏农业科学，2018，46（9）：281-285.

郑粉莉，李靖，刘国彬. 国外农业非点源污染（面源污染）研究动态 [J]. 水土保持研究，2004，11（4）：64-65，112.

郑一，王学军. 非点源污染研究的进展与展望 [J]. 水科学进展，2002，13（1）：106-111.

中华人民共和国生态环境部，国家统计局，中华人民共和国农业农村部.《第二次全国污染源普查公报》[R]，2020.

周峰，陈杰，李桂林，等．苏州城市边缘带土壤综合肥力质量时空特征 [J]．土壤通报，2007，38（1）：6-10．

周志红．农业生态系统中磷循环的研究进展 [J]．生态学杂志，1996，（5）：62-66．

朱兆良．农田中氮肥的损失与对策 [J]．土壤与环境，2000，9（1）：1-6．

朱兆良．中国土壤氮素研究 [J]．土壤学报，2008，45（5）：778-783．

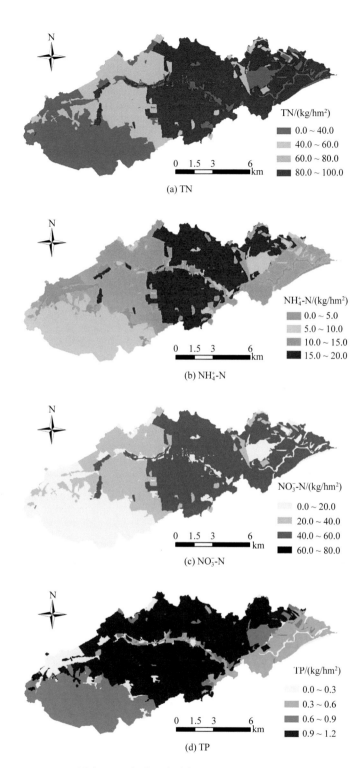

(a) TN

TN/(kg/hm²)
■ 0.0 ~ 40.0
■ 40.0 ~ 60.0
■ 60.0 ~ 80.0
■ 80.0 ~ 100.0

0 1.5 3   6
km

(b) NH₄⁺-N

NH₄⁺-N/(kg/hm²)
■ 0.0 ~ 5.0
■ 5.0 ~ 10.0
■ 10.0 ~ 15.0
■ 15.0 ~ 20.0

0 1.5 3   6
km

(c) NO₃⁻-N

NO₃⁻-N/(kg/hm²)
■ 0.0 ~ 20.0
■ 20.0 ~ 40.0
■ 40.0 ~ 60.0
■ 60.0 ~ 80.0

0 1.5 3   6
km

(d) TP

TP/(kg/hm²)
■ 0.0 ~ 0.3
■ 0.3 ~ 0.6
■ 0.6 ~ 0.9
■ 0.9 ~ 1.2

0 1.5 3   6
km

彩图 1　阿布胶河流域氮磷径流负荷的空间分布

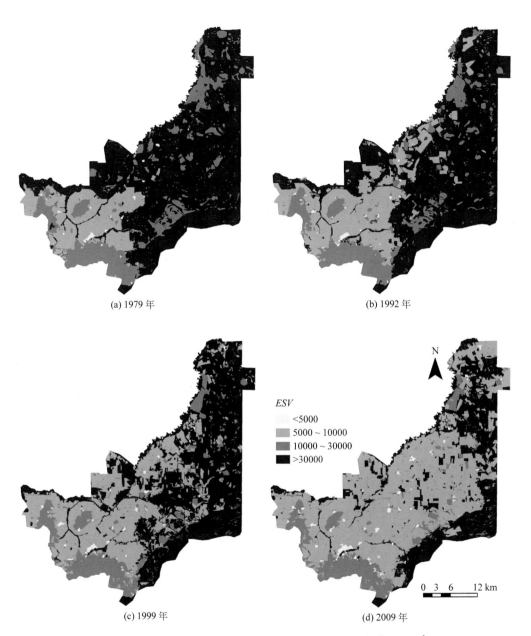

(a) 1979 年   (b) 1992 年

ESV

□ <5000
□ 5000 ~ 10000
■ 10000 ~ 30000
■ >30000

(c) 1999 年   (d) 2009 年

彩图 2   不同时期八五九农场生态系统服务价值的空间分布 ［元 /(hm² · a)］

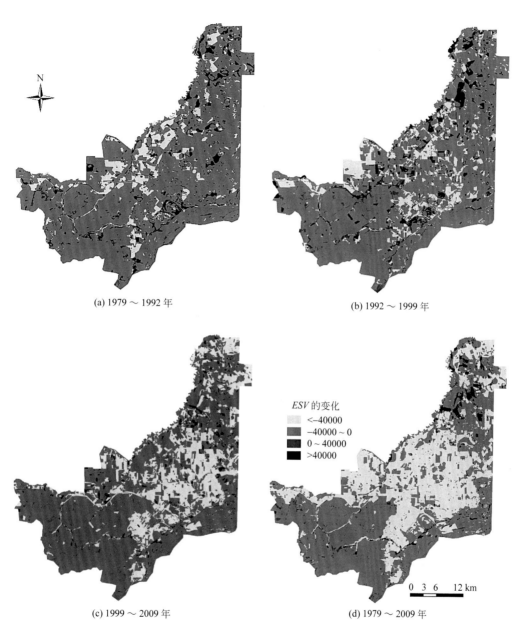

(a) 1979 ～ 1992 年

(b) 1992 ～ 1999 年

ESV 的变化

<-40000
$-40000 \sim 0$
$0 \sim 40000$
>40000

0 3 6   12 km

(c) 1999 ～ 2009 年

(d) 1979 ～ 2009 年

彩图 3　研究区生态系统服务价值变化的空间分布 [元 /(hm^2 · a)]